合肥学院模块化教学改革系列教材

数据结构与算法设计

Data Structure and Algorithm Design

李 红 许 强／编著

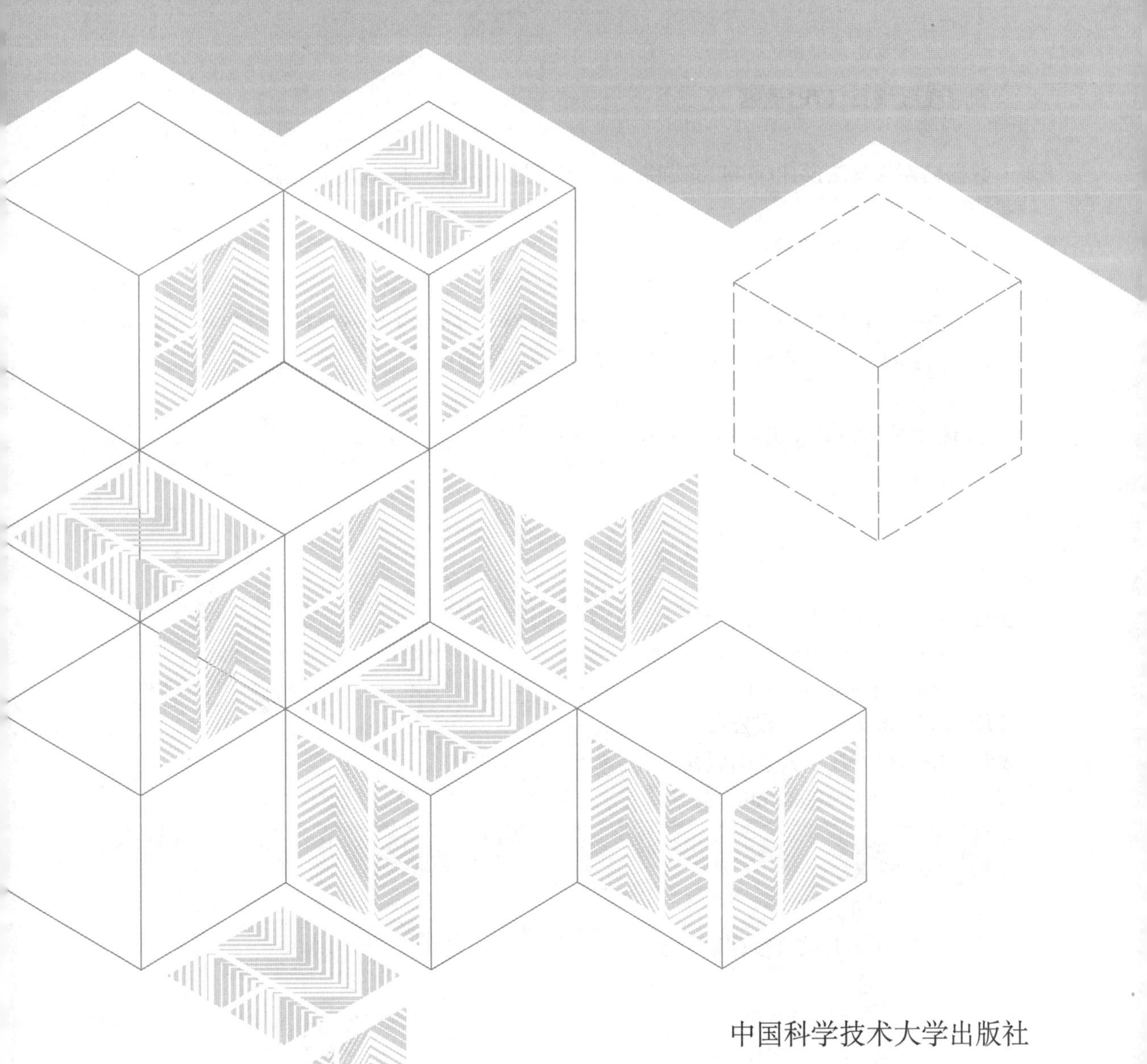

中国科学技术大学出版社

内容简介

本书以培养高等工科院校本科计算机类、信息技术类及相关专业的应用型人才为目标，以培养基本的软件设计和实现能力为导向，以软件设计中涉及的各种数据结构、常用算法和解决基本应用问题的实际需求为基本点，深入介绍各种数据结构模型，以及基于这些模型的应用和算法设计等方面的知识。全书分5个部分，共14章；除第1部分外，其余每一部分介绍一种逻辑结构数据，各章节按照“逻辑结构—存储结构—基本算法设计—算法性能分析—应用实例”的架构展开，循序渐进地提高学习者数据结构模型建立的能力、基本算法设计的能力及算法分析的能力，最终达到培养学习者针对实际问题构建模型、解决问题的能力。

本书可作为工科院校本科计算机工程类、软件工程类和信息技术类等相关专业的教材，也可作为从事相关专业的科技工作者的参考资料。

图书在版编目(CIP)数据

数据结构与算法设计/李红，许强编著. —合肥：中国科学技术大学出版社，2016.9(2024.8重印)

ISBN 978-7-312-03847-1

Ⅰ. 数…　Ⅱ. ①李… ②许…　Ⅲ. ①数据结构—高等学校—教材　②电子计算机—算法设计—高等学校—教材　Ⅳ. ① TP311.12 ② TP301.6

中国版本图书馆 CIP 数据核字(2015)第186888号

出版　中国科学技术大学出版社
安徽省合肥市金寨路96号，230026
http://press.ustc.edu.cn

印刷　安徽国文彩印有限公司

发行　中国科学技术大学出版社

开本　787 mm×1092 mm　1/16

印张　18.75

字数　468千

版次　2016年9月第1版

印次　2024年8月第3次印刷

定价　36.00元

总　序

课程是高校应用型人才培养的核心，教材是高校课程教学的主要载体，承载着人才培养的教学内容，而教学内容的选择关乎人才培养的质量。编写优秀的教材是应用型人才培养过程中的重要环节。一直以来，我国普通高校教材所承载的教学内容多以学科知识发展的内在逻辑为标准，与课程相对应的知识在学科范围内不断地生长分化。高校教材的编排是按照学科发展的知识并因循其发展逻辑进行的，再由教师依序系统地教给学生。

当我们转变观念——大学的学习应以学生为中心，那我们势必会关注“学生通过大学阶段的学习能够做什么”，我们势必会考虑“哪些能力是学生通过学习应该获得的”，而不是“哪些内容是教师要讲授的”，高校教材承载的教学内容及其构成形式随即发生了变化，突破学科知识体系定势，对原有知识按照学生的需求和应获得的能力进行重构，才能符合应用型人才培养的目标。合肥学院借鉴了德国经验，实施的一系列教育教学改革，特别是课程改革都是以学生的“学”为中心的，围绕课程改革在教材建设方面也做了一些积极的探索。

合肥学院与德国应用科学大学有近30年的合作历史。1985年，安徽省人民政府和德国下萨克森州政府签署了“按照德国应用科学大学办学模式，共建一所示范性应用型本科院校”的协议，合肥学院（原合肥联合大学）成为德方在中国最早重点援建的两所示范性应用科学大学之一。目前，我校是中德在应用型高等教育领域里合作交流规模最大、合作程度最深的高校。在长期合作的过程中，我校借鉴了德国应用科学大学的经验，将德国经验本土化，为我国的应用型人才培养模式改革做出了积极的贡献。在前期工作的基础上，我校深入研究欧洲，特别是德国在高等教育领域的改革和发展状况，结合博洛尼亚进程中的课程改革理念，根据我国国情和高等教育的实际，开展模块化课程改革。我们通过校企深度合作，通过大量的行业、企业调研，了解社会、行业、企业对人才的需求以及专业对应的岗位群，岗位所需要的知识、能力、素质，在此基础上制订人才培养方案和选择确定教学内容，并及时实行动态调整，吸收最新的行业前沿知识，解决人才培养和社会需求适应度不高的问题。2014年，合肥学院“突破学科定势，打造模块化课程，重构能力导向的应用型人才培养教学体系”获得了国家教学成果一等奖。

为了配合模块化课程改革，合肥学院积极组织模块化系列教材的编写工作。以实施模块化教学改革的专业为单位，教材在内容设计上突出应用型人才能力的培养。即将出版的这套丛书此前作为讲义,已在我校试用多年,并经过多次修改。教材明确定位于应用型人才的培养目标,其内容体现了模块化课程改革的成果,具有以下主要特点:

(1) 适合应用型人才培养。改"知识输入导向"为"知识输出导向",改"哪些内容是教师要讲授的"为"哪些能力是学生通过学习应该获得的",根据应用型人才的培养目标,突破学科知识体系定势,对原有知识、能力、要素进行重构,以期符合应用型人才培养目标。

(2) 强化学生能力培养。模块化系列教材坚持以能力为导向,改"知识逻辑体系"为"技术逻辑体系",优化和整合课程内容,降低教学内容的重复性;专业课注重理论联系实际,重视实践教学和学生能力培养。

(3) 有利于学生个性化学习。模块化系列教材所属的模块具有灵活性和可拆分性的特点,学生可以根据自己的兴趣、爱好以及需要,选择不同模块进行学习。

(4) 有利于资源共享。在模块化教学体系中,要建立"模块池",模块池是所有模块的集合地,可以供应用型本科高校选修学习,模块化教材很好地反映了这一点。模块化系列教材是我校模块化课程改革思想的体现,出版的目的之一是与同行共同探索应用型本科高校课程、教材的改革,努力实现资源共享。

(5) 突出学生的"学"。模块化系列教材既有课程体系改革,也有教学方法、考试方法改革,还有学分计算方法改革。其中,学分计算方法采用欧洲的"workload"(即"学习负荷",学生必须投入28小时学习,并通过考核才可获得1学分),这既包括对教师授课量的考核,又包括对学生自主学习量的考核,在关注教师"教"的同时,更加关注学生的"学",促进了"教"和"学"的统一。

围绕着模块化教学改革进行的教材建设,是我校十几年来教育教学改革大胆实践的成果,广大教师为此付出了很多的心血。在模块化系列教材付梓之时,我要感谢参与编写教材以及参与改革的全体老师,感谢他们在教材编写和学校教学改革中的付出与贡献!同时感谢中国科学技术大学出版社为系列教材的出版提供了服务和平台!希望更多的老师能参与到教材编写中,更好地展现我校的教学改革成果。

应用型人才培养的课程改革任重而道远,模块化系列教材的出版,是我们深化课程改革迈出的又一步,由于编者水平有限,书中还存在不足,希望专家、学者和同行们多提意见,提高教材的质量,以飨莘莘学子!

是为序。

合肥学院党委书记　蔡敬民
2016年7月28日于合肥学院

前　　言

如何合理地组织数据、高效率地处理数据是扩大计算机应用领域、提高软件效率的关键。在软件开发过程中要求“高效地”组织数据和设计出“好的”算法，并使算法用程序来实现，通过调试而成为软件，设计人员必须具备数据结构领域和算法设计领域的专门知识。

“数据结构与算法设计”课程(模块)主要学习在软件开发中涉及的各种常用数据结构及其常用算法，在此基础上，学习如何利用数据结构和算法解决一些基本的应用问题。学习者可以通过学习，掌握相关领域的基础知识和基本应用，具备一定的软件设计与实现的能力。

本教材是基于能力培养为导向的“模块化”教学体系，为达到高等工科院校“应用型”人才的能力培养目标，在吸收了国内外教材的知识体系结构的基础上，结合作者多年在高校讲授“数据结构”课程的体会而编写的。全书共分5个部分，14章。第1部分包括第1、2章。第1章作为本课程(模块)学习的导引，介绍了本课程(模块)的学习意义、学习目标，以及本课程(模块)的能力要素分解。第2章“数据结构与算法概述”是全书教学内容的导引，介绍数据结构的相关概念、算法分析方法等内容；回顾了算法实现方法，对于本教材使用的算法描述工具——C语言，则介绍了指针、结构变量、函数、动态存储分配等内容，以方便本课程与C语言课程(模块)的衔接，便于教学。

第2部分包括第3～7章，是逻辑结构为“线性”的数据结构及其应用知识内容。第3～6章依次介绍了是栈、队列、线性表、数组与广义表；其中在线性表的应用中介绍了串结构模型及应用。第7章介绍了基于线性表的查找与排序方法。

第3部分包括第8～10章，是逻辑结构为“树形”的数据结构及其应用知识内容。第8章介绍了二叉树的相关概念、模型及遍历等基本运算，以及线索化、哈夫曼树等应用问题。第9章介绍了树和森林的数据结构模型和基本运算。第10章介绍了基于树形结构的查找与排序方法，包括二叉排序树、平衡二叉树、B-树、堆排序等。

第4部分包括第11、12章，是逻辑结构为“图形”的数据结构及其应用知识内容。第11章主要介绍图的相关概念、两种存储结构、图的遍历算法等；第12

章介绍图的典型应用问题，包括最小生成树、最短路径、拓扑排序等。

第5部分包括第13、14章。第13章介绍逻辑结构为"集合"的数据结构，主要介绍散列结构的概念、存储模型（包括散列函数和散列表中解决冲突的处理方法），以及散列表的查找问题。第14章回顾总结了全书所介绍的所有查找与排序方法，并对不同数据结构模型下的查找与排序算法进行了分析与比较。

从第2章起，教材的每章开始都有本章的学习提示，每章后面都有相关自主学习内容的提醒，并配备有一定量的填空题、判断题、选择题、简答题和算法设计题，供读者选用。

本教材具有以下几个特色：

(1) 强调知识学习与能力培养的契合度，构建基于每个知识体系的能力培养模块。

基于能力本位的培养方案，根据课程结构特点和能力培养要素，本教材内容设置分为5个部分。除第1部分外，其余每个部分分别介绍一种逻辑结构知识体系，培养学习者基于该逻辑结构知识的模型描述能力、基本算法设计能力、算法分析能力、针对实际问题构建模型能力，以及算法设计思路及模型应用表达能力。同时，将传统教材中的"查找与排序"这样的应用问题分解到每一个逻辑结构知识体系中，便于学习者将该知识体系中的数据结构模型应用于这样的典型应用中，达到综合培养学习者对实际问题的模型构建能力、算法设计能力的目的。

(2) 每个模块中，以知识获得的循序渐进达到能力培养的循序渐进。

打破传统"数据结构"课程的教学内容框架，根据基本能力的达成度，重新调整教学内容。例如，在第2部分"线性结构"中，将知识体系较为简单、模型描述与应用较为简单的"栈""队列"安排在"线性表"之前，使学习者在较为容易的知识获得基础上，具备应用这些知识的基本能力和专业能力。

(3) 以大量的应用问题引导培养学习者构建数据结构模型、算法设计与分析等实践能力。

教材注重工科"应用型"人才能力培养的需求和学习方法，吸收理工科教材的特色，在介绍新的知识点时，没有大段的文字描述，而是尽可能地采用具体的例题来加强其学习效果；介绍完每个数据结构模型的基本算法后，配以相应的应用问题以强化该数据结构模型的应用、算法设计与分析等实践能力。

(4) 自主学习与习题引导学习者拓展思维，培养创新能力。

教材在每一章结束时，提供了需要学习者自主学习的内容，通过这种方式启发、带动学习者主动思考、动手实践，培养他们的实践能力和创新能力。在习题中，安排了一定量的基础题和适量的算法设计题，供教师和学生在教学中参考使用。

本教材基于以能力培养为导向的“模块化”教学体系，在前期工作《数据结构与算法》(ISBN 978-7-113-15256-7)的基础上，由李红、许强编写完成，其中李红编写了第1～11章，许强编写了第12～14章。另外，本书的编写工作得到了合肥学院校级模块化课程建设项目基金的资助，还得到了计算机教育界同行的关心和帮助，在此一并致谢！

由于作者的知识和写作水平有限，书稿虽几经修改，仍难免有错误和不妥之处，恳请同行专家和读者批评指正，以使本书不断改进、日臻完善。电子邮箱：lihong@hfuu. edu. cn。

编　者

2015年8月

目　　录

第3部分 树形结构

第4部分 图形结构

第5部分 散列结构、查找与排序

第1部分 概　述

第1章 课程介绍

1.1 本课程(模块)的学习意义和学习目标

1.1.1 本课程(模块)的学习意义

“数据结构与算法设计”是计算机类各专业重要的专业基础课程，是模块化教学设计中“程序设计基础模块”中“子模块B”部分(其中，“子模块A”是“C语言程序设计”，“子模块C”是“程序设计基础课内实训”)，主要学习在软件开发中涉及的各种常用数据结构模型及算法实现方法。

通常，开发软件解决实际问题需要经过以下几个步骤：

(1) 针对实际问题建立模型。实际应用中，对数值计算类问题一般可以建立由数学方程或数学公式表示的数学模型，而对于非数值计算，如员工档案管理、人机对弈、最短交通路线等问题，无法用数学模型来描述，这时需要将描述这些问题的字符等非数值信息，按照一定的逻辑结构组织起来，建立计算机可以处理的非数学模型。

(2) 设计算法思路。建立模型后，应用背景不同的具体问题可能就转变为相同模型所描述的抽象问题，借助该模型特有的解决问题的方法，就可以相对容易地设计出原问题的求解方法，即算法思路。

(3) 选择存储结构。在计算机上实现对问题的求解，必须选择合适的存储结构以存储抽象模型及相关数据，不同的存储结构对问题求解的效率可能会产生较大影响。

(4) 编写程序。编写程序即用计算机语言描述问题求解的思路，一般来说，模型的存储方式和问题的求解思路决定了所编写程序的好坏。

(5) 调试与测试。程序编写完成后，需要进行多次调试和测试才能交付使用。

“数据结构与算法设计”课程(模块)中涉及以上问题求解中的前4个步骤。首先，本课程(模块)中介绍了许多基本的非数值数据模型，如线性表、栈、队列、树、图等等，学习者通过学习可以了解并掌握这些基本模型的数据结构，并将其应用到实际问题建模中；其次，本课程(模块)对每种数据结构都讨论了相应的基本运算实现方法，在实际问题中应用这些模型时，学生可以参考这些算法实现思路；另外，本课程(模块)讨论了相同逻辑结构的数据在不同存储结构下的实现方法及算法性能分析，使学习者在实际应用中能够根据具体问题来选择、设计合理的存储结构；最后，本课程(模块)中所介绍的各种算法中，涉及很多具有代表性的算法设计方法，这些方法有助于学习者编程技术的提高。

综上所述，“数据结构与算法设计”课程(模块)是培养软件开发人才的基础课程之一，在计算机专业课程(模块)中具有极其重要的地位。

1.1.2 本课程(模块)的学习目标

《工程教育专业认证标准(试行)》规定,毕业生应该达到的能力与素质基本要求包括:

(1) 综合运用所学知识,分析并解决工程问题的基本能力;

(2) 具有创新意识和对新产品进行研究、开发和设计的初步能力;

(3) 较强的表达能力。

其中,计算机科学与技术专业必须具备"软件设计和实现的能力"。

"数据结构与算法设计"作为培养这些能力的基础课程(模块),所涉及的能力培养具体包括:

(1) 掌握数据结构模型的能力;

(2) 基本算法设计能力;

(3) 基本的算法分析能力;

(4) 在软件开发中针对实际问题构建模型能力;

(5) 算法设计思路及模型应用表达能力。

1.2 本课程(模块)的能力要素分解

针对本课程(模块)所培养的能力目标,我们将能力要素分解到各章节内容的学习中,见表1.1。

表1.1 本课程(模块)能力要素分解

基础能力		
1 掌握数据结构模型的能力		
序号	能力要素	对应章节
1.1	掌握栈的两种存储结构	3.3.1,3.4.1
1.2	掌握顺序队列、循环队列、链队列的概念	4.3.1,4.3.2,4.4.1
1.3	掌握顺序表的存储结构	5.3.1
1.4	掌握不同链表的存储结构	5.4.1,5.4.2,5.4.5,5.4.6
1.5	掌握矩阵的压缩存储方法	6.3.2,6.3.3
1.6	掌握广义表的存储方法	6.5.2
1.7	掌握二叉树的存储结构	8.3.1,8.3.2
1.8	掌握树的存储方法	9.3.1,9.3.2,9.3.3
1.9	掌握图的存储方法	11.3.1,11.3.2

续表

2　基本算法设计能力

序号	能力要素	对应章节
2.1	栈的基本运算设计能力	3.3.2,3.4.2
2.2	循环队列的基本运算设计能力	4.3.3
2.3	链队列的基本运算设计能力	4.4.2
2.4	顺序表的基本运算设计能力	5.3.2
2.5	单链表及其他形式链表的基本运算设计能力	5.4.3,5.4.4,5.4.5,5.4.6
2.6	稀疏矩阵三元组表的建立算法设计能力	6.3.3
2.7	二叉树的建立、遍历算法设计能力	8.3.3,8.4.2,8.4.3
2.8	图的建立算法设计能力	11.3.1,11.3.2
2.9	图的遍历算法设计能力	11.4.1,11.4.2

3　基本的算法分析能力

序号	能力要素	对应章节
3.1	顺序栈与链栈的基本运算性能分析能力	3.3.2,3.4.2
3.2	循环队列和链队列的基本运算性能分析能力	4.3.3,4.4.2
3.3	顺序表的基本运算性能分析能力	5.3.3
3.4	链表的基本运算性能分析能力	5.4.3,5.4.4
3.5	各种查找算法性能分析能力	7.2.2,7.2.3,10.2.1
3.6	各种排序算法性能分析能力	7.3.2,7.3.3,7.3.4,7.3.5,7.3.6,10.3.4

专业能力

4　针对实际问题构建模型能力

序号	能力要素	对应章节
4.1	顺序栈与链栈的模型构建能力	3.5.1,3.5.2
4.2	顺序(循环)队列和链队列的模型构建能力	4.5.1,4.5.2
4.3	顺序表和链表的模型构建能力	5.5.1,5.5.2,5.5.3
4.4	矩阵的存储模型构建能力	6.4.1,6.4.2
4.5	广义表的存储模型构建能力	6.5.3
4.6	二叉树(哈夫曼树)的模型构建能力	8.5.1
4.7	图的模型构建能力	12.2,12.3,12.4

续表

5 算法设计思路及模型应用表达能力		
序号	能力要素	对应章节
5.1	栈的应用及算法设计思路表达能力	3.5.1,3.5.2
5.2	队列的应用及算法设计思路表达能力	4.5.1,4.5.2
5.3	线性表的应用及算法设计思路表达能力	5.5.2,5.5.3
5.4	稀疏矩阵应用算法设计思路及模型应用表达能力	6.4.1,6.4.2
5.5	多元多项式加法算法设计思路及模型应用表达能力	6.5.3
5.6	二叉树遍历算法的应用能力	8.4.4
5.7	树的相关算法设计思路及模型应用表达能力	9.4,9.5
5.8	各种查找算法设计思路及模型应用表达能力	7.2.2,7.2.3,10.2.1
5.9	各种排序算法设计思路及模型应用表达能力	7.3.2,7.3.3,7.3.4,7.3.5,7.3.6,10.3.4
5.10	图的各种应用算法设计思路及模型应用表达能力	12.2,12.3,12.4

第2章　数据结构与算法概述

2.1　引　　言

2.1.1　本章能力要素

本章介绍数据、数据结构、算法及算法分析等基本概念和基础知识，并结合本课程学习要求，复习算法描述工具——C语言中的相关内容。具体要求包括：

(1) 理解数据结构的基本概念；

(2) 正确用图形表示数据的逻辑结构；

(3) 正确描述数据的顺序存储方法；

(4) 正确描述数据的链接存储方法；

(5) 能对算法进行时间性能分析。

2.1.2　本章知识结构图

本章知识结构如图2.1所示。

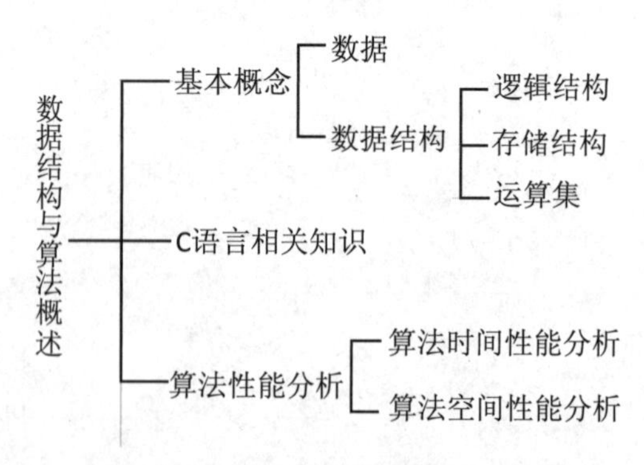

图2.1　本章知识结构图

2.1.3　本章课堂教学与实践教学的衔接

本章涉及的实践环节主要是复习C语言的相关知识，熟悉并熟练使用数组、指针、结构体、自定义函数等实现C语言程序设计。

2.2 数据与数据元素

2.2.1 数据

在计算机科学中，**数据**是指描述客观事物的数值、字符、相关符号等所有能够输入到计算机中并能被计算机程序处理的符号的总称。如整型、实型等数值型数据，字符、声音、图像、图形等非数值型数据。

在“数据结构与算法设计”课程(模块)中，我们将由实际问题抽象出来的对象称为数据，例如对学生信息进行记录和管理所用的学生信息表、规划最佳旅游路线时用的交通地图等。

2.2.2 数据元素

数据元素是数据中具有独立意义的个体，是数据的基本单位，在程序设计时通常作为一个整体进行考虑和处理。如学生信息表中的每一行、交通地图上的每一个地点。在有些场合，数据元素也被称为元素或者记录、结点、顶点等。

有时，一个数据元素可由若干个**数据项**组成。数据项是组成数据元素的、有独立含义的、不可分割的最小单位。如学生信息表中的学号、姓名、性别等。数据项也称字段、域。

【例 2.1】 为实现图书馆书目的自动检索，建立图书信息表如表 2.1 所示。

表 2.1 图书信息表

书　　号	书　　名	作　　者	价　　格(元)	…
8420001	计算机原理	张明	17.00	…
8420002	数据结构	陈英	23.00	…
8420003	C语言	王范	17.60	…
8420004	大学英语	解东红	21.00	…
8420005	大学物理	洪亮	23.50	…
…	…	…	…	…

这里，图书信息表是一个数据，表中某一本书的相关信息(表中每一行)是一个数据元素，每一个数据元素都具有独立意义。每一个数据元素由书号、书名、作者、价格这 4 个数据项组成。

2.3 数据结构

数据结构是指组成数据的数据元素之间的结构关系。包括数据元素之间的逻辑关系，以及该数据在计算机中的存储方式，即各数据元素的物理存储位置之间的关系；另外，我们还考虑对该数据可以进行哪些基本操作，即数据的运算集合。所以，数据结构包括三个方面的内容：数据的逻辑结构、数据的存储结构及数据的运算集合。

2.3.1 数据的逻辑结构

数据的**逻辑结构**是指组成数据的各数据元素之间的逻辑关系。它与数据在计算机中的存储方式无关，也可以说，数据的逻辑结构是从具体问题抽象出来的数据模型。

数据的逻辑结构有两个要素：数据元素、关系。根据数据元素之间关系的不同，数据的逻辑结构可以分成 4 类基本结构，分别是集合结构、线性结构、树形结构、图形结构，这 4 类结构数据元素之间关系的复杂程度依次递进，如图 2.2 所示。

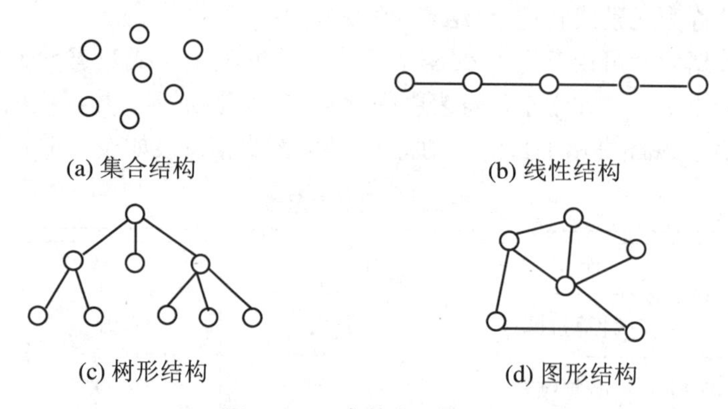

图 2.2　四类基本逻辑结构

1. 集合结构

数据元素之间除了“同属于一个集合”之外，没有任何关系。如一个班级里的同学，若只考虑他们之间的关系只是在同一个班级里，那么，这个班级就是集合结构，组成这个班级的各同学间没有任何关系。

2. 线性结构

数据元素之间存在一对一的关系。如学校食堂的每个窗口排成的队列，这些同学一个挨着一个构成了线性结构。

3. 树形结构

数据元素之间存在一对多的关系。如家族关系，一个老爷爷有若干个儿子，每个儿子成家后又会有若干个孩子，每个孩子以后又会有孩子，……从而构成一个树形结构的家族关系。

4. 图形结构

数据元素之间存在多对多的关系，也称网状结构。如人与人之间的关系图，每个人都可能与其他人是认识关系或朋友关系。

这4类结构中,集合结构、树形结构、图形结构属于非线性结构。本教材在第三部分介绍树形结构,包括二叉树、树和森林;第四部分介绍集合结构,也可以根据它特有的存储方式,称为散列结构;第五部分介绍图形结构。线性结构包括线性表、栈、队列、矩阵等,第二部分分别介绍这些线性结构数据的存储、运算及应用。

2.3.2 数据的存储结构

数据的**存储结构**是指数据元素在存储器中的存储方式。在计算机中存储数据时,既要存储组成数据的各数据元素,又要保证各数据元素间固有的逻辑关系。通常情况下,数据在计算机中的存储方式有顺序存储、链接存储、索引存储、散列存储这4种。这里介绍常用的顺序存储和链接存储方式。

1. 顺序存储

顺序存储结构是将逻辑上相邻的结点(数据元素)存储在物理位置相邻的存储单元中,结点间的逻辑关系由存储单元的邻接关系来体现。通常,我们使用数组空间来实现顺序存储,因为在内存中,数组中的每一个数组元素就是依次分布在物理位置相邻的存储单元中的。

【例2.2】 一组整型数据元素(3, 66, 71,…, 22,…,324)的顺序存储,可以存储在如图2.3所示的数组int a[n]的空间中。

	存储地址	存储空间
一维数组	a	3
	$a+2$	66
	$a+4$	71
	⋮	
		⋮
	$a+i\times2$	22
	⋮	⋮
		⋮
	$a+(n-1)\times2$	324

图2.3 顺序存储

2. 链接存储

链接存储结构是指逻辑上相邻的结点不一定存储在物理位置相邻的存储单元中,结点间的逻辑关系由附加的指针字段来体现。链接存储时,每一个数据元素的存储空间包括两个域:数据域和指针域,如图2.4所示;其中,数据域中存储该数据元素的值,指针域中存储该数据元素的逻辑后继元素的存储地址,数据元素间的逻辑关系由指针域来保证。

数据域	指针域

图2.4 链接存储中每一个元素的存储形式

【例2.3】 设有一组线性排列的数据元素(zhao, qian, sun, li, zhou, wu, zheng, wang)，其链接存储形式如图 2.5 所示。图中，数据元素“zhao”的指针域中存储的是“0x0065FDD4”，也就是说，地址为“0x0065FDD4”存储空间中存储的就是“zhao”的逻辑后继元素“qian”，……以此类推，每个数据元素的逻辑后继元素都是存储在其指针域所指向的存储空间中，这些指针域中存储的地址使得数据元素间的逻辑关系得到保证。

存储地址	数据域	指针域
⋮	⋮	⋮
0x0065FEA6	wang	∧
⋮		⋮
0x0065FDF6	li	0x0065FDD8
0x0065FDF2	zhao	0x0065FDD4
⋮	⋮	⋮
0x0065FDE8	wu	0x0065FDE0
0x0065FDE4	sun	0x0065FDF6
0x0065FDE0	zheng	0x0065FEA6
⋮	⋮	⋮
0x0065FDD8	zhou	0x0065FDE8
0x0065FDD4	qian	0x0065FDE4
⋮	⋮	⋮

图 2.5　链接存储

通常情况下，用箭头来表示指针域中的指针，忽略每一个结点的实际存储位置，而重点突出链表中结点间的逻辑顺序，将链表直观地画成用箭头链接起来的结点序列。为了清楚地反映链接存储，也可以用更直观图示来描述链接存储结构，如图 2.6 所示。

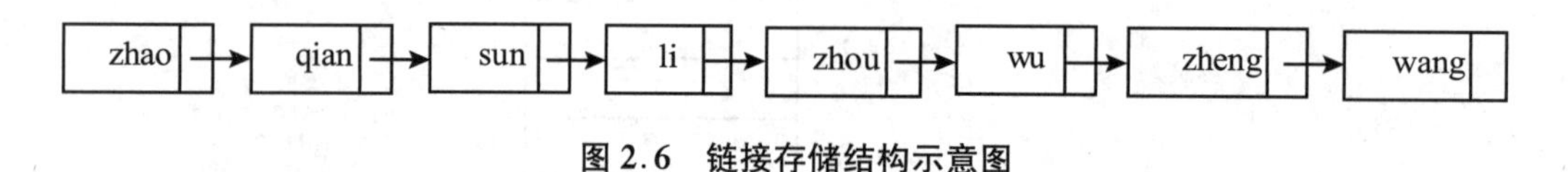

图 2.6　链接存储结构示意图

2.3.3　常用的数据运算

数学中，不同性质或形态的数据有着不同的运算集合。例如，在实数集内，正实数可以进行加、减、乘、除、开平方，但负实数不能进行开平方的操作。同样，在“数据结构与算法设计”课程(模块)中，不同的逻辑结构的数据也存在不同的运算(操作)集合。

对线性结构的数据，如学生成绩表，可以对数据元素(每一行)进行插入、删除、查找、排序、统计元素个数等运算(操作)，而对树形结构和图形结构的数据，如家族关系图、交通地图，则很少进行插入、删除操作，更多的是进行遍历、规划路径等操作。

综上所述，对一种数据结构，我们需要考虑它的逻辑结构、在计算机中的存储结构，以及在具体存储结构下的运算实现，即算法。本课程(模块)将针对每一种逻辑结构的数据，讨论在不同存储结构下的运算实现方法及算法实现的效率。

另一方面，在实际应用中，**查找**和**排序**运算非常常见。查找，是在一组给定的数据元素中查找关键字等于给定值的元素；排序，是对一组给定的数据元素，按某个关键字进行升序或降序排列。如，在学生成绩表中查找某个学生的成绩，或按某个科目成绩进行排序；在订票系统中查找所需的票务信息，或者按时间、票价等进行排序；在视频网站上查找你爱看的电影，或者接受喜爱的程度进行排序等等。面对一些数据量很大的实时系统，如在QQ上的查找与排序或在百度里的搜索及搜索结果的排序，查找与排序的效率（速度）非常重要。本课程（模块）也讨论将不同的数据结构模型应用于查找与排序运算中的一些基本方法和效率。

2.4 算法描述及分析

2.4.1 算法描述语言概述

算法是为解决一个特定问题而采取的确定的有限步骤集合，具有输入、输出、有穷性、确定性和可行性等特性。如对一道数学题解题过程的描述就是一个解题算法、手工书上对一个纸鹤折法的图示描述也是一个算法。在计算机科学中，算法是指令的有限序列，是一个可终止的、有序的、无歧义的、可执行的指令的集合。其中每条指令表示一个或多个操作。一个可终止的计算机程序的执行部分就是一个算法。

算法可以采用多种语言来描述，如自然语言、计算机语言或某些伪语言。本课程（模块）选用以C语言为主体的算法描述语言，本节简单介绍本书常用的C语言知识部分。

1. 指针

在计算机中，数据存放在存储器中，存储器以字节为单位进行编号，内存单元的编号叫做内存单元地址，简称地址。根据内存单元的地址即可准确地找到该内存单元，所以通常也把这个地址称为**指针**。所以，简单地说，指针就是地址，指针变量就是存储指针（地址）的变量。

C语言中，指针变量的定义格式为

类型标识符 *指针变量名；

C语言规定，某种类型的指针变量只能获得同类型变量的地址。

【例2.4】 设有变量说明语句int a，*p，*q；float b；则：

赋值语句“p=&a；”是正确的，“&”是地址运算符，&a表示变量a的地址，p=&a表示把整型变量a的地址赋予整型指针变量p。

赋值语句“q=p；”是正确的，因为p，q均为指向整型变量的指针变量，因此可以相互赋值。

赋值语句“q=&b；”是错误的，因为p是int类型的指针变量，只能获得变量a的地址，不可以将float类型变量b的地址赋给它。

【例2.5】 已知定义“int x，*k=&x；”，试问：表达式*k，&x，*&x，&*p，&*x和&*k各表示什么？有语法错误吗？

对于*k，此处“*”使用在变量说明语句中。在指针变量说明中，“*”是类型说明符。

所以，* k 定义了一个整型指针变量 k。

对于 &x，"&"是地址运算符，&x 表示变量 x 的地址。

对于 * &x，表示变量 x 地址中所存储的值，即变量 x(* k)。

对于 & * k，表示指针变量 k 所指地址中存储值的地址，即变量 x 的地址(&x)。

而 & * x 和 & * p 则存在语法错误。

2. 结构体

结构体是 C 语言中构造类数据类型，"结构"是数目固定、类型不同的若干有序变量的集合。例如，在学生登记表中，姓名应为字符型，学号可为整型或字符型，年龄应为整型，性别应为字符型，成绩可为整型或实型，则该表的每一行就是一个结构体类型的数据。

C 语言中，结构体类型的定义格式为

```
struct 结构体类型名
{ 数据类型符   成员 1;
数据类型符   成员 2;
  ……
};
```

结构体类型变量、指针变量的定义一般格式为

struct 结构体类型名　变量，* 指针变量名；

我们可以用"."运算符来描述结构体的每一个成员：结构体变量.成员名、(* 结构体指针变量).成员名；也可以用"->"运算符来表示成员项：结构体指针变量->成员名。

【例 2.6】 下列程序定义了结构体、结构变量、结构体变量赋值、结构指针变量及其使用方法。

```
struct stu
{   int num;
    char * name;
    char sex;
    float score;
}boy1 = {102,"Zhang ping",'M',78.5}, * pstu;
```

上述定义了 stu 类型的结构变量 boy1 并进行了初始化赋值，还定义了一个指向 stu 类型结构体变量的指针变量 pstu。

```
main( )
{   pstu = &boy1; //pstu 被赋予 boy1 的地址，pstu 指向 boy1
    printf("Number = %d\nName = %s\n",boy1.num,boy1.name);
    printf("Sex = %c\nScore = %f\n\n",boy1.sex,boy1.score);
//用"结构变量.成员名"形式输出 boy1 的各个成员值
    printf("Number = %d\nName = %s\n",( * pstu).num,( * pstu).name);
    printf("Sex = %c\nScore = %f\n\n",( * pstu).sex,( * pstu).score);
//用"( * 结构指针变量).成员名"形式输出 boy1 的各个成员值
    printf("Number = %d\nName = %s\n",pstu->num,pstu->name);
    printf("Sex = %c\nScore = %f\n\n",pstu->sex,pstu->score);
//用"结构指针变量->成员名"形式输出 boy1 的各个成员值}
```

3. 类型定义符 typedef

C 语言不仅提供了丰富的数据类型,而且还允许由用户自己定义类型说明符,也就是说允许由用户为数据类型取"别名"。类型定义符 typedef 即可用来完成此功能。

typedef 定义的一般形式为

```
typedef  原类型名 新类型名;
```

【例 2.7】 若有用户自定义语句"typedef int INTEGER;",则表示以后就可用 INTEGER来代替 int 作整型变量的类型说明了,即

```
INTEGER a, b;
```

等效于

```
int  a, b;
```

用 typedef 定义数组、指针、结构等类型将带来很大的方便,不仅使程序书写简单而且使意义更为明确,因而增强了可读性。

【例 2.8】

```
typedef  struct stu
{ char name[20];
        int age;
        char sex;
} STU;
```

这里,定义 STU 表示 stu 的结构类型,然后可用 STU 来说明结构变量:

```
STU body1, body2;
```

4. 库函数和用户自定义函数

C 源程序是由函数组成的,从函数定义的角度看,函数可分为库函数和用户定义函数两种。

库函数:由 C 系统提供,用户无须定义,也不必在程序中作类型说明,只需在程序前包含有该函数原型的头文件即可在程序中直接调用。如 printf,scanf 等函数。

这里介绍两个 C 语言提供的内存管理函数:malloc 函数和 free 函数,包含这两个函数原型的头文件为"malloc.h"。malloc 函数按程序设计的需要,动态地分配内存空间供数据存储使用;free 函数把不再使用的内存空间收回。

malloc 函数调用形式:

```
(类型说明符 * )malloc(size);
```

主要功能是在内存的动态存储区中分配一块长度为 size 字节的连续区域。函数的返回值为该区域的首地址,"类型说明符"表示将该区域用于何种类型数据。

free 函数调用形式:

```
free(void * ptr);
```

主要功能是释放 ptr 所指向的一块内存空间,ptr 是一个任意类型的指针变量,它指向被释放区域的首地址。

【例 2.9】 分配一块区域,输入一个学生数据。程序如下:

```
#include<stdio.h>
#include<malloc.h>
void main()
```

```
{   struct stu
    {   int num;
          char *name;
          char sex;
          float score;
    } *ps;   //定义 stu 类型指针变量 ps
    ps=(struct stu *)malloc(sizeof(struct stu));
   //分配一块 stu 大的内存区,并把首地址赋予 ps,使 ps 指向该区域
    ps->num=102;
    ps->name="Zhang ping";
    ps->sex='M';
    ps->score=62.5;
    printf("Number=%d\nName=%s\n",ps->num,ps->name);
    printf("Sex=%c\nScore=%f\n",ps->sex,ps->score);
    free(ps);   //释放内存空间
}
```

用户定义函数:用户按需要写的函数。对于用户自定义函数,不仅要在程序中定义函数本身,而且在主调函数模块中还必须对该被调函数进行类型说明,然后才能使用。

函数自定义的一般形式如下:

```
类型标识符   函数名(形式参数表列)
{    函数体部分
     return 语句
}
```

在形参表中给出的参数称为形式参数,它们可以是各种类型的变量,在形参表中应给出形参的类型说明,各参数之间用逗号间隔。在进行函数调用时,主调函数将赋予这些形式参数实际的值。

【例 2.10】 定义一个函数,用于求两个数中的大数,可写为

```
int max(int a, int b)
{   if (a>b) return a;
    else return b;
}
```

2.4.2 算法性能分析

衡量一个算法的好坏,可以从算法的正确性、可读性、健壮性、高效性这几个方面来评价。其中,**正确性**是指在合理的数据输入下,算法能够在有限运行时间内得到正确结果;**可读性**是指算法应便于人们理解和相互交流;**健壮性**是指当有非法数据输入时,算法能够适当做出相应处理,而不会产生莫名其妙的输出结果;**高效性**包括算法的时间性能和空间性能两个方面,时间高效是指算法运行时间短、效率高,可以用时间复杂度来衡量;空间高效是指执行算法占用的存储容量合理,可以用空间复杂度来度量。

1. 算法的时间复杂度

研究算法时间复杂度的主要目的,一是正在开发的程序可能要求能够有一定的实时响

应时间；二是如果解决一个问题有多种算法，就要分析和比较这些算法之间的性能差异，以决定采用哪一个算法。

一个算法运行所需的时间是该算法中每条语句的执行时间之和，每条语句的执行时间应该是该语句的执行次数（也称**频度**）与该语句执行一次所需时间的乘积。

【例 2.11】 计算下列程序段中所有语句的执行次数之和。

语句号	程序段	语句执行的频度
①	for(i=0;i<n;i++)	$n+1$
②	for(j=0;j<n;j++){	$n(n+1)$
③	C[i][j]=0;	n^2
④	for(k=0;k<n;k++)	$n^2(n+1)$
⑤	C[i][j]=C[i][j]+C[i][k]*C[k][j];	n^3
⑥	}	

这样，该程序段中所有语句的频度之和，即算法的执行时间用 $T(n)$ 表示为

$$T(n)=n+1+n(n+1)+n^2+n^2(n+1)+n^3$$
$$=2n^3+3n^2+2n+1 \tag{2.1}$$

$T(n)$ 是 n 的函数，这里的 n 是算法求解问题的输入量，称为问题的**规模**。

当 n 趋向无穷大时，显然有

$$\lim_{n\to\infty}\frac{T(n)}{n^3}=\lim_{n\to\infty}\frac{2n^3+3n^2+2n+1}{n^3}=2 \tag{2.2}$$

即当 n 充分大时，$T(n)$ 和 n^3 之比是一个不等于零的常量，这表示 $T(n)$ 和 n^3 是同阶的，或者说 $T(n)$ 和 n^3 的数量级相同。我们用“O”表示数量级，记作 $T(n)=O(n^3)$，它是上述程序段的渐近时间复杂度。

这里，我们给出算法的时间复杂度的概念：

算法的**时间复杂度**是该算法的执行时间，记作 $T(n)$，当算法中问题的规模 n 趋向无穷大时，$T(n)$ 的数量级称为算法的**渐进时间复杂度**，记作

$$T(n)=O(f(n)) \tag{2.3}$$

简称时间复杂度。这里 $f(n)$ 一般是算法中最大的语句频度，是最深层循环内的语句频度。

下面举例说明如何求算法的时间复杂度。

【例 2.12】 顺序执行语句。

```
++x;
s=0;
```

这里两条语句的频度均为 1，该程序段执行时间与问题规模无关，所以该程序段的时间复杂度为 $O(1)$，称为常量阶，记作 $T(n)=O(1)$。

【例 2.13】 变量计数求和。

```
x=1;s=0;
for (i=1;i<=n;++i)
{   ++x;
    s+=x;
}
```

对该程序段只需考虑循环体中一条语句的执行次数，频度为 $f(n)=n$，所以该程序段的时间复杂度为 $T(n)=O(n)$，称为线性阶。

【例 2.14】 变量输出。

```
for( i=1; i<=n; i++)
  for( j=1; j<=n; j++)
      printf("%d",i);
```

对该程序段需要考虑嵌套层次最深的循环体语句的执行次数，频度为 $f(n)=n^2$，该程序段的时间复杂度为 $T(n)=O(n^2)$，称为平方阶。

【例 2.15】 求变量乘积。

```
i=1;
while(i<n)
i=i*2;
```

该算法循环体语句的执行次数由表达式 $i<n$ 决定，这不仅与问题的规模 n 有关，还与上轮循环所得到的 i 值有关，可以这样分析：

当循环执行次数分别为 $1,2,3,\cdots,k$ 时，i 的值分别为 $2,2^2,2^3,\cdots,2^k$；若问题的规模 $n=2^k$，则循环语句执行次数 k 为

$$k = \log_2 n \tag{2.4}$$

即该程序段的时间复杂度为 $O(\log_2 n)$，称为对数阶。

【例 2.16】 冒泡排序算法的时间复杂度分析。

```
void bubble_sort(int a[ ],int n)
{ for(i=n-1,change=True;i>1 && change; --i)
    {  change=False;
       for(j=0;j<i; ++j)
           if(a[j]>a[j+1])
           { a[j]<->a[j+1]; //交换序列中相邻两个整数
              change=True
           }
    }
}
```

其中嵌套循环最内层的操作是“交换序列中相邻两个整数”，当 a 中初始序列为自小至大有序时，该操作的执行次数为 0，这是最好的情况；当初始序列为自大至小有序时，该操作的执行次数为 $n(n-1)/2$，这是最坏的情况。

这类算法的时间复杂度我们可以计算它们的平均值，即算法的平均时间复杂度。冒泡排序算法的平均时间复杂度为

$$T_{\text{arg}} = O(n^2) \tag{2.5}$$

在很多情况下，算法的平均时间复杂度也难以确定时，也可以分析最坏情况的时间复杂度，以估算算法执行时间的一个上界。冒泡排序算法的最坏情况为

$$f(n) = O(n^2) \tag{2.6}$$

算法还可能呈现的时间复杂度有对数阶 $O(\log_2 n)$ 和指数阶 $O(2^n)$。常见的时间复杂度按数量级递增排序依次为：常数阶 $O(1)$、对数阶 $O(\log_2 n)$、线性阶 $O(n)$、线性对数阶 $O(n\log_2 n)$、平方阶 $O(n^2)$、立方阶 $O(n^3)$、k 次方阶 $O(n^k)$、指数阶 $O(2^n)$。其中，时间复杂度为指数阶 $O(2^n)$ 的算法效率很低，应尽量避免。

2. 算法的空间复杂度

一个算法的空间复杂度 $S(n)$ 定义为该算法所需存储空间的度量，它也是问题规模 n

的函数,记为 $S(n)=O(f(n))$。

算法的空间效率是指在算法的执行过程中所占据的辅助空间数量。辅助空间就是除算法代码本身和输入/输出数据所占据的空间外,算法临时开辟的存储空间单元。在有些算法中,占据辅助空间的数量与所处理的数据量有关,而有些却无关。后一种是较理想的情况。在设计算法时,应该注意空间效率。

自主学习

本章介绍了数据、数据元素、数据项、数据结构等基本术语,重点是数据结构中的逻辑结构、存储结构、数据的运算三方面的概念及相互关系,以及算法时间复杂度的分析方法,其中,算法时间复杂度分析是难点。

学习本章内容的同时,可以参考相关资料,查询、了解其他相关知识,包括:

(1) 数据类型和抽象数据类型;

(2) 软件测试的基本知识;

(3) 算法性能分析的其他知识。

参考资料:

[1] 胡学钢. 数据结构:C 语言版[M]. 北京:高等教育出版社,2008.

[2] 严蔚敏,李冬梅,吴伟民. 数据结构:C 语言版[M]. 北京:人民邮电出版社,2011.

习　题

1. 填空题

(1) 数据结构包括数据的________、数据的________和数据的________这 3 个方面的内容。

(2) 数据结构按逻辑结构可分为两大类,它们分别是________和________。

(3) 线性结构中元素之间存在________关系,树形结构中元素之间存在________关系,图形结构中元素之间存在________关系。

(4) 在线性结构中,第一个结点________前驱结点,其余每个结点有且只有________前驱结点;最后一个结点________后续结点,其余每个结点有且只有________后续结点。

(5) 在树形结构中,树根结点没有________结点,其余每个结点有且只有____个前驱结点;叶子结点没有________结点,其余每个结点的后续结点数可以________多个。

(6) 在图形结构中,每个结点的前驱结点数和后续结点数可以________多个。

(7) 数据的存储结构可用 4 种基本的存储方法表示,它们分别是________、________、________和________。

(8) 一个算法的效率可分为________效率和________效率。

2. 选择题

(1) 在数据结构中,与所使用的计算机无关的是数据的(　　)结构。

A. 存储　　B. 物理　　C. 逻辑　　D. 物理和存储

(2) 计算机算法指的是(　　)。

A. 计算方法　　B. 排序方法

C. 解决问题的有限运算序列　　D. 调度方法

(3) 算法分析的目的是(　　)。

A. 找出数据结构的合理性　　B. 研究算法中输入和输出的关系

C. 分析算法的效率以求改进　　D. 分析算法的易懂性和文档性

(4) 算法分析的两个主要方面是(　　)。

A. 空间复杂性和时间复杂度　　B. 正确性和简明性

C. 可读性和文档性　　D. 数据复杂性和程序复杂性

(5) 计算机算法必须具备输入、输出和(　　)等 5 个特性。

A. 可行性、可移植性和可扩充性　B. 可行性、确定性和有穷性

C. 确定性、有穷性和稳定性　　D. 易读性、稳定性和安全性

(6) 设 n 为正整数,下列程序段的时间复杂度可表示为(　　)。

```
x=91;y=100;
while(y>10)
if(x>100){x=x-10;y--;}
else x++;
```

A. $O(1)$　　B. $O(x)$　　C. $O(y)$　　D. $O(n)$

3. 简答题

(1) 简述下列概念:数据,数据元素,数据类型,数据结构,逻辑结构,存储结构,算法。

(2) 数据的逻辑结构分哪几种?

(3) 试举一个数据结构的例子,叙述其逻辑结构、存储结构、运算三方面的内容。

(4) 简述算法的 5 个特性。

(5) 下面程序段的时间复杂度是什么?

```
for(i=0;i<n;i++)
for(j=0;j<m;j++) a[i][j]=0;
```

(6) 有实现同一功能的两个算法 A_1 和 A_2,其中 A_1 的时间复杂度为 $T_1=O(2^n)$,A_2 的时间复杂度为 $T_2=O(n^2)$,仅就时间复杂度而言,请具体分析这两个算法哪一个好。

4. 时间复杂度分析题

(1)
```
for (i=0; i<n; i++)
      for (j=0; j<m; j++)
         A[i][j]=0;
```

(2)
```
x=0;
for(i=1; i<n; i++)
   for (j=1; j<=n-i; j++)   x++;
```

(3)
```
i=1;
while(i<=n) i=i*3;
```

(4)
```
i=1; k=0
while(i<n) {k=k+10*i ; i++; }
```

(5)
```
i=0; k=0;
do{ k=k+10*i; i++; }
 while(i<n);
```

(6)
```
i=1; j=0;
```

```
while(i+j<=n)
{ if (i<j)j++; else i++;
}
```

(7) 设有两个算法在同一机器上运行，其执行时间分别为 $100n^2$ 和 2^n，要使前者快于后者，n 至少要多大？

5. 算法设计题

(1) 设计函数 Mult 实现两个 $n \times n$ 矩阵的乘法，并计算该函数共执行了多少次乘法。

(2) 试编写一个函数 Input，它要求用户输入一个非负数，并负责验证用户所输入的数是否真的大于或等于0，如果不是，它将告诉用户该输入非法，需要重新输入一个数。在函数非成功退出之前，应给用户 3 次机会。如果输入成功，函数应当把所输入的数作为引用参数返回。输入成功时，函数应返回 True，否则返回 False。计算该函数共执行了多少次运算，并上机测试该函数

(3) 试编写一个递归函数，用来输出 n 个元素的所有子集。例如，3 个元素{a,b,c}的所有子集是：{ }(空集)，{a}，{b}，{c}，{a,b}，{a,c}，{b,c}和{a,b,c}。

第2部分　线性结构

第3章　栈

3.1　引　　言

3.1.1　本章能力要素

本章介绍栈这种线性结构数据，以及它的两种存储方法、基本运算实现和一些应用实例分析。具体要求包括：

(1) 掌握栈的逻辑结构和运算特性；

(2) 掌握顺序栈的数据结构模型；

(3) 能实现顺序栈的基本运算并进行算法性能分析；

(4) 掌握链栈的数据结构模型、正确描述链栈中结点的值、地址；

(5) 能实现链栈的基本运算并进行算法性能分析。

专业能力要素包括：

(1) 具备构建链栈结构模型，进行置空栈运算的算法设计思路分析与表达的能力；

(2) 具备对应用实例构建顺序栈、链栈数据结构模型的能力；

(3) 具备对栈的应用实例进行算法设计思路分析与表达的能力。

3.1.2　本章知识结构图

本章知识结构如图3.1所示。

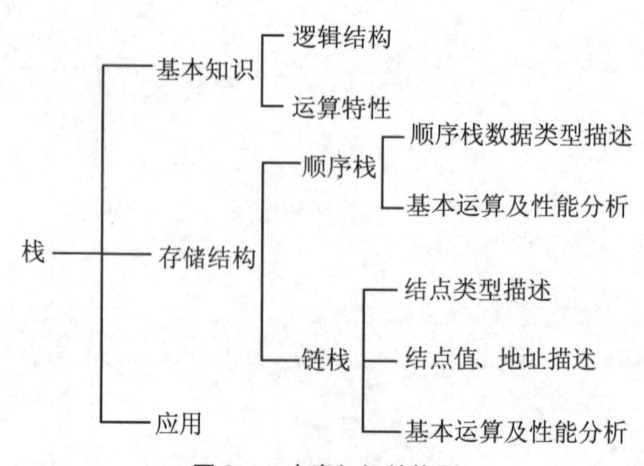

图3.1　本章知识结构图

3.1.3 本章课堂教学与实践教学的衔接

本章涉及的实践环节主要是顺序栈、链栈的建立，顺序栈、链栈的基本运算实现，以及应用栈结构完成的相关运算。

在应用栈结构完成相关运算时，需要考虑栈的存储结构，并对这种存储结构所需的算法进行时间性能、空间性能分析。

3.2 栈的概念

刷洗盘子时，依次把洗净的盘子一个接着一个摞在一起，构成了一个线性排列的结构；而且，最先洗好的盘子在最下面，而最后放上去的盘子最先使用；也就是说，我们每次只对最上面的盘子进行操作：或者把洗好的盘子放在最上面，或者从最上面取出一个盘子。

我们称具有这样特性的线性结构数据为**栈**，最上面那个盘子的位置称为栈顶，最下面那个盘子的位置为栈底。它的特性是：

① 组成该数据的数据元素是相同数据类型的，且数据元素间线性排列；

② 只能对栈顶的数据元素进行操作。

图 3.2 描述了一个栈。可以看出，a_1为栈底元素，a_n为栈顶元素；入栈时，数据元素按$a_1, a_2, \cdots, a_n$的次序进栈，出栈的第一个元素应为栈顶元素 a_n。

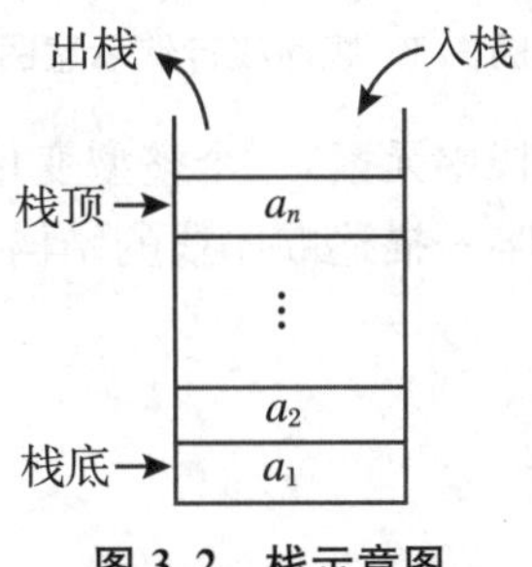

图 3.2 栈示意图

定义：栈(stack)是由一组同类型数据元素($a_1, a_2, \cdots, a_n$)组成的线性序列，a_1为栈底元素，a_n为栈顶元素；栈属于线性逻辑结构数据，且只能在栈顶位置进行插入(入栈)和删除(出栈)操作。对于栈($a_1, a_2, \cdots, a_n$)，若 $n=0$，则为空栈。

特点：入栈和出栈操作均在栈顶进行，也就是说，栈中数据元素的变化是按"后进先出"(Last In First Out，LIFO)的原则进行的。

对栈的操作主要有入栈(向栈中插入元素)和出栈(删除栈中元素)，以及其他一些基本操作：

(1) 置空栈：InitStack(S)，运算的结果是将栈 S 置成空栈。

(2) 判栈空：StackEmpty(S)，如果栈为空，则返回 1，否则返回 0。

(3) 判栈满：StackFull(S)，如果栈满，则返回 1，否则返回 0。

(4) 取栈顶元素：GetTop(S)，运算的结果返回栈顶元素。

(5) 入栈:Push(S,x),向栈S中插入元素x。

(6) 出栈:Pop(S),删除栈顶元素。

在解决具体问题时,对栈的使用可通过上述基本操作的组合来实现。

3.3 顺 序 栈

3.3.1 顺序栈的存储结构分析

顺序栈是指利用顺序存储结构实现的栈。采用地址连续的存储空间(数组)依次存储栈中数据元素,由于入栈和出栈运算都是在栈顶进行,而栈底位置是固定不变的,可以将栈底位置设置在数组空间的起始处;栈顶位置是随入栈和出栈操作而变化的,故需用一个整型变量top来记录当前栈顶元素在数组中的位置。图3.3描述了顺序栈的存储结构。

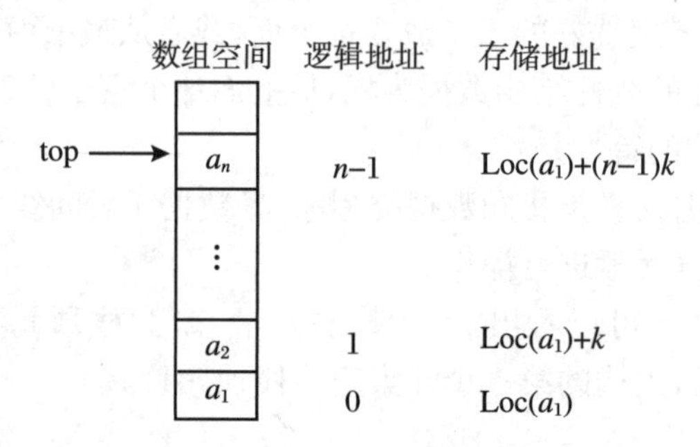

图3.3 顺序栈存储示意图

这样,一个数组用来顺序存储栈中元素,一个整型变量top来记录当前栈顶元素在数组中的位置,这两部分合起来就可以唯一描述顺序栈的结构类型:

```
#define maxlen 100
typedef struct
{     Datatype data[maxlen];
      int top;
}SeqStack;
```

【例3.1】 若有变量定义:SeqStack *S;且令S指向一个栈(A,B,C,D,E,F),其对应的顺序存储结构如图3.4所示,则栈中元素存储在字符数组S->data[10]中。其中,S->data[0]中存储的是栈底元素"A",记录栈顶位置的变量S->top值为5,S->data[S->top]中存储的是栈顶元素"F"。

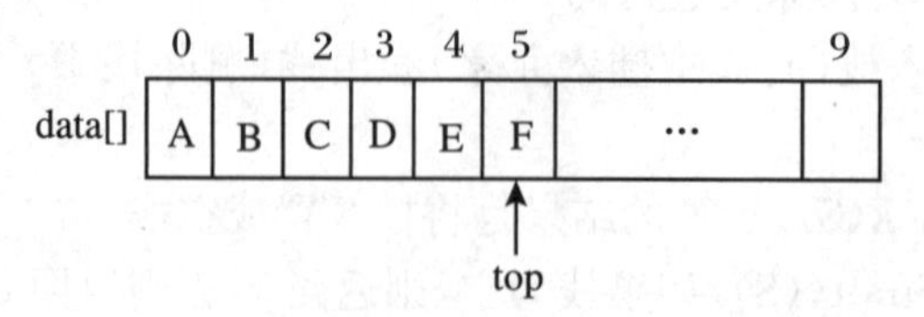

图3.4 栈(A,B,C,D,E,F)的顺序栈存储示意图

3.3.2 基本运算及性能分析

【例 3.2】 设一个栈 ST 为(A,B,C,D,E,F),对应的顺序存储结构如图 3.5(a)所示。若向 ST 中插入一个元素 G,则对应如图 3.5(b)所示。若接着执行 3 次出栈操作后,则栈 ST 对应如图 3.5(c)所示。若依次使栈 ST 中的所有元素出栈,则 ST 为空,如图 3.5(d)所示。

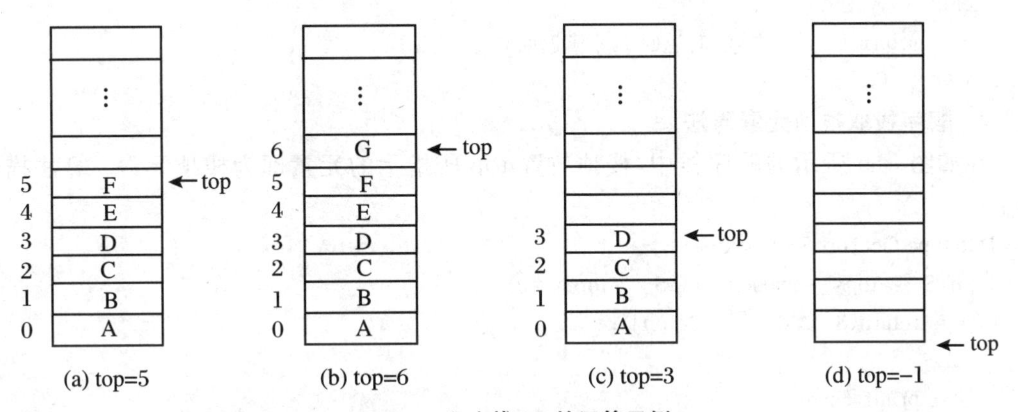

图 3.5 顺序栈 ST 的运算示例

3.2 节介绍了栈的 6 种基本运算,下面分别讨论这些基本运算在顺序栈中的实现方法。

1. 顺序栈置空栈算法

对于图 3.5 所示的顺序栈,当 top 为 0 时,表示栈中还有一个元素;只有当 top 为 −1 时才表示空栈。所以,置空栈的运算就是将 top 的值置为 −1。

算法如下:

```
SeqStack * InitStack(SeqStack * S)
{   S->top=-1;
    return S;
}
```

类似的,建一个空栈的算法可以描述如下:

```
SeqStack * SetStack()
{   SeqStack * S;
    S=(SeqStack *)malloc(sizeof(SeqStack));
    S->top=-1;
    return S;
}
```

2. 顺序栈判栈空算法

在顺序栈中,top 值为 −1 时,栈为空。算法描述如下:

```
int StackEmpty(SeqStack * S)
{  if(S->top>=0)
       return 0;
   else
       return 1;        //栈空时返回 1,不空返回 0
}
```

3. 顺序栈判栈满算法

在顺序栈中,若 top 指向数组 data 的最后一个元素,即 top 的值为 maxlen－1 时栈满。算法描述如下：

```
int StackFull(SeqStack *S)
{ if(S->top<maxlen-1&&S->top>=0)
      return 0;
  else
      return 1;     //栈满时返回 1,不满返回 0
}
```

4. 顺序栈取栈顶元素算法

在如图 3.5 所示的顺序栈中,栈顶位置 top 所指示的元素即为栈顶元素。算法描述如下：

```
Datatype GetTop(SeqStack *S)
{   if(S->top<=maxlen-1&&S->top>=0)
      return(S->data[S->top]);
   else
      printf("error");
}
```

5. 顺序栈入栈算法

入栈即在栈顶插入一个元素。显然,若栈满则不可进行入栈运算;或者说,只有 top 值在合法的范围内才可以进行入栈运算。算法描述如下：

```
void Push(SeqStack *S,Datatype x)
{   if(S->top < maxlen-1&& S->top >= -1)
     {  S->top++ ;
         S->data[S->top]=x;
     }
   else printf("error");
}
```

6. 顺序栈出栈算法

出栈即删除栈顶元素,且只有栈空时不可以进行出栈操作。算法描述如下：

```
void Pop (SeqStack *S)
{   if(S->top>=0)
        S->top--;
   else
       printf("error");
}
```

顺序栈的这 6 种基本运算中,置空栈 InitStack(S)、判栈空 StackEmpty(S)、判栈满 StackFull(S)以及取栈顶元素 GetTop(S)等运算的算法执行时间与问题的规模无关,算法的时间复杂度均为 $O(1)$;而入栈 Push(S, x)与出栈 Pop(S)运算也只是在栈顶进行插入和删除操作,与栈中其他元素没有关系、与栈中元素的个数没有关系,时间复杂度也为 $O(1)$。

顺序栈的 6 种基本运算执行时所需要的空间都是用于存储算法本身所用的指令、常数、变量,各算法的空间性能均较好,只是对于存放顺序栈的向量空间大小的定义很难把握好,如果定义过大，会造成不必要的空间浪费。

3.4 链　　栈

3.4.1 链栈的存储结构分析

链栈是指采用链接存储结构实现的栈。也就是说，栈中每一个元素单独占用相应大小的存储空间(存储单元)，每个存储单元在存储栈中元素 a_i 的同时，也存储其逻辑后继 a_{i+1} 的存储地址；所有存储单元可以占用连续或不连续的存储区域。每一个存储单元的结构如图 3.6 所示。我们也称每一个存储单元为链栈中的结点。

data	next

图 3.6　链栈中每个元素的存储单元(结点)结构

其中，data 域是数据域，用来存放数据元素 a_i 的值；next 域是指针域，用来存放 a_i 的直接后继 a_{i+1} 的存储地址。该结点由 data 域和 next 域这两个部分构造而成，其构造类型描述如下：

```
typedef struct node
{  datatype data;
   struct node * next;
}LinkStack;
```

LinkStack 就是该结点的数据类型。

当有这样的变量定义后：

```
LinkStack t, * S=&t;
```

我们可以用 S－＞data 描述该结点元素的值，用 S－＞next 描述该结点逻辑后继的存储地址。

【例 3.3】　将栈(A,B,C,D,E,F)进行链接存储，该链栈的存储结构如图 3.7(a)所示。

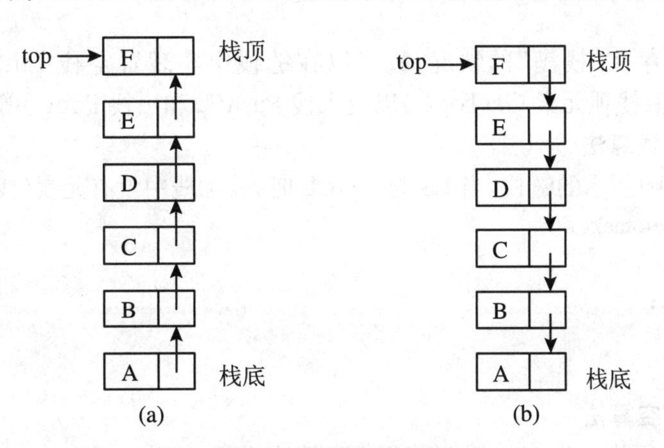

图 3.7　栈的链接存储

图 3.7(a)描述的链栈按入栈的顺序依次建立结点，最先入栈的是元素“A”，所以首先建

立第一个结点，其 data 域中存储的是“A”，next 域中存储的应该是“A”的逻辑后继元素“B”存储单元的地址，……直到元素“F”入栈，“F”即栈顶结点。top 是 LinkStack 类型的指针变量，其值是栈顶元素“F”存储单元的首地址。

考虑一次出栈操作：若“F”出栈，则结点“E”是新的栈顶元素，top 的值应修改为结点“E”的地址。可是，结点“E”的地址存储在哪儿呢？按刚才的入栈顺序，它的地址存储在结点“D”的 next 域中，这是我们无法获取的信息，使得出栈操作无法进行。如何解决这个问题？

图 3.7(b)描述的链栈依然保证了数据元素间的线性逻辑关系，但却很好地解决了上述问题。方法是：对每一个新入栈的元素（新的栈顶元素）建立结点后，该结点的指针域中不是存储下一个入栈元素的地址，而是存储前一个入栈元素的地址。这样，在图 3.7(b)中，top－＞data的值是“F”，top－＞next 的值是元素“E”存储单元的地址。

这样，当“F”出栈时，记录栈顶元素地址的指针变量 top 的值应修改为新的栈顶元素“E”的地址；操作可以描述为

```
top = top－>next;
```

我们也称 top 为**栈顶指针**。通常情况下，我们采用更直观的图示来描述链栈，如图 3.8 所示。

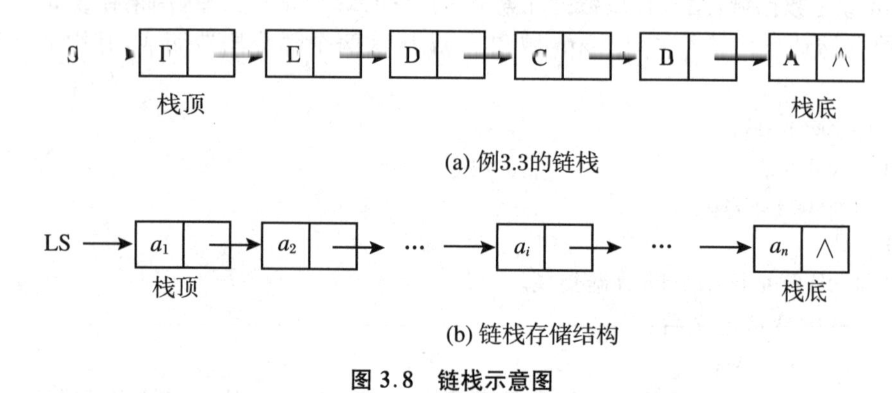

(a) 例3.3的链栈

(b) 链栈存储结构

图 3.8　链栈示意图

3.4.2　基本运算及性能分析

由于链栈不存在“栈满”的情况，故可以在链栈中实现置空栈 InitStack( )、判栈空 StackEmpty( )、取栈顶元素 GetTop( )以及入栈 Push( )和出栈 Pop( )等基本运算。

1. 链栈建空栈算法

对于图 3.8(b)所示的链栈，当 LS 为 NULL 时，表示栈中没有元素（栈为空）。

```
LinkStack * SetStack()
{  LinkStack * LS;
   LS = NULL;
   return LS;
}
```

2. 链栈判栈空算法

在链栈中，栈顶指针为 NULL 时栈为空。算法描述如下：

```
int StackEmpty(LinkStack * LS)
{   if(LS = = NULL)
```

```
        return 1;
        else
        return 0;          //栈空时返回 1,不空返回 0
    }
```

3. 链栈取栈顶元素算法

在如图 3.8(b)所示的链栈中,栈顶指针 LS 即为栈顶结点的地址,则 * LS 结点 data 域中存储的即为栈顶元素。算法描述如下:

```
Datatype GetTop(LinkStack *LS)
{   if(LS! =NULL)
        return(LS->data);
    else
        printf("栈空");
}
```

4. 链栈入栈算法

在栈顶位置插入一个值为 x 的元素。首先需要申请一个 LinkStack 类型的结点空间,以便存储元素 x。

```
LinkStack *p;
p=( LinkStack *)malloc(sizeof(LinkStack));
p->data=x;
```

然后,将该结点插入到链栈的头部:

```
p->next=LS;
LS=p;
```

插入过程如图 3.9 所示。

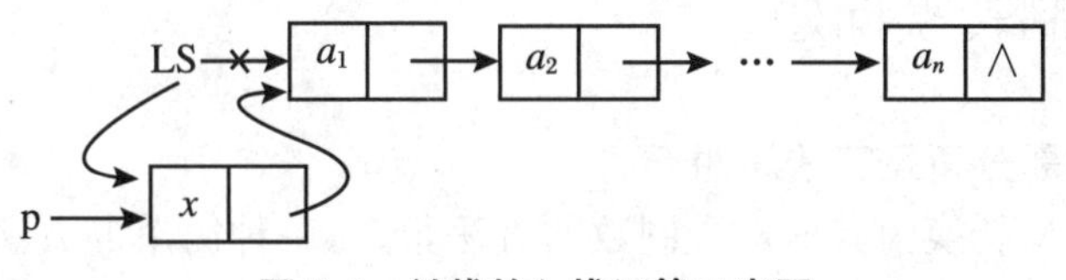

图 3.9 链栈的入栈运算示意图

综合以上分析,算法描述如下:

```
LinkStack *Push(LinkStack *LS,Datatype x)
{   LinkStack *p;
    p=(LinkStack *)malloc(sizeof(LinkStack));
     p->data=x;
     p->next=LS;
     LS=p;
     return LS;
}
```

5. 链栈出栈算法

如图 3.10 所示为链栈的出栈运算。出栈时,删除栈顶结点,且只有在栈不空时进行。算法描述如下:

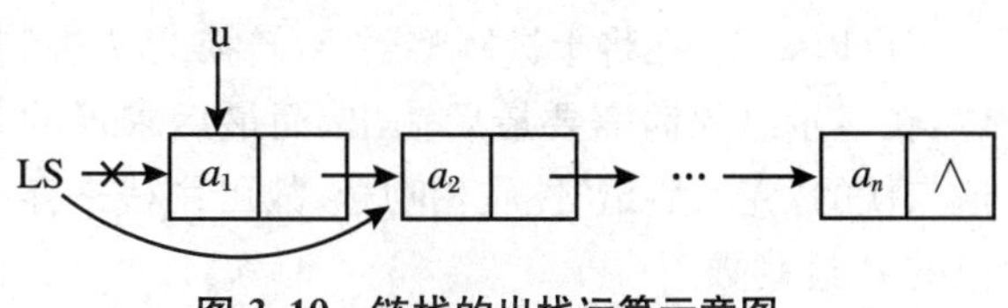

图 3.10 链栈的出栈运算示意图

```
LinkStack *Pop (LinkStack *LS)
```

```
{ LinkStack *u;
   u=LS;
   LS=u->next;
   free(u);
   return LS;
}
```

6. 基本算法性能分析

链栈的基本操作都是在栈顶进行的，算法的执行时间与栈的大小无关，即建空栈 SetStack ( )、判栈空 StackEmpty( )、取栈顶元素 GetTop( ) 以及入栈 Push( )与出栈 Pop( ) 等算法的时间复杂度均为 $O(1)$。

链栈在执行基本运算时所需要的空间主要都是用于存储算法本身所用的指令、常数、变量，各算法的空间性能均较好。尽管链栈不需要事先申请足够大的存储空间来存储栈中元素，但每个结点需要额外的空间来存放后继结点的地址。所以，若栈中元素实际所需的存储空间不大，链栈这种存储结构本身就不具备较好的空间性能。

3.5 栈的应用实例

由于栈具有“后进先出”的特性，被广泛应用于各种程序设计中以解决一些实际问题。本节介绍一些栈的典型应用。

3.5.1 数制转换问题

1. 数制转换问题分析及算法思想

将十进制整数 N 转换为其他 d 进制数的方法很多，一种简单的方法是“逐次除 d 取余法”。

具体的做法是：假设转换后的 d 进制数为 M，首先用十进制整数 N 除以 d，得到的整余数是 d 进制数 M 的最低位 M_0；接着以 N 除以 d 的整数商作为被除数，用它除以 d 得到的整余数是 M 的次最低位 M_1…… 依此类推，直到商为 0 时得到的整余数是 M 的最高位 M_m。这样，转换成的 d 进制数 M 共有 $m+1$ 位，描述为 $(M)_d = M_m M_{m-1} \cdots M_0$。

【例 3.4】 将十进制整数 66 转换成对应的八进制数。

首先，将 66 除以 8，得到的余数为 2，商为 8：66/8=8 余 2。

再将所得的商 8 除以 8，得到的余数为 0，商为 1：8/8=1 余 0。

继续将所得的商 1 除以 8，得到的余数为 1，商为 0：1/8=0 余 1。此时算法结束，所转换成的八进制数为余数的逆序 102。即 $(M)_8 = 102$。

可以看出，在将十进制整数 N 转换为 d 进制数时，最先得到的余数是 d 进制数的最低位，在显示结果时需要最后输出；而最后求得的余数是 d 进制数的最高位，需要最先输出。这与栈的“先入后出”性质相吻合，故可用栈来存放逐次求得的余数，再通过出栈运算输出相应的 d 进制数。

2. 数制转换算法及性能分析

算法实现时，首先需要定义一个栈结构，将每一次的余数入栈。假设 m 为十进制整数，S 为空栈，算法分析如下：

(1) 令 $n = m \bmod d$（d 为十进制整数所转换的 d 进制数的基数），并将 n 入栈 S。

(2) 令 $m = m/d$。

(3) 若 m 不为 0，则重复(1)、(2)；否则，将栈中元素依次出栈。

这样，将一个十进制整数转换为 d 进制数的算法如下：

```
#define maxlen 100
typedef struct{
  int data[maxlen];
  int top;
}SeqStack;
void Conversion(SeqStack *S,int n,int d){
  //对于任何一个输入的非负十进制整数n,输出与之等值的d进制数
   InitStack(S);          //初始化空栈
   if(n<0){          //若n为负数
       printf("\nThe number must be over 0.");
   return;
   }
   if(! n)
       Push(S,0);          //若n为零
   while(n){          //若n为正数
       Push(S,n%d);
     n=n/d;
   }
}
```

本算法若不用栈而用数组等其他数据结构也可以直接实现，但采用栈的优点在于用户不用考虑数组下标等问题，简化了程序设计过程，并且更能体现程序的实质问题。

3.5.2 无括号的算术表达式计算问题

1. 问题分析及算法思想

无括号的算术表达式中除了一个界限符（表达式结束符）外，只包括运算对象和运算符。由于乘（*）、除（/）以及模（%）运算比加（+）、减（-）运算有较高的优先级，因此，一个表达式的运算不可能总是从左至右顺序执行。

通常，借助栈来实现按运算符的优先级完成表达式的求值计算。

首先，设置两个栈：运算数栈 OPND 和运算符栈 OPTR。然后，自左向右扫描表达式，遇操作数进 OPND，遇操作符则与 OPTR 栈顶运算符比较：若当前操作符大于 OPTR 栈顶，则当前操作符进 OPTR 栈；若当前操作符小于等于 OPTR 栈顶，则 OPND 栈顶、次栈顶出栈，同时 OPTR 栈顶也出栈，形成一个运算，并将该运算的结果压入 OPND 栈。

【例 3.5】 实现表达式 5%2+1-2*3# 的运算过程，如图 3.11 所示。

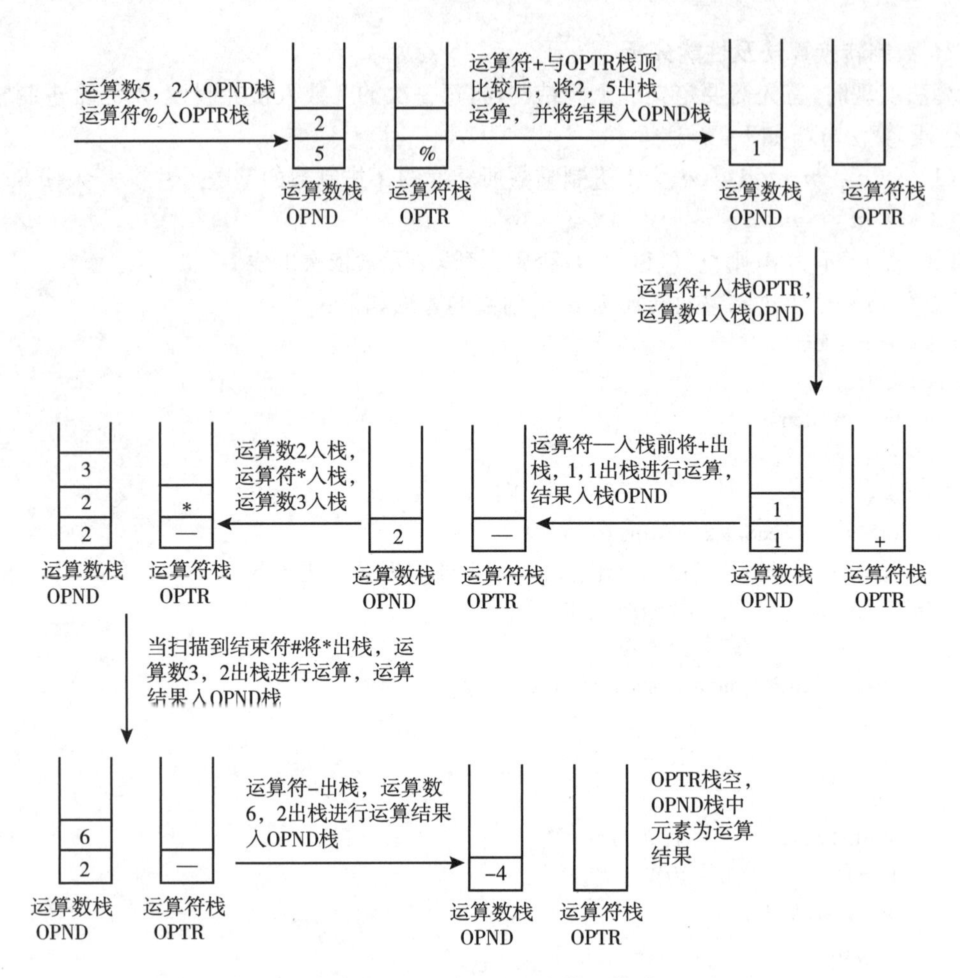

图 3.11　表达式 5%2+1-2*3#的运算过程示意图

通过以上分析，无括号算术表达式的求值算法可以用如图 3.12 所示的流程图来描述。

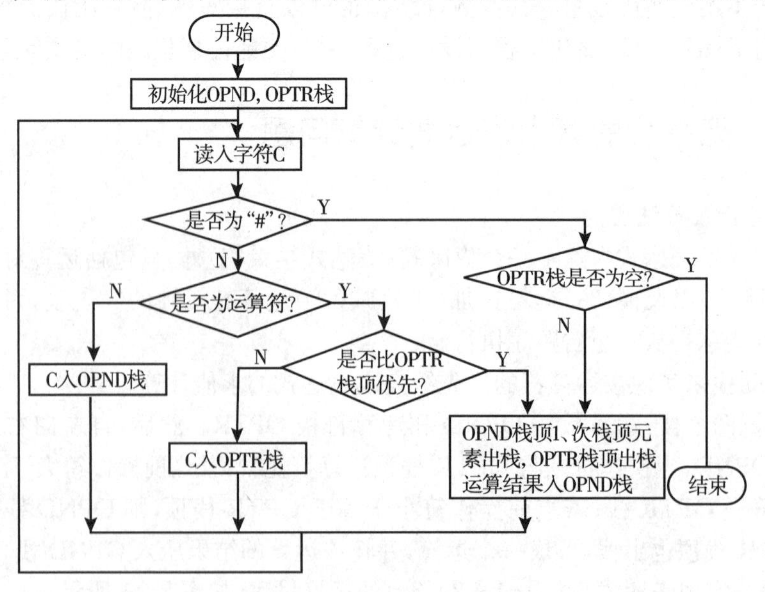

图 3.12　无括号算法表达式求值算法的流程图

2. 算法实现及性能分析

综合以上分析，算术表达式求值的算法如下：

```
#define StackMaxSize 100
typedef struct{
    char stack[StackMaxSize];
    int top;
}Stack1;                    //运算符栈
typedef struct{
    int stack[StackMaxSize];
    int top;
}Stack2;                    //运算数栈
int In(char c){             //判断字符是运算符还是运算数
  if((c=='+')||(c=='-')||(c=='*')||(c=='/')||(c=='#'))
     return 1;
  else
     return 0;
}
void InitStack1(Stack1 *S){//初始化 Stack1 类空栈
  S->top=-1;
}
void InitStack2(Stack2 *S){ //初始化 Stack2 类空栈
  S->top=-1;
}
void Push1(Stack1 *S,char ch){
  (S->top)++;
  S->stack[S->top]=ch;
}
void Push2(Stack2 *S,int ch){
  (S->top)++;
  S->stack[S->top]=ch;
}
char Precede(char ch1,char ch2){      //比较两个运算符的优先级
  char ch;
  switch(ch1){
  case'+':if((ch2=='*')||(ch2=='/')||(ch2=='('))ch='<';else ch='>';break;
  case'-':if((ch2=='*')||(ch2=='/')||(ch2=='(')) ch='<';else ch='>';break;
  case'*':if(ch2=='(')ch='<';else ch='>';break;
  case'/':if(ch2=='(')ch='<';else ch='>';break;
  case'#':if(ch2=='#')ch='=';else ch='<';break;
  }
  return ch;
}
void Pop1(Stack1 *S,char *p){
   *p=S->stack[S->top];
```

```
    (S->top)--;
}
void Pop2(Stack2 *S,int *p){
    *p=S->stack[S->top];
    (S->top)--;
}
char GetTop1(Stack1 *s){
    return S->stack[S->top];
}
char GetTop2(Stack2 *s){
    return S->stack[S->top];
}
void ClearStack1(Stack1 *S){
    S->top=-1;
}
void ClearStack2(Stack2 *S){
    S->top=-1;
}
int Operate(int a,char theta,int b){        //对 a 和 b 进行运算
    int s;
    switch(theta){
        case '+':s=a+b;break;
        case '-':s=a-b;break;
        case '*':s=a*b;break;
        case '/':s=a/b;break;
    }
    return s;
}
void main(){
        Stack1 OPTR1,*OPTR=&OPTR1;
        Stack2 OPND1,*OPND=&OPND1;
        InitStack1(OPTR);        //初始化空栈
        Push1(OPTR,'#');         //表达式起始符进栈
        InitStack2(OPND);
        char c,x,theta;
        int a,b,s;
        printf("请输入表达式,以#结束:");
        c=getchar();   //接收表达式的第一个字符
        while((c!='#')||(GetTop1(OPTR)!='#')){ //'#'同时是表达式的截止符
            if(!In(c)){//判断当前读取的表达式字符是不是算符,若不是则进 OPND 栈
                s=c-'0';
                Push2(OPND,s);
                c=getchar();
            }
```

```
        else  //当前字符为算符,比较其和 OPTR 栈顶运算符的优先级
            switch(Precede(GetTop1(OPTR),c)){
                case'<':Push1(OPTR,c);c=getchar();break;
                case'=':Pop1(OPTR,&x);c=getchar();break;
                case'>':Pop1(OPTR,&theta);Pop2(OPND,&b);
                Pop2(OPND,&a);Push2(OPND,Operate(a,theta,b));break;
            }
    }
    c=GetTop2(OPND);printf("结果为:");
    printf("%d\n",c);
}
```

尽管本算法只是针对算术表达式的求值计算问题,但其算法思想对于高级语言程序中的关系表达式及逻辑表达式的求值问题同样适用。这需要扩充算符集的内容,并有针对算符集中的所有算符优先级关系的描述;另外,不同类型的操作数在运算时的类型转换问题、不同算符的运算规则问题,都应在算法设计中考虑。

本节问题的算法实现采用的是顺序栈结构,对于任意长度的表达式来说,一般很难定义合适的向量空间。所以,也可以用链栈结构完成本算法及相关算法,这对算法的时间性能没有明显的影响。

自主学习

本章介绍了栈的基本概念和运算特性,以及顺序栈、链栈的存储结构描述、基本运算实现。要求重点掌握栈的运算特性及两种存储方式,以及在两种存储方式下的运算方法。

学习本章内容的同时,可以参考相关资料,查询、了解其他相关知识,并编写程序实现相关算法,包括:

(1) 链栈置空栈运算实现;

(2) 括号匹配问题及算法实现;

(3) 带括号的算术表达式计算问题及算法实现;

(4) 递归问题及相关应用和算法实现。

参考资料:

[1] 胡学钢. 数据结构:C 语言版[M]. 北京:高等教育出版社,2008.

[2] 严蔚敏,李冬梅,吴伟民. 数据结构:C 语言版[M]. 北京:人民邮电出版社,2011.

[3] 王昆仑,李红. 数据结构与算法[M]. 2 版. 北京:中国铁道出版社,2012.

习　题

1. 选择题

(1) 一个栈的输入序列为:a,b,c,d,e,则栈的不可能输出的序列是(　　)。

A. a,b,c,d,e　　　　B. d,e,c,b,a

C. d,c,e,a,b　　　　D. e,d,c,b,a

(2) 一个顺序栈 S,其栈顶指针为 top,则将元素 e 入栈的操作是(　　)。

A. *S->top=e;S->top++;　　B. S->top++;*S->top=e;

C. *S->top=e;　　D. S->top=e;

(3) 将递归算法转换成对应的非递归算法时，通常需要使用(　　)来保存中间结果。

A. 队列　　B. 栈　　C. 链表　　D. 树

(4) 栈的插入和删除操作在(　　)。

A. 栈底　　B. 栈顶　　C. 任意位置　　D. 指定位置

(5) 判定一个顺序栈S(栈空间大小为n)为空的条件是(　　)。

A. S->top==0　　B. S->top!=0

C. S->top==n　　D. S->top!=n

(6) 若top为栈顶指针，则判定一个顺序栈ST(最多元素为MAX)为栈满的条件是(　　)。

A. top!=0　　B. top==0　　C. top!=MAX　　D. top==MAX-1

(7) 链栈与顺序栈相比，比较明显的优点是(　　)。

A. 插入操作更加方便　　B. 删除操作更加方便

C. 通常不会出现栈满的情况　　D. 不会出现栈空的情况

(8) 5节车厢以编号1,2,3,4,5顺序进入铁路调度站(栈)，可以得到(　　)的编组。

A. 3,4,5,1,2　　B. 2,4,1,3,5

C. 3,5,4,2,1　　D. 1,3,5,2,4

2. 填空题

(1) 栈是________的线性表，其运算遵循________的原则。

(2) 对于顺序存储结构的栈，在做入栈运算时应先判断栈是否________；在做出栈运算时应先判断栈是否________。

(3) 设有一个空栈，栈顶指针为1000H(十六进制)，现有输入序列为1,2,3,4,5，经过PUSH，PUSH，POP，PUSH，POP，PUSH，PUSH之后，输出序列是________，而栈顶指针值是________H。设栈为顺序栈，每个元素占4个字节。

(4) 当链栈中的所有元素全部出栈后，栈顶指针LS的值为________。

(5) 用S表示入栈操作，X表示出栈操作，若元素入栈的顺序为1234，为了得到1342的出栈顺序，相应的S和X的操作串为________。

(6) 判定一个栈ST(最多元素为m_0)为空的条件是________。

(7) 对于顺序栈S，假设其栈顶指针为top，分配的空间是StackMaxSize，则判断S为满栈的条件是____________。

(8) 4个元素进S栈的顺序是A,B,C,D，进行两次Pop(S,x)操作后，栈顶元素的值是________。

3. 判断题

(1) 若输入序列为1,2,3,4,5,6，则通过一个栈可以输出序列1,5,4,6,2,3。(　　)

(2) 只有那种使用了局部变量的递归过程在转换成非递归过程时才必须使用栈。(　　)

4. 简答题

(1) 简述顺序栈和链栈的区别。

(2) 什么是栈？栈的特点是什么？

(3) 设有编号为1,2,3,4的4辆车，按顺序进入一个栈式结构的站台，试写出这4辆车开出车站的所有可能的顺序(每辆车可能入站,可能不入站,时间也可能不等)。

(4) 试举出一个生活中栈的应用例子。

5. 算法设计题

(1) 设计一个算法,利用栈的基本运算将指定栈中的内容进行逆转。

(2) 设计一个算法,利用栈的基本运算返回指定栈中的栈底元素。

(3) 假设以顺序存储结构实现一个双向栈,即在一维数组的存储空间中存在着两个栈,它们的栈底分别设在数组的两个端点。试编写实现这个双向栈 tws 的 3 个操作:初始化 inistack(tws)、入栈 push(tws,i,x)和出栈 pop(tws,i)的算法,其中 i 为 0 或 1,用以分别指示设在数组两端的两个栈。

(4) 定义栈的数据结构,要求添加一个 min 函数,能够得到栈的最小元素。要求函数 min、push 以及 pop 的时间复杂度都是 $O(1)$。

第4章　队　　列

4.1　引　　言

4.1.1　本章能力要素

本章介绍队列这种线性结构数据，以及它的两种存储方法、基本运算实现和一些应用实例分析。具体要求包括：

(1) 掌握队列的逻辑结构和运算特性；

(2) 掌握顺序队列数据结构模型；

(3) 掌握循环队列的概念、正确描述循环队列队空与队满状态；

(4) 能实现循环队列的基本运算并进行算法性能分析；

(5) 掌握链队列数据结构模型、正确描述链队列中队头、队尾结点的值和地址；

(6) 能实现链队列的基本运算并进行算法性能分析。

专业能力要素包括：

(1) 具备构建链队列数据结构模型的能力，在链队列的队头结点前增加一个头结点后，实现链队列的相关运算、并进行算法性能分析的能力；

(2) 具备对应用实例构建顺序队列、链队列数据结构模型的能力；

(3) 具备对队列的应用实例进行算法设计思路分析与表达的能力。

4.1.2　本章知识结构图

本章知识结构如图4.1所示。

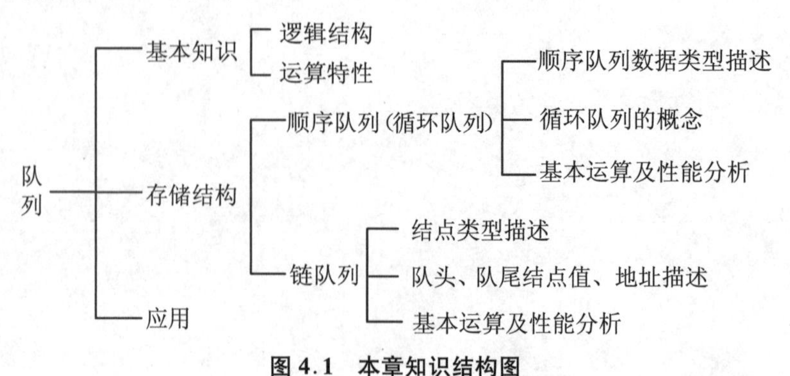

图4.1　本章知识结构图

4.1.3 本章课堂教学与实践教学的衔接

本章涉及的实践环节主要是顺序队列(循环队列)、链队列的建立,循环队列、链队列的基本运算实现,以及应用队列结构完成的相关运算。

在应用队列完成相关运算时,需要考虑队列的存储结构,并对应用这种存储结构所需的算法进行时间性能、空间性能分析。

4.2 队列的概念

如果加油站只有一台加油机,则等待加油的汽车会自觉地排成一列,依次加油、出站。这些排成一列的汽车就构成了一个线性结构数据,我们称之为**队列**。在这个汽车队列中,最先加油的是最先到达、排在第一位的汽车,我们称之为队头;最后一个到达的汽车,我们称之为队尾,它也是最后一个加油、开出的汽车。

对这样的汽车队列,我们通常只关注队头和队尾的汽车,一是因为只有队头汽车才能加油,二是随着不断有汽车加油开走、需要加油汽车的加入,队头、队尾汽车总是在变化着,三是队列长度是由队头、队尾(位置)来决定的。

图 4.2 描述了这样的一个队列。可以看出,a_1为队头元素,a_n为队尾元素;数据元素按$a_1,a_2,\cdots,a_n$的次序入队,也以相同的次序出队。

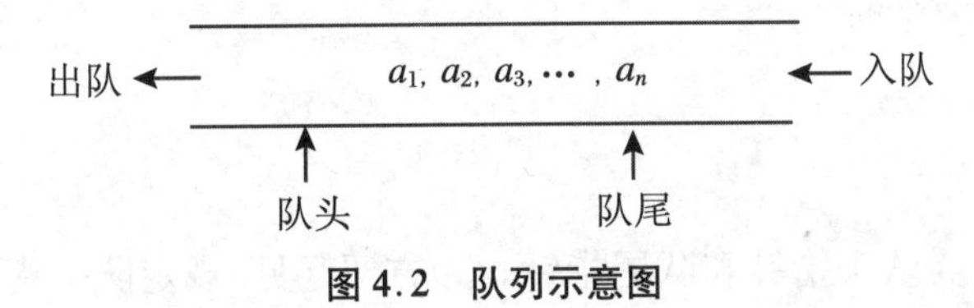

图 4.2 队列示意图

定义:队列(queue)是由一组同类型数据元素($a_1,a_2,\cdots,a_n$)组成的线性序列,属于线性逻辑结构,队列中的元素总是在队尾插入(入队),而在队头删除(出队)。对于队列($a_1,a_2,\cdots,a_n$),若 $n=0$,则为空队列。

特点:队列中,最先入队的元素也先出队,即队列的数据元素进出遵循"先进先出(First In First Out,FIFO)"的原则。

对队列的操作主要有入队(向队列中插入元素)和出队(删除队列中元素),以及其他一些基本操作:

(1) 置空队:InitQueue (Q),InitQueue 运算的结果是将队列 Q 置成空队列。

(2) 判队空:QueueEmpty(Q),如果队列为空,则 QueueEmpty 返回 1,否则 QueueEmpty 返回 0。

(3) 判队满:QueueFull(Q),如果队满,则 QueueFull 返回 1,否则 QueueFull 返回 0。

(4) 入队:Add (Q,x),Add 在队列 Q 的队尾插入元素 x。

(5) 出队:Delete (Q),Delete 从队列 Q 中删除队头元素。

在解决具体问题时,可采用上述基本运算的组合。

4.3 顺序队列

4.3.1 顺序队列的存储结构分析

顺序队列是指利用顺序存储结构实现的队列。采用地址连续的存储空间(数组)依次存储队列中数据元素，由于队列中元素的插入与删除分别在队列的两端进行，为了记录变化中的队头和队尾元素，分别用两个整型变量 front，rear 记录当前队头及队尾元素在数组中的位置。图 4.3 描述了顺序队列的存储结构。

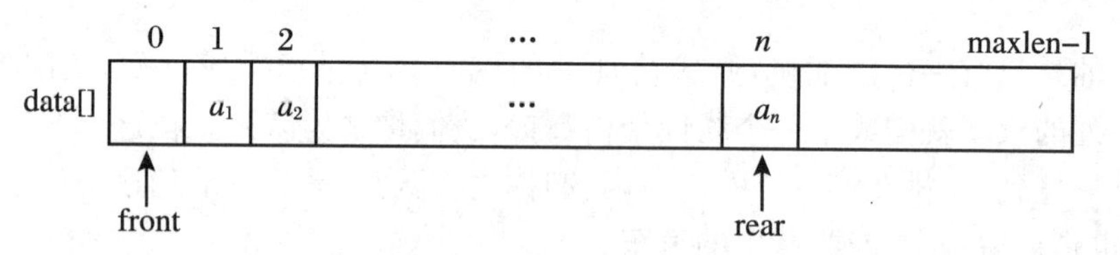

图 4.3　顺序队列示意图

这样，一个数组用来顺序存储队列中元素，两个整型变量 front，rear 记录当前队头及队尾元素在数组中的位置，这三部分合起来就可以唯一描述顺序队列的结构类型：

```
#define maxlen 100
typedef struct
{   Datatype data[maxlen];
    int front;
    int rear;
}SeqQueue;
```

分别称 front 和 rear 为队头指针和队尾指针。为方便起见，规定队头指针 front 总是记录队头元素的前一个位置，队尾指针记录当前队尾元素的位置，如图 4.3 所示。

【例 4.1】 若有变量定义“SeqQueue *Q;”，且令 Q 指向一个队列(a,b,c,d,e,f,g)，如图 4.4(a)所示，该队列中元素存储在字符数组 Q->data[10]中。其中，队头指针 Q->front 的值为 0，则 Q->data[Q->front+1]中存储的是队头元素“a”；队尾指针 Q->rear 的值为 7，则 Q->data[Q->rear]中存储的是队尾元素“g”。

如果有字符“h”入队，则入队运算描述为

```
Q->rear++;
Q->data[Q->rear]="h";
```

此时队尾指针 Q->rear 的值改变为 8，如图 4.4(b)所示。

如果需要将字符“*a*”出队，我们的运算是

```
Q->front++;
```

也就是使 Q->front 的值改变为 1。此时，队头元素依然用 Q->data[Q->front+1]描述，即新的队头元素是 Q->data[2]，如图 4.4(c)所示。

思考：当队列为空时，队头指针 Q->front 和队尾指针 Q->rear 的值分别是什么？

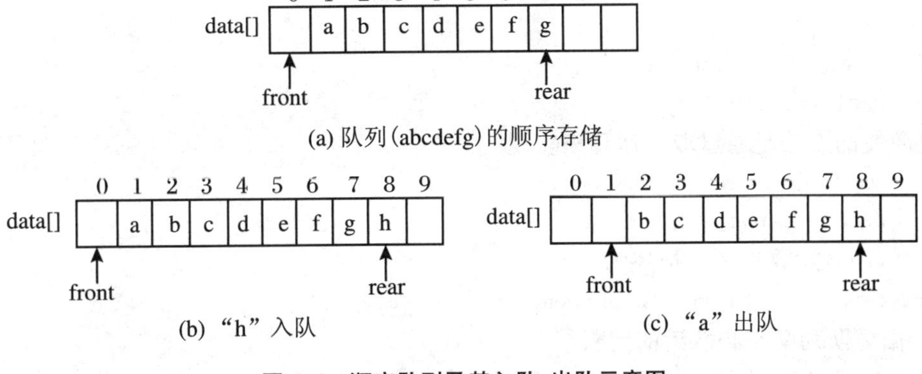

图 4.4 顺序队列及其入队、出队示意图

4.3.2 循环队列

由如图 4.4 所示顺序队列的入队和出队运算可以看出，在入队运算时，rear 的值加 1；当 rear = maxlen - 1 时，认为队满，但此时不一定是真的队满，因为随着队头元素的不断出队，data 数组前面会出现一些空单元，如图 4.5(a)所示；而入队运算只能在队尾进行，使得这些空单元无法使用。我们将这个时候进行入队运算而产生的溢出称为“假溢出”。

1. 循环队列的概念

为解决假溢出现象而使顺序队列的空间得以充分利用，我们规定：如果队头元素前有空单元而 rear = maxlen - 1 时，将下一个入队的元素放在 data[0]的位置，且 rear 的值为 0，如图 4.5(b)所示。也就是说，将数组 data 想象成一个首尾相接的环形，data[0]就是 data[maxlen - 1]的后继单元(见图 4.5(c))。我们形象地称这样的顺序队列为**循环队列**。

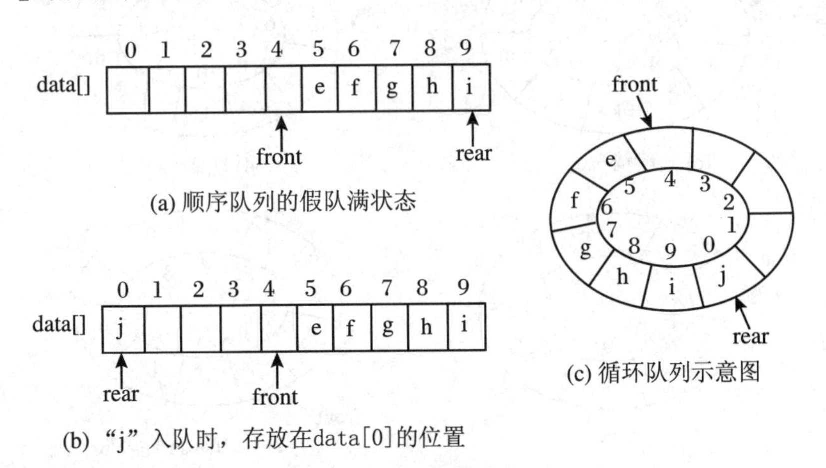

图 4.5 “循环队列”的由来

2. 循环队列的出队和入队运算

依照上述对队头、队尾指针的规定，队头指针 front 总是记录队头元素的前一个位置，队尾指针 rear 记录当前队尾元素的位置；那么，初始化循环队列时，可以令 front = rear = 0，如图 4.6(a)所示。若数组 data 的长度为 maxlen，则入队运算时应该有如下描述：

```
if(Q->rear==maxlen-1)
```

```
    Q->rear=0;
else
    Q->rear=Q->rear+1;
Q->data[Q->rear]=x;
```

更简便的方法是通过取模运算来实现：

```
Q->rear=(Q->rear+1)%maxlen;
Q->data[Q->rear]=x;
```

同样，出队运算也可以描述为

```
Q->front=(Q->front+1)%maxlen;
```

3. 循环队列队空和队满的判断

这样，经过若干次的出队和入队运算后，循环队列可能会出现如图4.6(b)和图4.6(c)所示的一般状态，以及如图4.6(d)所示的队满状态。无论在哪一种状态下，若队列中的元素相继出队，又会出现front和rear指向同一个位置的队空状态。如图4.6(d)所示的队满状态下，当队列元素相继出队后，会产生如图4.6(e)所示的队空情况。

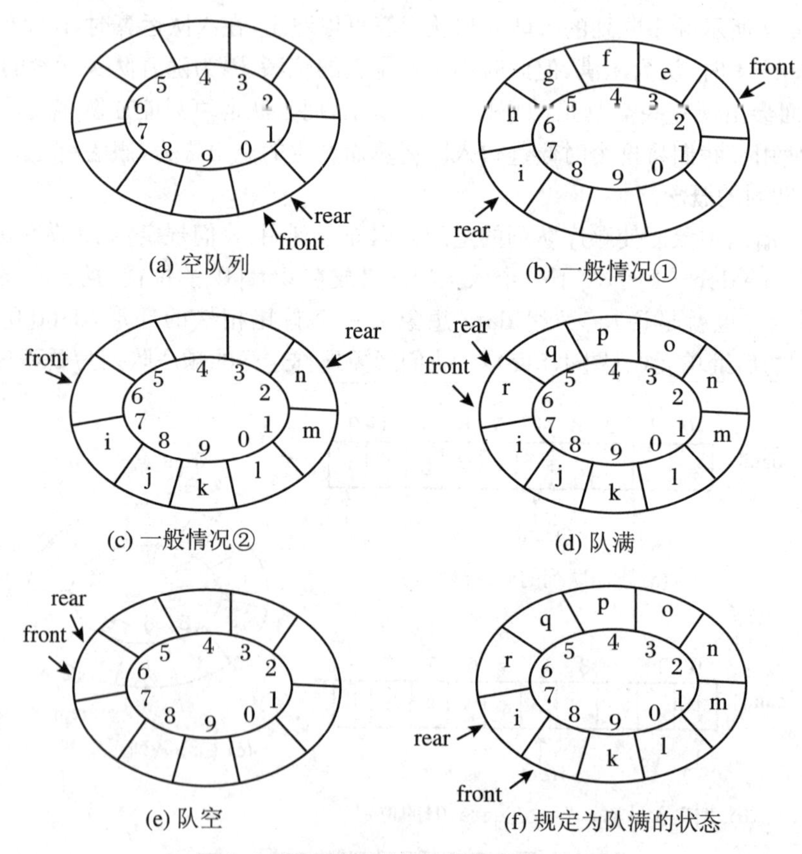

图4.6 循环队列的相关操作状态示意图

比较图4.6(a)、(d)、(e)所示的队空和队满状态，可以发现，队空时front = rear；队满时也有front = rear。那么，当循环队列中出现front = rear时，如何判断队空还是队满呢？

对于这个问题，可以有两种处理方法：

第一种是：少用一个元素空间，让front指向的元素空间永远是空的，不存放任何元素；

这样,队满时的状态如图 4.6(f)所示,队满条件描述为

```
if(Q->front==(Q->rear+1)%maxlen)  队满;
```

而队空的条件不变,队空条件描述为

```
if(Q->front==Q->rear)  队空;
```

第二种是:增设一个标志量 flag:每进行一次入队运算,标志量 flag 置 1;每进行一次出队运算,标志量 flag 置 0。

这样,当出现 front 与 rear 的值相等时,若 flag=1,表示最后一次进行的是入队运算,则 front 与 rear 相等表示队满;若 flag=0,表示最后一次进行的是出队运算,则 front 与 rear 相等表示队空。

4.3.3 基本运算及性能分析

循环队列基本运算的算法实现如下。

1. 循环队列置空队算法

如图 4.6(a)所示的是一个初始化为空的循环队列;此时,front=rear。由此,置空队的算法如下:

```
SeqQueue * InitQueue(SeqQueue *Q)
{  Q->front=0;
   Q->rear=0;
   return Q;
}
```

类似的,建一个空循环队列的算法为

```
SeqQueue *SetQueue()
{  SeqQueue *Q;
  Q=( SeqQueue *)malloc(sizeof(SeqQueue));
   Q->front=0;
   Q->rear=0;
return Q;
}
```

2. 循环队列判队满算法

按照上节对循环队列队满状态分析,我们采用“少用一个元素空间”的方法来判断队满。这样,判队满的算法为

```
int QueueFull (SeqQueue *Q)
{ if(Q->front==(Q->rear+1)%maxlen)
      return 1;
  else
      return 0;          //队满时返回 1,不满返回 0
}
```

3. 循环队列判队空算法

同循环队列判队满算法,判队空的算法为

```
int QueueEmpty(SeqQueue *S)
{ if(Q->front==Q->rear)
```

```
        return 1;
    else
        return 0;        //队空时返回 1,不空返回 0
}
```

4. 循环队列入队算法

队不满时,方可进行入队运算。综合上一节的讨论,入队算法如下:

```
void Add (SeqQueue *S,Datatype x)
{   if(! QueueFull(Q))
    {   Q->rear=(Q->rear+1)%maxlen;
        Q->data[Q->rear]=x;            //若队不满,则进行入队运算
    }
    else
        printf("queue full");
}
```

5. 循环队列出队算法

队不空时,方可进行出队运算。综合上一节的讨论,出队算法为

```
void Delete (SeqQueue *S)
{ if(! QueueEmpty(Q))        //若队不空,则进行出队运算
      Q->front=(Q->front+1)%maxlen;
  else
      printf("queue empty");
}
```

6. 基本算法性能分析

可以看出,循环队列的各基本运算均与队列中元素的个数无关,即与问题的规模无关,其出队与入队运算也不需要移动元素。所以,各基本运算的时间复杂度均为 $O(1)$。

另外,循环队列的 5 种基本运算执行时所需要的空间都是用于存储算法本身所用的指令、常数、变量,各算法的空间性能均较好。只是对于 data 数组长度的定义注意把握好,如果定义过大,会造成必不可少的空间浪费。

4.4 链 队 列

4.4.1 链队列的存储结构分析

链队列是指采用链接存储结构实现的队列。也就是说,队列中每一个元素单独占用相应大小的存储空间(存储单元),每个存储单元在存储队列中元素 a_i 的同时,也存储其逻辑后继 a_{i+1} 的存储地址;所有存储单元可以占用连续或不连续的存储区域。

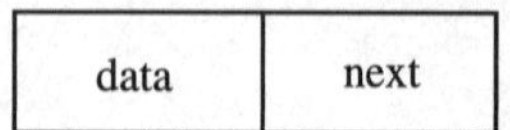

图 4.7 链队列的结点结构

可以看出,链队列的存储结构同链栈的存储结构类似,即链队列中的结点与链栈的结点结构相同,如图 4.7 所示。

该结点的类型在第 3 章中已经定义为

```
typedef struct node
{   datatype data;
    struct node * next;
}LinkList;
```

【例 4.2】 将队列(a,b,c,d,e,f)进行链接存储，其存储结构如图 4.8 所示。

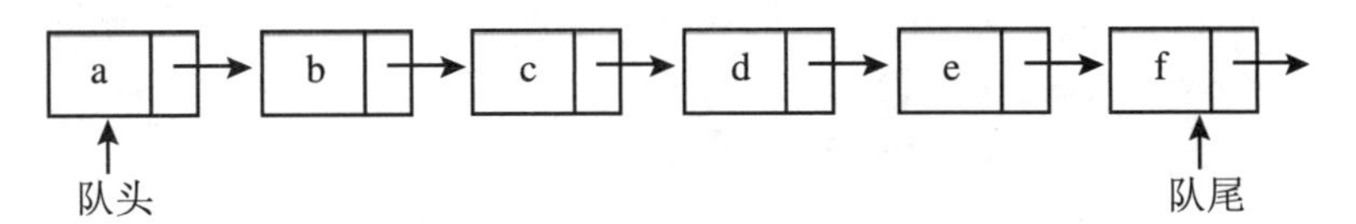

图 4.8　队列(a,b,c,d,e,f)的链接存储

与链栈不同的是，队列是在队头删除数据元素、队尾插入数据元素。为此，我们设置一个队头指针、一个队尾指针，分别指向链队列的队头和队尾。这样，一个链队列就由一个头指针和一个尾指针确定。我们将这两个指针封装在一起，将链队列定义为一个结构类型：

```
typedef struct
{   LinkList * front, * rear;
}LinkQueue;
LinkQueue * Q;        //Q 是该类型的指针
```

这样，链队列就描述为如图 4.9 所示。

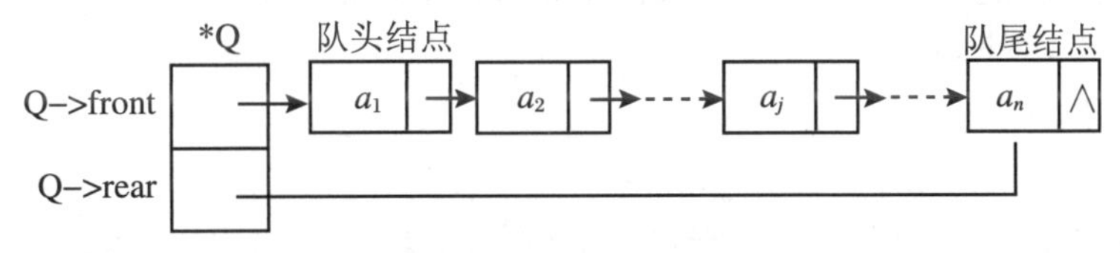

图 4.9　链队列示意图

这里，* Q 是 LinkQueue 类型的结构体变量，它的两个分量 Q－>front，Q－>rear 是 LinkList 类型的指针变量，其值分别是队头、队尾结点的地址。

队头结点 a_1 的值是变量(Q－>front)－>data 的值，队尾结点 a_n 的值是变量(Q－>rear)－>data 的值，结点 a_2 的地址是指针变量(Q－>front)－>next 的值。

下面，在如图 4.9 所示的链队列存储结构上讨论队列的基本运算的实现。

4.4.2　基本运算及性能分析

1. 链队列建空队算法

当链队列为空时，队列中没有元素，队头指针 Q－>front 和队尾指针 Q－>rear 的值均为空，如图 4.10 所示。这样，建空链队列的算法可以描述为：

```
LinkQueue * SetQueue(){
    LinkQueue * Q;
    Q=( LinkQueue * )malloc(sizeof(LinkQueue));
    Q->front=NULL;
    Q->rear=Q->front;
```

*Q
Q->front ∧
Q->rear ∧

图 4.10　空链队列

```
        return Q;
    }
```

2. 链队列判队空算法

根据图 4.10 所示的队空状态,队空时 Q->front 与 Q->rear 值均为空。这样,判队空的算法可以描述为

```
int QueueEmpty(LinkQueue *Q){
    if(Q->front==null)return 1;
    else return 0;        //队空时返回 1,不空返回 0
}
```

3. 链队列入队算法

入队运算是在队尾进行的。需要将新结点插入到队尾结点之后,并使队尾指针指向新的队尾结点,一般情况下不需要对队头指针进行操作。图 4.11(a)描述了入队运算过程。

```
p=(LinkList *)malloc(sizeof(LinkList));      //建立新结点空间,以存放 x
p->data=x;
p->next=NULL;
Q->rear->next=p;        //将新结点插入到队尾结点后
Q->rear=p;              //队尾指针指向新的队尾结点
```

但是,当队列为空时,入队操作使队列不再为空队列,新入队的结点既是队头结点,也是队尾结点,所以这时的入队操作也要修改队头指针的值。如图 4.11(b)所示。

```
if(Q->front ==NULL)
   Q->front=p;
```

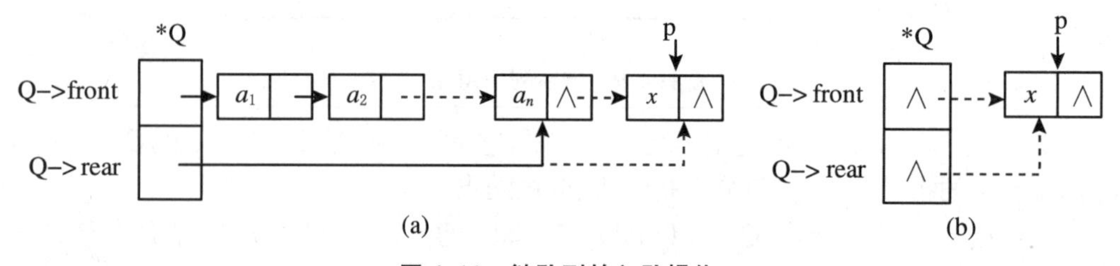

图 4.11　链队列的入队操作

算法如下:

```
LinkQueue *Add (LinkQueue *Q,Datatype x)    //将元素 x 入队列 Q
{ LinkList *p;
   p=(LinkList *)malloc(sizeof(LinkList));      //建立新结点空间,以存放 x
   p->data=x;
   p->next=NULL;
   if(Q->front ==NULL)
     Q->front=p;                 //若对空队列进行入队操作,需修改队头指针的值
   else
     Q->rear->next=p;        //将新结点插入到队尾结点后
     Q->rear=p;         //队尾指针指向新的队尾结点
   return Q;
}
```

4. 链队列出队算法

当链队列不空时，出队运算就是删除队头结点。若当前链队列的长度大于1，则出队运算只要修改头结点的指针域即可，队尾指针不变，如图4.12(a)所示。步骤如下：

```
p=Q->front;          //p 指向队头结点
Q->front=p->next;         //改队头结点指针域中的值
free(p);          //释放被删结点的空间
```

若当前队列中仅有一个元素，即当前链队列的长度为1，则出队运算不但要修改队头结点的指针域，还应修改队尾指针，如图4.12(b)所示。

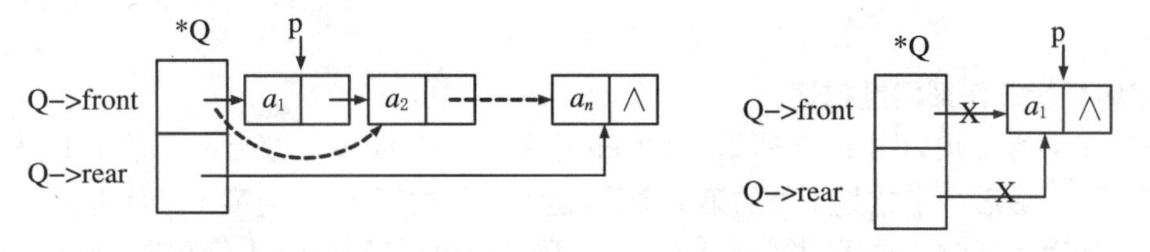

(a) 链队列的长度大于1时的出队操作　　(b) 链队列的长度等于1时的出队操作

图4.12　链队列的出队操作

综上所述，出队运算的算法如下：

```
LinkQueue *Delete(LinkQueue *Q)
{  LinkList *p;
   if(! QueueEmpty(Q))          //若队不空，则进行出队运算
   {  p=Q->front;
        Q->front=p->next;
     if(p->next=NULL)          //若链队列的长度为1，需修改队尾指针
        Q->rear=Q->front;
     free(p);
    return Q;
   }
  else
     printf("queue empty");
}
```

5. 链队列置空队算法

在链队列中实现置空队运算可以通过调用出队Delete( )函数，将队列中元素依次出队，释放所有结点所占空间，最终使队列为空。算法如下：

```
LinkQueue *InitStack(LinkQueue *LS)
{ while(Q->front! =NULL)
        Q=Delete(Q);
   return (Q);
}
```

6. 基本算法性能分析

可以看出，与链栈不同的是，链队列的插入和删除运算在线性结构的两端进行。除置空队运算InitQueue( )外，其他运算均与队列的长度无关，算法的时间复杂度为$O(1)$。置空队运算InitQueue ( )需要将所有元素依次出队，算法所需时间与队列的长度n有关，其时

间复杂度为 $O(n)$。链队列的空间性能与链栈的空间性能相同。

4.5 队列的应用实例

4.5.1 打印杨辉三角形的前 n 行

1. 打印杨辉三角形问题描述

杨辉三角形的形状如图 4.13 所示。它的规律是每一行的第一、最后一个数是 1，从第三行开始，除第一、最后一个数是 1 外的第 i 个数，是上一行的第 $i-1$ 与第 i 个数之和。

由于打印第 j 行时总是用到第 $j-1$ 行数据，那就应该保留第 $j-1$ 行数据，等依次取出第 $j-1$ 行的第 $i-1$ 个数 x 与第 i 个数 y 来生成第 j 行的第 i 个数 $z(z=x+y)$ 并打印后，就可以删除 x 和 y 了，同时需要保留 z，以便生成第 $j+1$ 行数据。如图 4.14 所示。

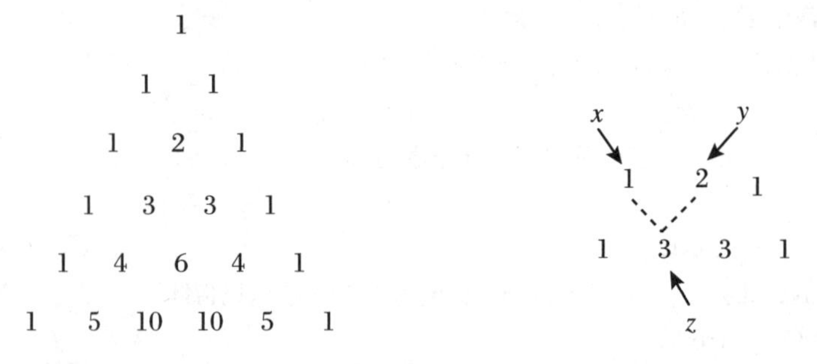

图 4.13 杨辉三角形　　图 4.14 第 j 行数据与第 $j-1$ 行数据的关系

2. 问题分析及算法思想

由于需要依次取出第 $j-1$ 行数据来依次生成、打印、存储第 j 行数据，这与队列的先进先出的运算特性一致，即最先依次入队的是第 $j-1$ 行数据，然后队头元素出队、与新的队头元素相加生成第 j 行数据 z，z 再入队……如此往复，这样，可以应用队列来完成打印杨辉三角形的操作。

问题是，如何打印每一行的第一、最后一个数 1？考虑第 j 行数据的生成方法，可以在第 $j-1$ 行的两端分别加上一个 0，如图 4.15 所示。这个数字 0 是不需要打印的，只需要在每行元素入队后，将 0 入队。

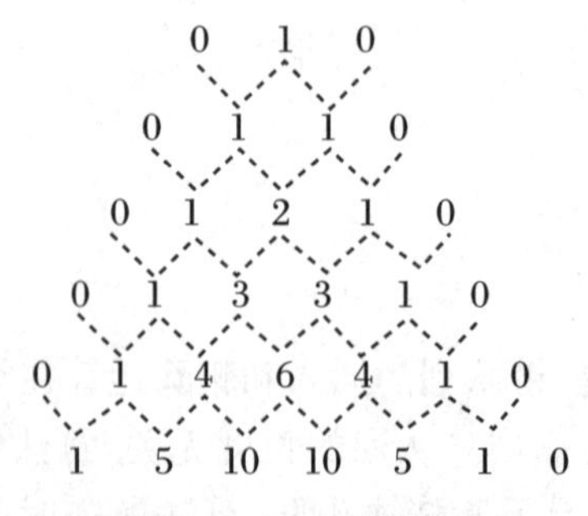

图 4.15 每一行两端加 0

3. 算法设计

可以应用循环队列或链队列来完成该操作。

首先，定义变量 s 记录已经出队的队头元素，定义变量 t 记录将要出队的队头元素，且 s 初始值为 0。

最先打印第一行的 1，并将 1 入队，然后 0 入队；

然后，队头元素出队，赋值给 t，$s+t$ 的值再次入队……

```
s=0; t= Delete (Q); Add(Q, s+t); s=t;
```

图 4.16 描述了计算、打印杨辉三角形前三行时队列的变化过程。

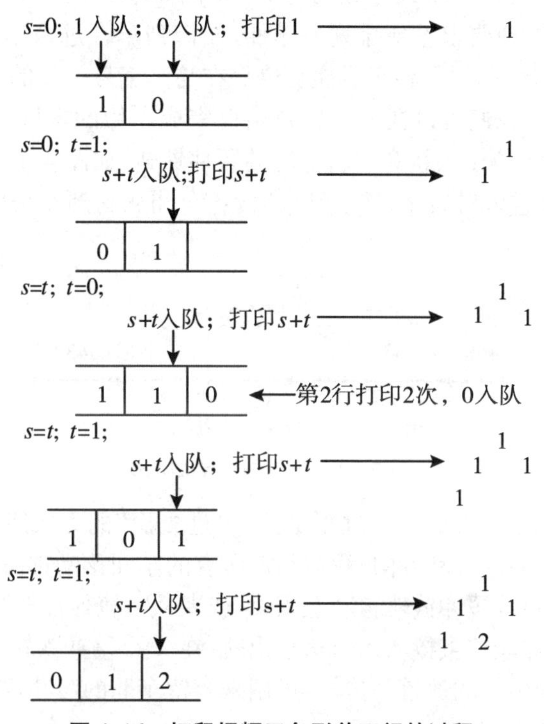

图 4.16　打印杨辉三角形前三行的过程

杨辉三角形的第 i 行有 i 个数，打印完每一行后将 0 入队。

```
for(j=1; j<=i; j++)
{ t= Delete (Q); Add(Q, s+t); s=t; }
Add(Q, 0);
```

按照上述算法设计思路，打印杨辉三角形前 n 行的算法描述如下：

```
void yanghui (int n)
{     int s=0,t,i,j;
      Queue   *Q;                          //定义某种类型的队列
      Init(Q);                             //初始化队列
      cout<<1<<endl;                       //输出 1
      Add(Q, 1);                           //1 入队
      for(i=2; i<=n; i++)                  //打印杨辉三角形的剩下的 n-1 行
      { Add(Q, 0);                         //0 入队
            for(j=1; j<=i; j++)
```

```
    { t= Delete(Q); cout<<s+t;Add(Q, s+t); s=t; }
    cout<<endl;
    }
}
```

4.5.2 火车车厢重排问题

1. 火车车厢重排问题描述

假设一列货运列车共有 n 节编号分别为 $1\sim n$ 的车厢。在进站之前，这 n 节车厢并不是按其编号有序排列的；现要求重新排列各车厢，使该列车在进入车站时，所有车厢从前至后按编号 $1\sim n$ 的次序排列，以便各车厢能够停靠在与其编号一致的站点。

为达到这样的效果，我们可以在一个转轨站里完成车厢的重排工作。在转轨站中有一个入轨、一个出轨和 k 个位于入轨和出轨之间的缓冲铁轨，如图 4.17 所示。开始时，具有 n 节车厢的货车从入轨处进入转轨站；转轨结束时，各车厢从右到左按照编号 $1\sim n$ 的次序通过出轨处离开转轨站。

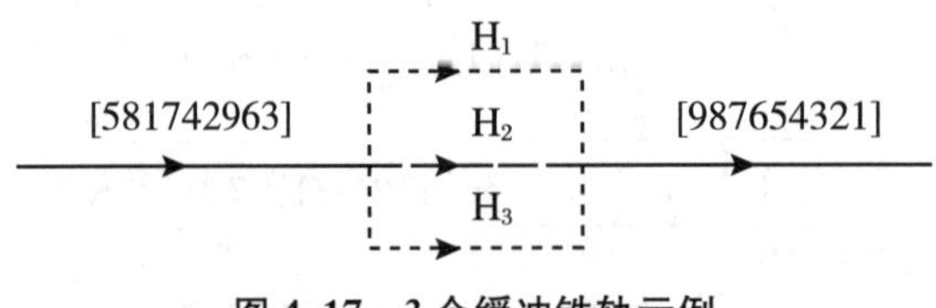

图 4.17　3 个缓冲铁轨示例

由于经过缓冲铁轨到出轨的一个过程是按“先进先出”的方式运作的，因此可将缓冲铁轨视为队列。为明确车厢的移动方向，我们约定所有的车厢移动都按照图 4.17 中箭头所示的方向进行，禁止将车厢从缓冲铁轨移动至入轨，或者从出轨处移至缓冲铁轨。

另外，为使某些车厢能够直接从入轨移至出轨，在 k 个缓冲铁轨中，规定铁轨 H_k 为可直接将车厢从入轨移动到出轨的通道。这样，可用来容留车厢的缓冲铁轨的数目为 $k-1$ 个。

2. 问题分析及算法思想

下面通过对实例的分析来介绍将缓冲铁轨视为队列时车厢的重排过程。

【例 4.3】 假定重排 9 节车厢，入轨时车厢的顺序为(5,8,1,7,4,2,9,6,3)，现借助 3 个缓冲铁轨重排车厢，使车厢进入出轨的序列为(9,8,7,6,5,4,3,2,1)。其中铁轨 H_3 为直接通道，允许车厢从入轨处通过 H_3 直接到达出轨处。

车厢按(5,8,1,7,4,2,9,6,3)的顺序依次入轨，3 号车厢排在最前面，但不可以将其直接移动到出轨，因为 1 号车厢和 2 号车厢必须在 3 号车厢之前出轨。因此，先把 3 号车厢移动至缓冲铁轨 H_1。

第二个入轨的是 6 号车厢，也不可以直接移动到出轨。由于它将在 3 号车厢之后输出，因此将其放在 H_1 中 3 号车厢之后。同理，此后入轨的 9 号车厢可以继续放在 H_1 中 6 号车厢之后。

接下来入轨的是 2 号车厢，它不可放在 H_1 中 9 号车厢之后，因为 2 号车厢必须在 9 号车厢之前输出。因此，将 2 号车厢移至缓冲铁轨 H_2 中。之后 4 号车厢被放在 H_2 中 2 号车厢之后，7 号车厢又被放在 4 号车厢之后。

至此，紧接着入轨的 1 号车厢可通过缓冲铁轨 H_3 直接移动至出轨。然后，从 H_2 移动 2

号车厢至出轨，从 H_1 移动 3 号车厢至出轨，再从 H_2 移动 4 号车厢至出轨。

由于 5 号车厢此时仍位于入轨之中，所以先把刚入轨的 8 号车厢移动至 H_2，这样就可以把 5 号车厢直接从入轨移动至出轨。在这之后，可依次从缓冲铁轨中输出 6 号、7 号、8 号和 9 号车厢，最终完成车厢的重排，使得所有车厢以(9,8,7,6,5,4,3,2,1)的顺序进入出轨处。

由上例的分析可以得出该问题的算法思想：在将车厢 c 移动到某缓冲铁轨 H_x 中时，应遵循如下的原则：缓冲铁轨 H_x 中现有各车厢的编号均小于 c，若有多个缓冲铁轨都满足这一条件，则选择一个左端车厢编号最大的缓冲铁轨；否则选择一个空的缓冲铁轨（如果有的话）。

3. 火车车厢重排算法设计思路

为实现上述车厢重排的过程，我们用 $k-1$ 个链队列来描述 $k-1$ 个用来容留车厢的缓冲铁轨，用两个链表 L1、L2 分别描述入轨和出轨的车厢序列。链表与链队列具有相同的结点类型，每个结点的 data 域中存放车厢的编号。这样，结点类型及变量可定义为：

```
typedef struct node
{   int data;
    struct node *next;
}Link;
Link *L1, *L2, *Hf[k-1], *Hr[k-1];
```

其中，数组 Hf[k-1]和 Hr[k-1]分别指向 k-1 个链队列的队头和队尾。

首先，建立一个表示入轨序列的链表 L1：

```
L1= (Link *)malloc(sizeof(Link));     //建立链表的第一个结点
scanf("%d",&x);
L1->data=x;
L1->next=NULL;u=L1;
for(i=2;i<= n;i++)          //按入轨顺序建立表示 n 个车厢入轨序列的链表
{   s=(Link *)malloc(sizeof(Link));
    scanf("%d",&x);
    s->data=x;s->next=NULL;
    u->next=s;u=u->next;
}
```

然后，将表示出轨序列的链表 L2、描述 k-1 个缓冲铁轨的 k-1 个链队列初始化为空：

```
L2=NULL;
for(i=0;i<k-1;i++)
{   Hf[i]=NULL;
    Hr[i]=NULL;
}
```

接下来，从链表 L1 的首元素结点开始扫描，并用变量 y 记录当时应进入出轨处的车厢编号；初始时，y=1。

若正在扫描链表 L1 中的结点 *p，且 p->data 与 y 相等，则将该结点直接插入到链表 L2 的表尾，同时 y 的值加 1；若 p->data 与 y 不相等，则让该结点进入到链队列 Hr[i]中，且满足 p->data>Hr[i]->data，同时，Hr[i]->data 与所有链队列的队尾结点的 data 域相比最大；若没有满足该条件的链队列，则将结点 *p 进入到一个空队列中。若某链队列的队头结点 data 域值等于 y 值，则将该结点出队，插入到链表 L2 中，直至链表 L1 以及k-1个链队列均为空，算法结束。

4. 火车车厢重排算法及其性能分析

按照上述算法分析，通过被视为队列的 $k-1$ 个缓冲铁轨，将 n 个火车车厢重排问题的算法描述如下：

```
void Railroad (int n,int k)          //借助 k-1 个缓冲铁轨将 n 个车厢重排
{  Link *L1, *L2, *Hf[k-1], *Hr[k-1], *p, *q, *u;
   int x,i,m,y=1;
   L1=(Link *)malloc(sizeof(Link));         //按入轨顺序建立表示 n 个车厢入轨序列的链表
   scanf("%d",&x);
   L1->data=x;L1->next=NULL;u=L1;
   for(i=2;i<=n;i++)
   {  s=(Link *)malloc(sizeof(Link));scanf("%d",&x);
      s->data=x;s->next=NULL;
      u->next=s;u=u->next;
   }
   L2=NULL;        //将表示出轨序列的链表 L2 置空
   for(i=0;i<k-1;i++)          //将描述 k-1 个缓冲铁轨的 k-1 个链队列初始化为空
   {  Hf[i]=NULL;
      Hr[i]=NULL;
   }
   p=L1;u=L2;
   while(p! =NULL||y<n)
   {  L1=p->next;          //从链表 L1 中删除 *p 结点
      if(p->data==y)          //若结点 *p 正是符合出轨要求的结点，则将其直接插入到链表 L2 中
     {  if(L2==NULL)          //若出轨链表 L2 为空
        {  L2=p;
           u=p;
        }
        else
        { u->next=p;
          u=u->next;
        }
        p=L1;y++;
     }
     else          //若结点 *p 不是满足出轨要求的结点，则将其插入到链队列中
                   //查找队尾车厢编号小于待入栈车厢编号的链队列
     {  x=n+1;          //令 x 记录满足条件的队尾车厢编号，并设 x 初始值为 n+1
        for(i=0;i<k-1;i++)
          if(Hr[i]! =NULL&&Hr[i]->data<p->data)
          {
             x=Hr[i]->data;m=i;break;
          }
```

```
      //要求该编号是所有满足这种条件的链队列中队尾车厢编号中最大的一个
   if(x! =n+1)          //查找满足条件的链队列
    for(i=0;i<k-1;i++)
        if(Hr[i]->data <p->data && x<=Hr[i]->data)
        {
            x=Hr[i]->data;m - i ;
        }
        else         //若没有满足条件的链队列,则查找一个空队列
          for(i=0;i<k-1;i++)
          if(Hr[i]==NULL){m=i;break;}
    if(Hr[m]==NULL)    //若结点 * p 入空队列
    {
              Hf[m]=p;Hr[m]=p;Hr[m]->next=NULL;
     }
     else                    //若结点 * p 入非空队列
     {
          Hr[m]->next=p;Hr[m]=p;Hr[m]->next=NULL;
     }
     p=L1;
  }
  for(i=0;i<k;i++) //查看各链队列的队头结点是否满足出轨要求
     if(Hf[i] ! =NULL&&Hf[i]>data==y)
     {
         q=Hf[i];Hf[i]=Hf[i]->next;
         if(Hf[i]==NULL) //若原先该链队列中只有一个结点
            Hr[i]=NULL
         if(L2==NULL)     //若出轨链表 L2 为空
         {
           L2=q;u=q;
         }
         else
         { u->next=q;u=u->next;
         }
      y++;
     }
}
```

本算法没有考虑车厢重排不成功的情况。可以考虑让缓冲铁轨的数量 k 是一个变量，当算法执行中出现重排失败时，自动增加一个缓冲铁轨，以保证重排成功。

本算法的执行时间主要耗费在外层的 while 循环和内层的 for 循环上，重排成功时，算法的时间复杂度为 $O(nk)$。另外，算法中使用链队列来存储结点，空间性能较好。

自主学习

本章介绍了队列的基本概念和运算特性,以及循环队列、链队列的存储结构描述、基本运算实现。要求重点掌握队列的运算特性、循环队列、链队列的存储结构,以及循环队列、链队列的基本运算实现。难点是循环队列的概念。

学习本章内容的同时,可以参考相关资料,查询、了解其他相关知识,并编写程序实现相关算法,包括:

(1) 建立循环队列、链队列的运算实现;

(2) 电路布线问题及算法实现;

(3) 识别图元问题及算法实现;

(4) 工厂仿真问题及算法实现。

参考资料:

[1] 胡学钢. 数据结构:C语言版[M]. 北京:高等教育出版社,2008.

[2] 严蔚敏,李冬梅,吴伟民. 数据结构:C语言版[M]. 北京:人民邮电出版社,2011.

[3] 王昆仑,李红. 数据结构与算法[M]. 2版北京:中国铁道出版社,2012.

习　题

1. 填空题:

(1) 在一个循环队列中,队头指针指向队头元素的________位置。

(2) 队列是一种只允许在一端进行________,在另一端进行________运算的线性数据结构。一般地,我们将允许插入的一端称为________,允许删除的一端称为________。

(3) 在长度为 n 的循环队列中,删除其结点为 x 的时间复杂度为________。

(4) 已知链队列的头尾指针分别是 f 和 r,则将值 x 入队的操作序列是________。

(5) 当队列中实际的元素个数远远小于向量空间的规模时,也可能由于队尾指针已超越向量空间的上界而不能做入队运算。该现象称为________现象。

2. 选择题

(1) 一个队列的入队序列是1234,则队列的输出序列是(　　)。

A. 4321　　B. 1432

C. 1234　　D. 3241

(2) 判定一个队列Q(最多元素为 m)为空的条件是(　　)。

A. rear − front = m　　B. rear − front − 1 = m

C. front = rear　　D. front = rear + 1

(3) 队列通常采用的两种存储结构是(　　)。

A. 顺序存储结构和链表存储结构　　B. 散列方式和索引方式

C. 链表存储结构和数组　　D. 线性存储结构和非线性存储结构

(4) 判定一个队列Q(最多元素为 m)为满队列的条件是(　　)。

A. rear − front = m　　B. rear − front − 1 = m

C. front = rear　　D. front = rear + 1

(5) 数组 Q[n]用来表示一个循环队列，f 为当前队列头元素的前一位置，r 为队尾元素的位置，假定队列中元素的个数小于 n，计算队列中元素的公式为(　　)。

A. $r-f$　　B. $(n+f-r)\%\ n$

C. $n+r-f$　　D. $(n+r-f)\%\ n$

(6) 栈和队列的共同点是(　　)。

A. 都是先进后出　　B. 都是先进先出

C. 只允许在端点处插入和删除元素　　D. 没有共同点

(7) 用链接方式存储的队列，在进行删除运算时(　　)。

A. 仅修改队头指针　　B. 仅修改队尾指针

C. 头、尾指针都要修改　　D. 头、尾指针可能都要修改

(8) 从一个循环顺序队列删除元素时，首先需要(　　)。

A. 前移一位队头指针　　B. 后移一位队头指针

C. 取出队头指针所指位置上的元素　　D. 取出队尾指针所指位置上的元素

(9) 若用一个大小为 6 的数组来实现循环队列，且 rear 和 front 的值分别为 0,3。当从队列中删除一个元素，再加入两个元素后，rear 和 front 的值分别为(　　)。

A. 1 和 5　　B. 2 和 4　　C. 4 和 2　　D. 5 和 1

3. 判断题

(1) 队列称为先进先出的线性表(简称为 FIFO 结构)。(　　)

(2) 在顺序队列中，当头尾指针相等时，队列为满；在非空队列里，队头指针始终指向队头元素，队尾指针始终指向队尾元素的下一位置。(　　)

(3) 对于链队列，一般情况下不会发生因队列满而造成的"上溢"现象。(　　)

(4) 队列是一种插入与删除操作分别在表的两端进行的线性表，是一种先进后出型结构。(　　)

4. 简答题

(1) 说明栈与队列的异同点。

(2) 在循环队列中，判断队空和队满有几种方法？

(3) 试举出一个生活中队列的应用例子。

(4) 顺序队的"假溢出"是怎样产生的？如何知道循环队列是空还是满？

(5) 设循环队列的容量为 40(序号从 0 到 39)，现经过一系列的入队和出队运算后，有

① front = 11, rear = 19;　　② front = 19, rear = 11。

问在这两种情况下，循环队列中各有元素多少个？

(6) 假设 CQ[10]是一个循环队列，初始状态为 front = rear = 1，画出做完下列运算后队列的头尾指针的状态变化情况，若不能入队，指出元素并说明理由。

① d,e,b,g,h 入队；② d,e 出队；③ i,j,k,l,m 入队；④ b 出队；⑤ n,o,p,q,r 入队。

5. 算法设计题

(1) 假设以数组 se[m]存放循环队列的元素，同时设变量 rear 和 num 分别作为队尾指针和队中元素个数记录，试给出判别此循环队列的队满条件，并写出相应入队和出队的算法。

(2) 设有一顺序队列 sq，容量为 5，初始状态 sq.front = sq.rear = 0，划出作完下列操作的队列及其头尾指针变化状态，若不能入队，简述理由后停止。

① d,e,b 入队;

② d,c 出队;

③ i,j 入队;

④ b 出队;

⑤ n,o,p 入队。

(3) 对于一个链接存储的队列,假设初始状态 front = rear = NULL,队列为空,编写实现如下 5 种运算过程的函数:

① Makenull:把队列置成空队列;

② Front:返回队列的第一个元素;

③ Enqueue:把元素 x 插入到队列的尾端;

④ Denqueue:删除队列的第一个元素;

⑤ Empty:判定队列是否为空。

(4) 如果用一个循环数组表示队列,该队列只有一个队列头指针 front,不设队尾指针 rear,而设置计数器 count 以记录队列中结点的个数。编写实现队列的 5 个基本运算。队列中能容纳元素的最多个数还是 $m-1$ 吗?(m 为循环队列的空间大小)

① Makenull:把队列置成空队列;

② Front:返回队列的第一个元素;

③ Enqueue:把元素 x 插入到队列的尾端;

④ Denqueue:删除队列的第一个元素;

⑤ Empty:判定队列是否为空。

第5章　线　性　表

5.1　引　　言

5.1.1　本章能力要素

本章介绍线性表,以及它的两种存储方法、基本运算实现和一些应用实例分析。具体要求包括:

(1) 掌握线性表的逻辑结构特点;

(2) 掌握顺序表数据结构模型;

(3) 能实现顺序表的基本运算并进行算法性能分析;

(4) 掌握链表结构模型、正确描述链表中每一个结点的值、地址;

(5) 掌握静态链表和动态链表相关概念;

(6) 能实现链表的基本运算并进行算法性能分析;

(7) 掌握循环链表结构模型,并能实现其基本运算、进行算法性能分析;

(8) 掌握串结构模型。

专业能力要素包括:

(1) 具备对应用实例构建顺序表、链表数据结构模型的能力;

(2) 具备对线性表的应用实例进行算法设计思路分析与表达的能力。

5.1.2　本章知识结构图

本章知识结构如图5.1所示。

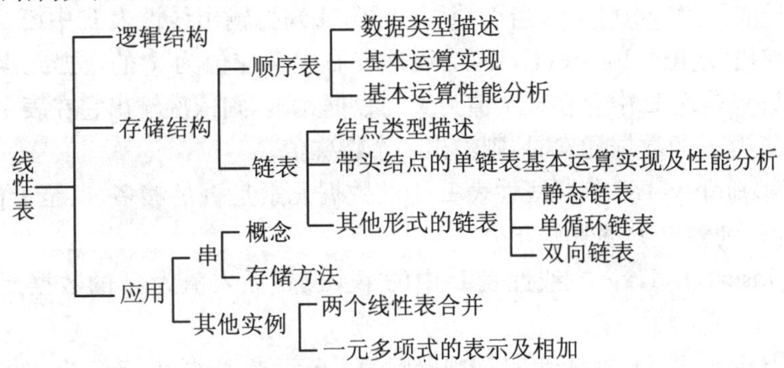

图5.1　本章知识结构图

5.1.3 本章课堂教学与实践教学的衔接

本章涉及的实践环节主要是顺序表、链表的建立及基本运算实现,以及应用顺序表、链表完成的相关运算。

在应用顺序表、链表完成相关运算时,需要考虑存储结构对算法的时间性能、空间性能的影响。

5.2 线性表的概念

刷洗盘子时摞成一摞的盘子、加油站里排成一列的汽车等,也就是栈和队列,都是线性结构数据。只是它们有特有的运算方式:只能对栈顶元素进行插入和删除运算,而队列只能在队头删除、队尾插入。

而很多可以描述为线性结构的数据,如学生成绩表、员工工资表、26个英文字母的字母表等,我们可以在表中任意位置插入一行(数据元素)或删除其中任意一行(数据元素),这种插入、删除位置不受限制的线性结构数据我们称为**线性表**;而插入、删除运算只限制在一端进行的线性结构数据我们称为**栈**,插入与删除分别限制在两端进行的线性结构数据我们称为**队列**;有时也称它们为运算受限制的线性表。

定义:**线性表**是由一组同类型数据元素组成的有限序列,属于线性逻辑结构数据,可以表示为$(a_1,a_2,\cdots,a_n)$;这里$a_i(1\leqslant i\leqslant n)$的数据类型可以是简单类型(如整型、实型、字符型等),也可以是结构类型等。

特点:线性表$(a_1,a_2,\cdots,a_n)$中,a_{i-1}是a_i的唯一直接前驱,a_{i+1}是a_i的唯一直接后继;而数据元素a_1无前驱,只有唯一的直接后继a_2;数据元素a_n无后继,只有唯一的直接前驱a_{n-1}。

对于线性表$(a_1,a_2,\cdots,a_n)$,当$n=0$时,线性表为空表;若$n\neq0$,则线性表中有n个数据元素,线性表的表长为n。

对于线性表的基本运算,常见的有以下几种:

(1) 置空表:setnull(L),运算的结果是将线性表L置成空表。

(2) 求表长:length(L),运算结果是输出线性表中数据元素的个数。

(3) 按序号取元素:get(L,i),当1≤i≤length(L)时,输出线性表L中第i个数据元素。

(4) 按值查找(定位):locate(L,x),当线性表L中存在值为x的数据元素时,输出该元素在表中的位置。若表L中存在多个值为x的数据元素,则依次输出它在表中的所有位置;当表中不存在值为x的数据元素时,则输出一个特殊值。

(5) 判表满:empty(L),判断线性表L中的数据元素是否足够多,以至于占满所规定存储空间。若表满,则输出1,否则输出0。

(6) 插入:insert(L,i,x),在线性表L中的第i位置插入值为x的数据元素,表长由n变为$n+1$。

(7) 删除:delete(L,i),在线性表L中删除第i个元素,表长由n变为$n-1$。

在解决具体问题时，所需要的运算可能仅是上述运算中的一部分，也可能需要更为复杂的运算。对于复杂运算，可通过上述7种基本运算的组合来实现。

5.3 顺　序　表

5.3.1 顺序表的存储结构分析

顺序表就是顺序存储的线性表。采用地址连续的存储空间依次存储线性表的元素，数据元素 a_{i-1}，a_i 在存储器中占用相邻的物理存储区域。如图5.2所示。

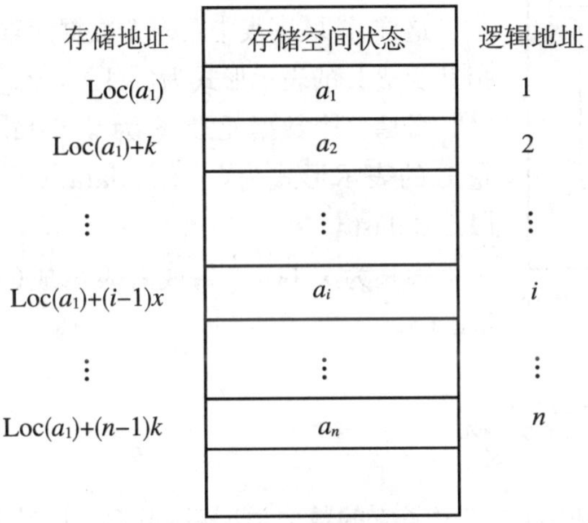

存储地址	存储空间状态	逻辑地址
$Loc(a_1)$	a_1	1
$Loc(a_1)+k$	a_2	2
⋮	⋮	⋮
$Loc(a_1)+(i-1)x$	a_i	i
⋮	⋮	⋮
$Loc(a_1)+(n-1)k$	a_n	n

图5.2　顺序表存储示意图

若每个数据元素需占用 k 个存储单元，则顺序表中第 i 个数据元素的存储位置 $Loc(a_i)$ 满足：

$$Loc(a_i) = Loc(a_{i-1}) + k \tag{5.1}$$

也就是说，若顺序表的第一个数据元素 a_1 的存储地址（通常称作顺序表的首地址）为 $Loc(a_1)$，则顺序表中第 i 个数据元素 a_i 的存储位置为

$$Loc(a_i) = Loc(a_1) + (i-1) \times k \tag{5.2}$$

顺序表的顺序存储结构使得每一个数据元素的存储位置由该元素在表中的逻辑位置决定（见图5.2）。只要确定了顺序表的首地址（第1个数据元素的存储位置），则顺序表中任一数据元素的地址都可通过公式（5.1）计算得出，这样任一数据元素都可随机存取。这一点与高级程序设计语言中数组的特性相同，因此，通常都用数组来描述顺序表的顺序存储。

另外，顺序表有插入和删除这种改变表中数据元素个数的运算，使得顺序表的长度可变。为了随时了解顺序表当前数据元素的个数（表长），可以用一个整型变量 last 来记录最后一个数据元素在数组中的位置（下标）。

这样，一个数组用来顺序存储线性表中的元素，一个整型变量 last 来记录表中最后一个数据元素在数组中的位置，这两部分合起来就可以唯一描述顺序表的结构类型：

```
#define maxlen 100
typedef struct
{ Datatype data[maxlen];
   int last;
}Sequenlist;
```

Sequenlist 即为自定义的顺序表类型，它是一个结构类型。其中，Datatype 为组成顺序表的数据元素的数据类型；另外，数组的长度 maxlen 是预先确定的，它必须足够大，以使数组能容纳实际操作中可能产生的最长的顺序表。

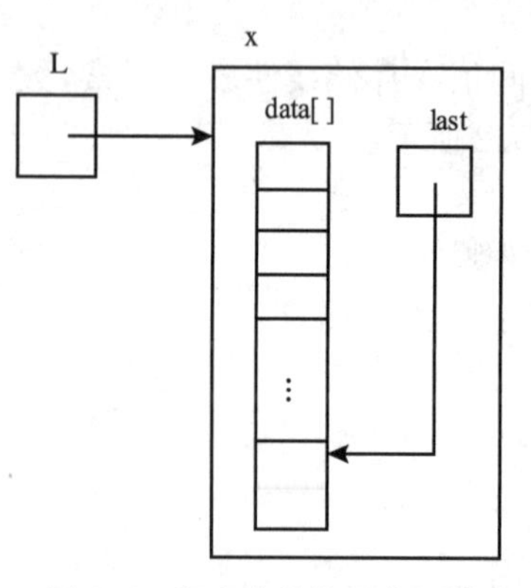

图 5.3　顺序表的数据类型描述

【例 5.1】 定义一个该类型的变量 x 和指针变量 L(见图 5.3)，并有如下赋值：

```
Sequenlist x, *L;
L=&x;
```

这样，该顺序表中第一个数据元素 a_1 为 x.data[0]；或者用指针变量 L 的表示形式为(*L).data[0]，或 L->data[0]。

最后一个数据元素 a_n 为 x.data[x.last]；或者用指针变量 L 的表示形式为(*L).data[(*L).last]或 L->data[L->last]。

表长为 x.last+1；或者表示成(*L).last+1 或 L->last+1。

5.3.2　基本运算实现

了解了顺序表的存储结构，定义了它的数据类型后，下面讨论其基本运算的实现。

1. 顺序表置空表算法

对于顺序表来说，若表长为 0，则为空表。

由顺序表的存储结构可知，其表长为 L->last+1；当 L->last+1=0，即 L->last=-1 时，该顺序表为空表。

算法描述如下：

```
void SqLsetnull(Sequenlist *L)
{
   L->last=-1;
}
```

类似的，如果申请一个 Sequenlist 类型数据所需的存储空间，则可建一个空顺序表。

算法如下：

```
Sequenlist *SqLsetnull()
{
   Sequenlist *L;
   L=(Sequenlist *)malloc(sizeof(Sequenlist));
   L->last=-1;
   return(L);
```

```
}
```

2．顺序表求表长算法

这一运算的实现较为简单，顺序表的表长即为 L－＞last＋1。

算法描述如下：

```
int SqLlength(Sequenlist *L )
{   return(L->last+1);
}
```

3．顺序表按序号取元素算法

顺序表中的第 i 个数据元素 a_i 在数组中下标为 $i-1$，因此，直接返回该数组元素的值即可。但算法实现时，要判断元素的序号 i 是否在合法的范围内。

算法描述如下：

```
Datatype SqLget(Sequenlist *L ,int i)
{  Datatype x;
   if(i<1||i>SqLlength(L))
     printf("超出范围");
   else
     x=L->data[i-1];
   return(x);
}
```

4．顺序表按值查找算法

按值 x 在顺序表 L 中查找可从第一个数据元素开始，依次将顺序表中元素与 x 相比较，若相等，则查找成功，可输出该数据元素在顺序表中的序号，并继续向后比较直到最后一个数据元素；若 x 与顺序表中的所有数据元素都不相等，则查找失败，输出－1。在算法中，x 的数据类型 Datatype 应该和数组 data 的数据类型一致。

算法描述如下：

```
void SqLlocate(Sequenlist *L,Datatype x)
{  int i,z=0;
   for(i=0;i<SqLlength(L);i++)
      if(L->data[i]==x)
      {  printf("%d",i+1);
         z=1;
      }
   if(z==0)
     printf("%d",-1);
}
```

5．顺序表判表满算法

由于在定义顺序表的数据类型时规定了数组的长度，若在顺序表的实际运算中出现顺序表的表长等于数组的长度，则为表满，不可以继续插入数据元素的操作。若表满，返回 1；否则返回 0。

算法描述如下：

```
int SqLempty(Sequenlist  * L)
{   if(L->last+1>=maxlen)
      return(1);
   else
      return(0);
}
```

6. 顺序表插入数据元素算法

这里所说的插入是指:在顺序表的第 $i-1$ 个数据元素和第 i 个数据元素之间插入一个同类型的数据元素 x,也就是在第 $i-1$ 个数据元素之后或者在第 i 个数据元素之前插入一个同类型的数据元素 x。明确这一点对设计算法很重要,使长度为 n 的顺序表:

$$(a_1,\cdots,a_{i-1},a_i,\cdots,a_n)$$

变成长度为 $n+1$ 的顺序表:

$$(a_1,\cdots,a_{i-1},x,a_i,\cdots,a_n)$$

数据元素 a_{i-1}和 a_i之间的逻辑关系发生了变化。在顺序表的存储结构中,由于数据元素的物理位置必须与其逻辑顺序保持一致,因此,该算法实现时,必须将原存储位置上的数据元素 $a_n,a_{n-1},\cdots,a_i$依次向后移动,空出第 i 位置,然后在该位置插入新数据元素 x。

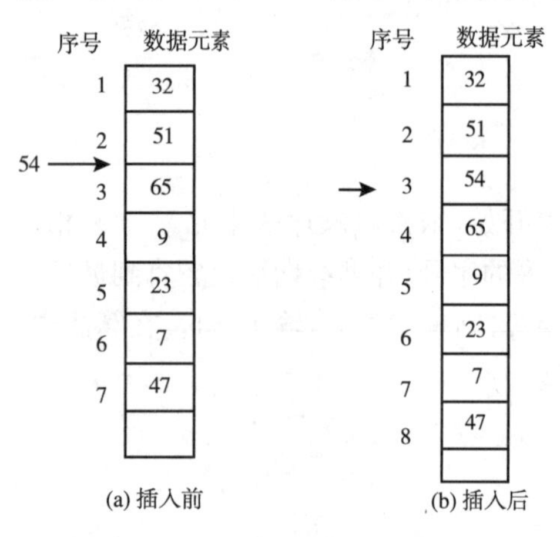

图 5.4 顺序表插入元素前后的状况

【例 5.2】 如图 5.4 所示的顺序表(32,51,65,9,23,7,47),现需在第 3 个位置插入一个新元素 54,则应将数据元素 47,7,23,9,65 依次向后移动一个位置,再将 54 插入到第 3 个位置(即原数据元素 65 的位置)。

另外,在什么情况下可以进行插入操作?条件是 i 应该在合法的范围内。因为在这里,顺序表的存储结构是数组 data,data[]的下标是从 $0\sim n-1$。因此,当表满时,不可插入新数据元素;当表不满时,插入位置(即数组下标+1)可以是 $1\leqslant i\leqslant n+1$。

顺序表数据类型的定义中包括了两个方面的内容:存储数据元素的数组 data[]和记录最后一个元素在数组中下标的分量 last。因此,在插入操作结束后,last 的值增 1。

算法描述如下:

```
int SqLinsert(Sequenlist  * L,int i,Datatype x)
{
   int j;
   if(SqLempty(L)==1)
   {
      printf("overflow");
      return(0);
   }
```

```
    else if((i<1)||(i >L->last +2))
        {
            printf("error");
            return(0);
        }
        else
        { for(j=L->last;j>=i - 1;j--)
                L->data[j+1]=L->data[j];    //数据元素 a_n,a_{n-1},…,a_i依次向后移动
            L->data[i - 1]=x;               //在第 i 位置插入元素 x
            L->last=L->last+1;              //表中元素多1个
            return(1);
        }
}
```

在该算法中注意元素的序号和数组的下标的区别：i 是顺序表中数据元素的序号，而 L->last表示表中最后一个数据元素在数组中的下标。

7. 顺序表删除数据元素算法

顺序表的删除操作删除表中第 i 个元素，使长度为 n 的顺序表：

$$(a_1,\cdots,a_{i-1},a_i,a_{i+1},\cdots,a_n)$$

变成长度为 $n-1$ 的顺序表：

$$(a_1,\cdots,a_{i-1},a_{i+1},\cdots,a_n)$$

数据元素 a_{i-1}和 a_{i+1}之间的逻辑关系发生变化，为了保证变化后逻辑相邻的数据元素在物理存储位置上也相邻，在顺序表中删除第 i 个元素，只要将 $a_{i+1}\sim a_n$(共 $n-i$ 个元素）依次前移即可。

【例 5.3】 如图 5.5 所示，为了删除第 4 个数据元素，必须将第 5 个至第 8 个元素都依次往前移动一个位置。

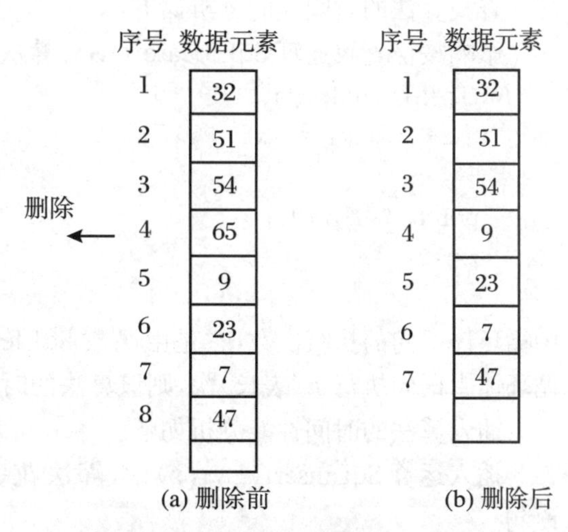

图 5.5 顺序表删除元素前后的状况

在什么情况下可以进行删除操作？同样，也只有当 i 在合法的范围内时，才可以进行删除操作。当表空时，不用删除；当表不空时，可以删除顺序表($a_1,\cdots,a_i,\cdots,a_n$)中的任一元素，即 $1\leqslant i\leqslant n$(n 为表长)。

删除操作也改变了顺序表的状态，操作中还需关注影响顺序表数据类型的另一个分量 last。删除操作结束后，last 的值减 1。

算法描述如下：

```
int SqLdelete(Sequenlist *L,int i)
{
    int j;
    if(L->last<0)               //表空
    {
```

```
        printf("顺序表空!");return(0);
    }
    else if((i<1)||(i>L->last+1))
        {
        printf("i参数出错!");return(0);
        }
        else
        {
            for(j=i;j<=L->last+1;j++)
            L->data[j-1]=L->data[j];        //将a(i+1)~a(n)依次前移
          L->last--;                          //表中元素少1个
          return(1);
        }
}
```


该算法中 i 是顺序表中数据元素的序号，而 L->last 表示表中最后一个数据元素在数组中的下标，表长 n = L->last+1，应注意它们之间的区别。

5.3.3 顺序表基本算法性能分析

在顺序表的7种基本运算中，置空表运算 SqLsetnull(L)、求表长运算 SqLlength(L)、按序号取元素运算 SqLget(L,i)以及判表满运算 SqLempty(L)的算法执行过程中，每个算法中语句总的执行次数与表长无关(即与问题的规模无关)，则这些算法的时间复杂度均为 $O(1)$。

查找算法的时间性能分析如下：

影响按值查找运算 SqLlocate (L,x)算法执行时间的，主要是循环

```
for(i=0;i<SqLlength(L);i++)
  if(L->data[i]==x)
  {
   printf("%d",i+1);
   z=1;
  }
```

中循环体语句的执行次数，它是由函数 SqLlength(L)的值(即表长 n)决定的。也就是说，循环体中语句执行 n(表长)次，则该算法的时间复杂度为 $O(n)$。

插入算法的时间性能分析如下：

插入运算 SqLinsert(L,i,x)中，算法花费时间最多的操作是 for 循环中移动元素的语句。

对于插入运算，移动元素的语句的执行次数是 $n-i+1$。可以看出，插入操作时所需移动元素的次数不但与表长 n 有关，而且还与插入位置 i 有关。对任何一次的插入操作，插入位置 i 可以是 $1,2,\cdots,n+1$(即 $i=1,2,\cdots,n+1$)，元素的移动次数(即移动元素的语句的执行次数)分别为 $n,n-1,\cdots,1,0$。为便于讨论，通常是求出插入一个元素的平均移动次数：

$$\frac{0+1+2+\cdots+n}{n+1}=\frac{\frac{n(n+1)}{2}}{n+1}=\frac{n}{2} \tag{5.3}$$

所以，$T(n)=O(n)$。即该算法的时间复杂度为 $O(n)$。

删除算法的时间性能分析如下：

删除运算的时间性能分析与插入算法类似，所需移动元素的次数也与表长 n 以及删除元素的位置 i 有关。i 可以是 $1,2,\cdots,n$(即 $i=1,2,\cdots,n$)，移动元素的次数分别为 $n-1$，$\cdots,1,0$。这样删除一个元素的平均移动次数为

$$\frac{(n-1)+(n-2)+\cdots+0}{n}=\frac{\frac{n(n-1)}{2}}{n}=\frac{n-1}{2} \tag{5.4}$$

所以，$T(n)=O(n)$。即该算法的时间复杂度为 $O(n)$。

思考：为什么上述两个公式(5.3)、(5.4)中的分母不一样？

顺序表的7种基本运算执行时所需要的空间都是用于存储算法本身所用的指令、常数、变量的，各算法的空间性能均较好。只是对于存放顺序表的数组空间大小(主要由数组的长度决定)的定义很难把握好，如果数组的长度定义过大，会造成必不可少的空间浪费。

5.4 链　　表

5.4.1 链表的存储结构分析

链表就是链接存储的线性表。用一组任意的存储单元来存放表中的元素，即这组存储单元可以是连续的，也可以是不连续的，甚至是零散地分布在内存中的某些物理位置上的，这使得链表中数据元素的逻辑顺序与其物理存储顺序不一定相同。

为确保数据元素间的线性逻辑关系，在存储每一个数据元素 a_i 的同时，还要存储其逻辑后继数据元素 a_{i+1} 的存储空间地址；这样，由数据元素 a_i 的值与数据元素 a_{i+1} 的存储地址共同组成了链表中的数据元素的结点结构，如图5.6所示。

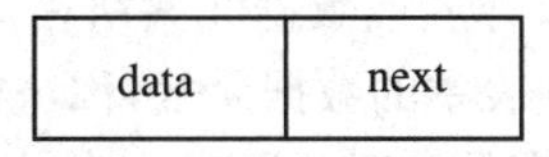

图5.6　链表的结点结构

图5.6中，data域是数据域，用来存放数据元素 a_i 的值；next域是指针域，用来存放 a_i 的直接后继 a_{i+1} 的存储地址。链表正是通过每个结点的指针域将表中 n 个数据元素按其逻辑顺序链接在一起的。

【例5.4】 本书第一部分中例2.3的一组线性排列的数据元素(zhao，qian，sun，li，zhou，wu，zheng，wang)，其链接存储形式如图5.7所示。

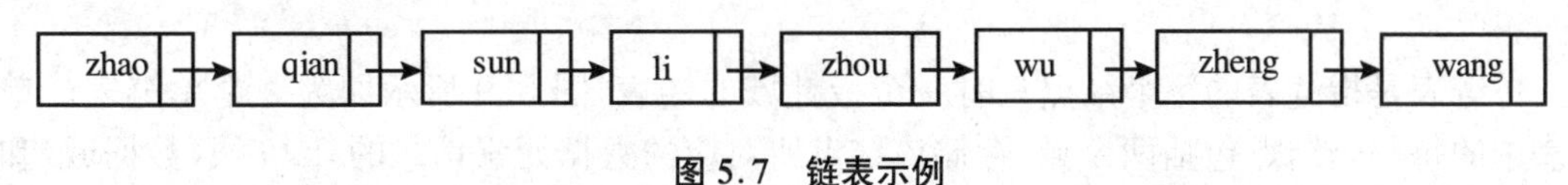

图5.7　链表示例

在链表中，称第一个结点的地址为链表的"首地址"，存放链表首地址的指针变量称为"头指针"。已知链表的头指针就可以搜索到表中任一结点。

另外，链表中的最后一个数据元素无后继，则最后一个结点（尾结点）的指针域为空，即NULL，图示中可用"∧"表示。

1．静态链表

静态链表用地址连续的存储空间（一般使用数组）存储链表中的元素及其逻辑后继在数组中的位置。与顺序表不同的是，在静态链表中逻辑位置相邻的元素其物理位置不一定相邻。

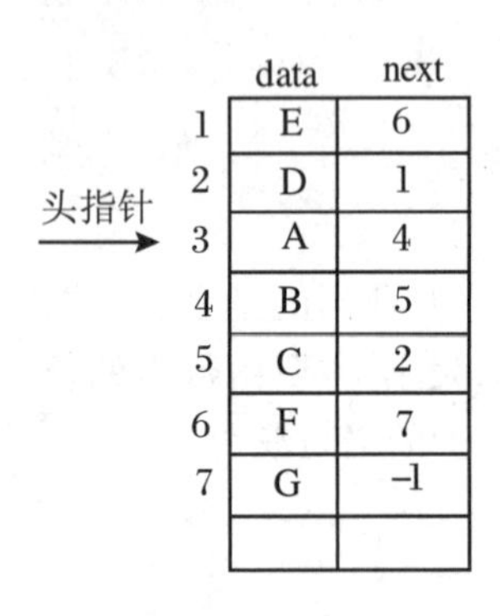

图 5.8　静态链表

【例 5.5】　如图 5.8 所示的静态链表。该链表存储在一个数组空间中，该数组为结构类型，每一个数组元素包括两个分量（也可以是多个分量）：存放表中元素值的 data 分量和存放该元素直接后继位置的 next 分量。该链表的头指针为 3，即整个链表从下标为 3 的元素 A 开始，链表中的第 2 个元素是下标为 4 的元素 B，第三个元素的下标与 B 存储在一起，为 5，依此类推。

可以用结构体来定义静态链表的结点数据类型：

```
typedef struct
{
    Datatype data;
    int next;
}node;
```

一个静态链表可以描述如下：

```
#define maxsize 100
node nodepool[maxsize];        //存放链表的数组
int head;        //放头指针的 head
```

在静态链表中进行插入与删除操作不需要移动元素，只需改变被插入（删除）元素的直接前驱的 next 域中的值。

2．动态链表

由于静态链表需要事先估计表中数据元素的个数，以便定义数组大小。动态链表则不需要预估存储空间的大小，而是在需要存储（插入）一个数据元素时，临时动态地为其申请一个存储空间，删除数据元素时，可以释放该数据元素所占用的空间；即可以根据实际需要临时动态地分配存储空间以存储线性表中的数据元素，称这样的链表为动态链表。

动态链表中，每一个数据元素存储空间（结点）中存放有该数据元素的值（data 域）和其直接后继的存储空间地址（next 域），数据元素之间的逻辑关系由每一个这样的存储空间中所存储的地址来维系。本章后续章节所讨论的链表都是动态链表。

在 C 语言中，常用 malloc 函数动态申请数据元素的存储空间，用 free 函数释放数据元素的存储空间。

5.4.2　单链表的相关概念

单链表是指链表的每个结点只有一个指针域的链表，图 5.9 所示即为一个单链表。单链表中的每一个结点包括两个域：存储该结点所对应的数据元素信息的 data 域（数据域）和

存储其直接后继的存储位置的 next 域(指针域)。其结点结构见图 5.6,该结点的数据类型描述如下:

```
typedef struct node
{   datatype data;
    struct node * next;
}LinkList;
```

可以定义一个该类型的指针变量:

```
LinkList * H;
```

若使 H 的值为图 5.7 中结点“zhao”的地址,即单链表中第一个结点的存储地址,则 H 为该单链表的头指针,如图 5.9 所示。

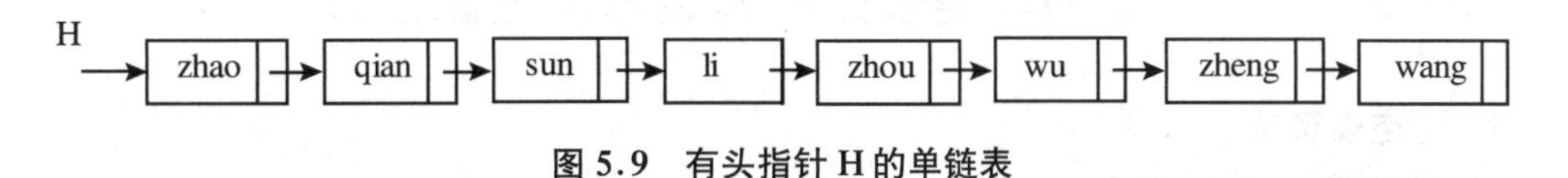

图 5.9　有头指针 H 的单链表

若已知单链表的头指针,则可以搜索到表中任一结点;也就是说,单链表由头指针唯一确定。因此,单链表可以用头指针的名字来命名。图 5.9 所示的单链表可称为单链表 H。

注意　我们应严格区分指针变量和结点变量这两个概念。

上面 H 为指针变量;若它的值非空(H! =NULL),则它的值为 LinkList 类型的某结点的地址。若 H 非空,* H 为 LinkList 类型的结点变量,它有两个分量:(* H).data 和 (* H).next(或者写成 H->data 和 H->next);其中,(* H).data 为 datatype 类型的变量,若它的值非空,其值为该数据元素 a_i 的值,而(* H).next 是与 H 同类型的指针变量,其值为 a_i 的直接后继 a_{i+1} 的地址。

【例 5.6】　在图 5.10 所示的单链表 H 中,各结点的地址及数据元素值分别表示如下:

结点 1 的地址:H,数据元素 a_1 值:H->data。

结点 2 的地址:H->next,数据元素 a_2 值:H->next->data。

若令 p=H->next,则数据元素 a_2 值为:p->data。

结点 3 的地址:p->next,令 p=p->next,数据元素 a_3 值:p->data。

结点 4 的地址:p->next,令 p=p->next,数据元素 a_4 值:p->data。

结点 5 的地址:p->next,令 p=p->next,数据元素 a_5 值:p->data 。

结点 5 无后继结点,则 p->next=NULL。

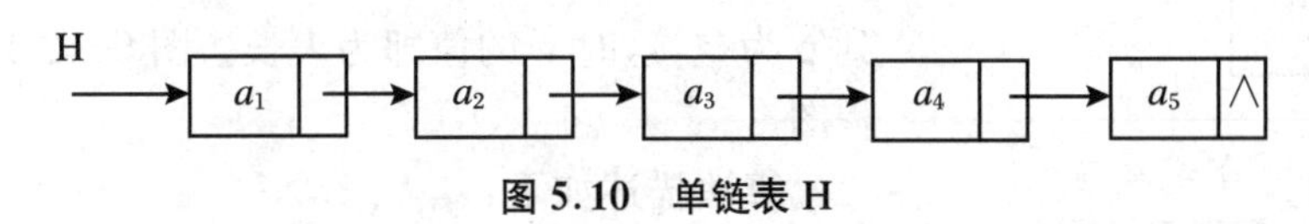

图 5.10　单链表 H

可以看出,若有 LinkList * p=H->next(或 LinkList * p=H),则除第一个结点外,其余结点的地址、数据元素值均有一致的表述方式,分别为 p->next,p ->data。

为使单链表中所有结点都有一致的描述方式,不妨在第一个结点之前加一个同类型的结点(见图 5.11),并称该结点为头结点。头结点的 data 域中不存放任何内容,或者存放表长信息,头结点的 next 域中存放第一个数据元素结点的地址,而指针变量 H 记录头结点的地址,称这样的单链表为带头结点的单链表。

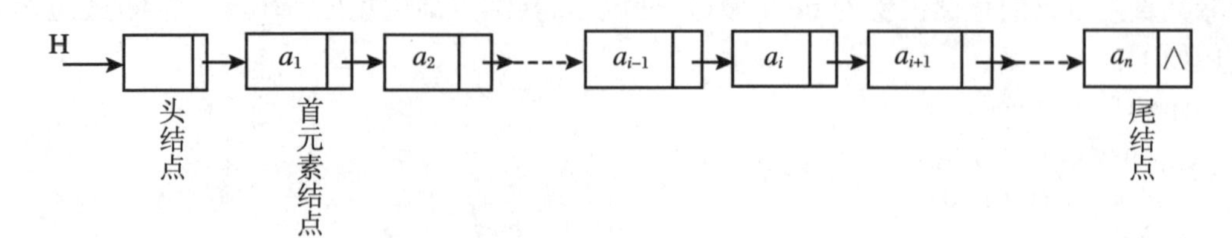

图 5.11　带头结点的单链表 H

在带头结点的单链表中，称第一个数据元素结点为首元素结点，称最后一个数据元素结点为尾结点。

5.4.3　带头结点的单链表的基本运算及性能分析

1. 置空表算法

设单链表的头指针为 L：

```
LinkList *L;
```

当单链表为空表时，表中没有元素，仅有头结点，即 L－>next 域值为 NULL（空）。

算法描述如下：

```
LinkList *setnull(LinkList *L)
{
   L->next=NULL;
   return(L);
}
```

2. 求表长算法

求链表的长度就是求链表中不包括头结点在内的结点个数。与顺序表不同，链表中结点间的线性关系由结点的 next 域中的地址来维系。要确认表中有哪些结点、有多少结点，必须从头结点开始，顺着各结点 next 域中指示的地址去寻找下一个结点，直到某结点的 next 域为空为止。

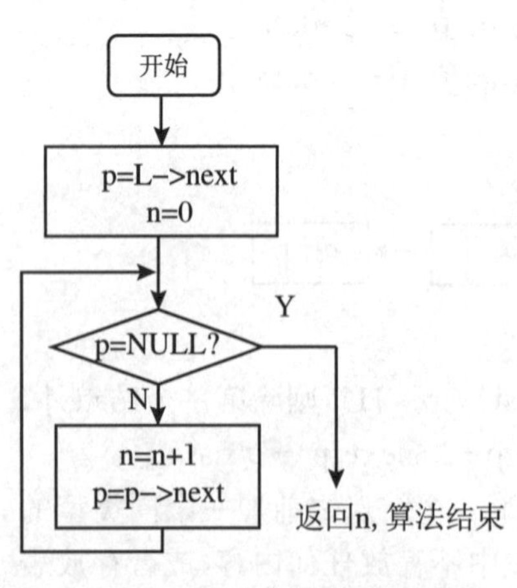

图 5.12　求表长算法流程图

算法思路：可以定义一个变量 n 记录结点的个数，开始时 n＝0；令 p 等于首元素结点的地址，即 p＝L－>next，这里 L 为头指针。当 p 不为空时，n 加 1；继续令 p＝p－>next，并且 p 不为空时，n 加 1……如此循环，直到 p 为空，这时 n 的值即为表长。图 5.12 为该算法的流程图。

算法描述如下：

```
int LLlength(LinkList *L)
//求带头结点的单链表 L 的长度
{  LinkList *p;int n=0; //用来存放单链表的长度
   p=L->next;
   while(p! =NULL)
{
     p=p->next;n++;
```

```
    }
    return n;
}
```

可以看出,该算法的时间性能与问题的规模(表的长度)有关,其时间复杂度为 $O(n)$。

3. 按序号取元素算法

该运算是求链表中指定序号为 i 的结点的地址。结点的序号从首元素结点开始直到尾结点,依次为 1,2,3,…,m,即尾结点的序号也就是表长 m。这样,要找到第 i 个结点,可以采用与求链表的表长同样的方法,从头结点开始。

算法思路:令变量 n 记录已搜索过的结点的个数;若令 p 等于首元素结点的地址,当 p 不为空时 n=1;继续令 p=p->next,且 p 不为空时,n=n+1……直到 $n=i$,则 p 的值即为序号为 i 的结点的地址。若在搜索的过程中 p 为空,则表示链表没有序号为 i 的结点,也就是说 i 的值大于表长 m。图 5.13 为该算法的流程图。

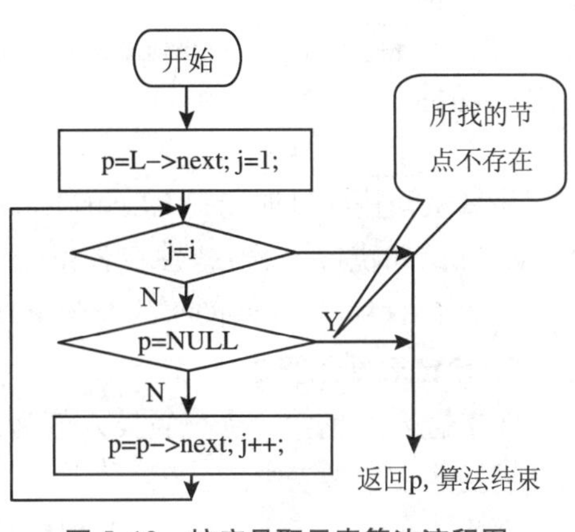

图 5.13 按序号取元素算法流程图

算法描述如下:

```
LinkList *Get(LinkList *L,int i)        //在带头结点的单链表 L 中查找第 i 个结点。若找到(1≤i≤n),则返回该结点的存储位置否则返回 NULL
{
    int j;LinkList *p;
    p=L->next;j=1;          //从首元素结点开始扫描
    while(p!=NULL&&j<i)
    {
      p=p->next;          //扫描下一个结点
        j++;          //已扫描结点计数器
    }
    if(i==j)
        return p;          //找到了第 i 个结点
    else
      return NULL;          //找不到,i≤0 或 i>n
}
```

该算法中,while 语句是执行次数最多的语句。最坏的情况下,while 语句执行 n 次;假定取各位置上元素的概率相等,则 while 语句平均执行次数为 $(n+1)/2$。所以,该算法的平均时间复杂度为 $O(n)$。

4. 单链表按值查找算法

从单链表的头指针指向的头结点出发(或者从首元素结点出发),顺着链表逐个地将结点的值和给定值 x 作比较。若有结点值等于 x 的结点,则返回首次找到的其值为 x 的结点的存储位置,否则返回 NULL。

算法描述如下:

LinkList * LLlocate(LinkList * L,DataType x) //在带头结点的单链表 L 中查找其结点值等于 x 的结点。若找到则返回该结点的位置 p;否则返回 NULL

```
{
    LinkList * p;
    p=L->next;          //从表中第一个结点比较
    while(p! =NULL)
      if(p->data! =x)
         p=p->next;
      else
         break;         //找到值为 x 的结点,退出循环
    return p;
}
```

该算法与按序号取元素 LLget(L,i)算法一样,while 语句执行次数最多。最坏的情况下,while 语句执行 n 次;若查找各位置上元素的概率相等,则 while 语句平均执行次数为 $(n+1)/2$。这样,该算法的平均时间复杂度也为 $O(n)$。

5. 单链表插入算法

在单链表 L 的第 i 个位置插入值为 x 的结点,首先要动态生成一个数据域为 x 的结点 S,然后插入在单链表中。

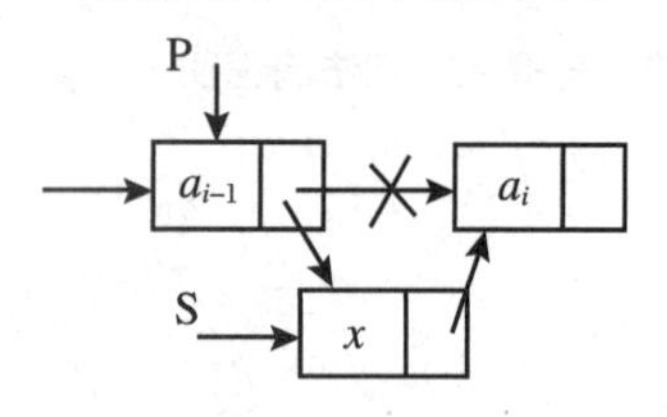

图 5.14　插入算法示意图

为保证插入后结点间的线性逻辑关系,需要修改第 $i-1$ 个结点 a_{i-1} 的 next 域中的值,使其为新结点的地址;同时,对于新结点来说,插入后,其直接后继结点应为原链表中的第 i 个结点 a_i,则应将结点 a_i 的地址存放在新结点的 next 域中,如图 5.14 所示。

上述的操作过程可以描述如下:

① S=(LinkList *)malloc(sizeof(LinkList));

② S->data=x;

③ S->next=P->next;

④ P->next=S。

思考:上述操作过程的描述中第③、④步可不可以调换次序?

关于第 $i-1$ 个结点 a_{i-1} 地址 P 的获得,可采用与按序号取元素算法相同的算法。所不同的是,由于插入操作可以在第一个位置进行(在首元素结点前插入一个结点),所以本算法中搜索结点地址的操作需要从头结点开始,而不是同按序号取元素 LLget(L,i)算法一样从首元素结点开始扫描。这一功能的实现可描述如下:

```
P=L;j=0;
while(P! =NULL&&j<i-1)
{
   P=P->next;
   j++;
}
```

到此为止,我们分析了插入操作的全过程,但插入操作可以进行的条件并没有分析,这

就是插入位置的正确性判断问题。可以看出，若单链表中有 n 个结点（除头结点外），则插入操作可以在首元素结点前进行（$i=1$），或者在任意两个结点之间（$1<i\leqslant n$），也可以在尾结点之后（$i=n+1$）进行；即插入序号 i 应满足条件 $1\leqslant i\leqslant n+1$。

单链表与顺序表不同，其长度 n 并没有直接给出，要实现对上述条件的判断，必须调用求表长算法 LLlength(L)。显然，这种方法很费时。另一种方法是利用搜索到的 a_{i-1} 结点的地址 P：若 P->next=NULL，表示 *P 是尾结点 a_n，可以在尾结点后插入，而且这是最后一个插入位置，等价于 $i=n+1$；若继续 P=P->next，这时 P=NULL，就不可以在 *P 结点后插入了。由此可见，条件 $1\leqslant i\leqslant n+1$ 等价于 P! =NULL（P 为 a_{i-1} 结点的地址）。

综合以上分析，单链表的插入算法描述如下：

```
void LLinsert(LinkList *L,int i,DataType x) //在带头结点的单链表 L 中第 i 个位置插入值为 x 的
                                            //新结点
{   LinkList *P,*S;
    P=L;j=0;
    while(P!=NULL&&j<i-1)
{       P=P->next;
        j++;
    }
    if(P==NULL)
        printf("序号错");
    else
    {   S=(LinkList *)malloc(sizeof(LinkList));
        S->data=x;
        S->next=P->next;
        P->next=S;
    }
}
```

在单链表中插入一个结点，只需要修改新结点及其前驱结点 next 域中的值，较顺序表的插入操作简单得多。单就插入操作而言，算法的时间复杂度为 $O(1)$。如果不是在第 1 个位置进行插入，还需通过运行 while 语句（或调用 LLget(L,i) 函数），查找第 $i-1$ 个结点 a_{i-1} 的地址，这使得整个算法的时间复杂度为 $O(n)$。

6. 单链表删除算法

删除单链表 L 中的第 i 个结点 a_i，就是让其后继结点 a_{i+1} 变为其前驱结点 a_{i-1} 的直接后继，即让结点 a_{i-1} 的 next 域获得结点 a_{i+1} 的地址，如图 5.15 所示。

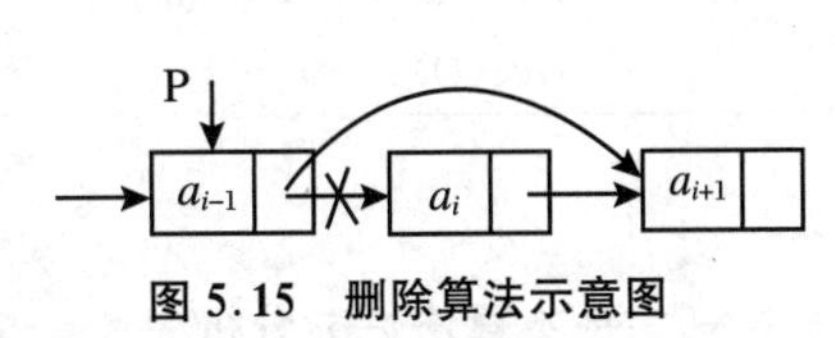

图 5.15　删除算法示意图

这里 P 为第 $i-1$ 个结点 a_{i-1} 的地址，则删除单链表 L 中的第 i 个结点 a_i 的基本操作可描述为

P->next=P->next->next;　　①

如果被删除的结点不再使用，为了不浪费存储空间，必须释放所删除结点所占用的存储空间：

free(P->next);　　②

如何处理上述①、②两条语句的先后顺序关系呢？可以看出，其矛盾的焦点是如何保留即将删除的结点 a_i 的地址。可以按如下方式来实现：

```
U=P->next;            //用U指向要删除的结点
P->next=U->next;      //让结点a(i-1)的next域获得结点a(i+1)的地址
free(U);              //释放删除结点所占用的存储空间
```

关于第 $i-1$ 个结点 a_{i-1} 地址的获得，可以通过调用 LLget(L，i)函数来实现，或者是采取与插入算法中同样的搜索方法。

另一个需要讨论的是删除操作可以进行的条件问题。若单链表中有 n 个结点(除头结点外)，则可以删除的结点应该包括从首元素结点到尾结点的所有结点，即可以被删除的结点的序号 i 满足条件 $1\leqslant i\leqslant n$；利用搜索到的 a_{i-1} 结点的地址 P，若 P->next! = NULL，而 P->next->next = NULL，则表示 * P 是结点 a_{n-1}(见图 5.16)，这时可以进行最后一次删除操作，删除尾结点 a_n；若继续 P = P->next，这时 P->next = NULL，删除操作结束。所以，删除操作可以进行的条件是 P->next! = NULL(P 为 a_{i-1} 结点的地址)。

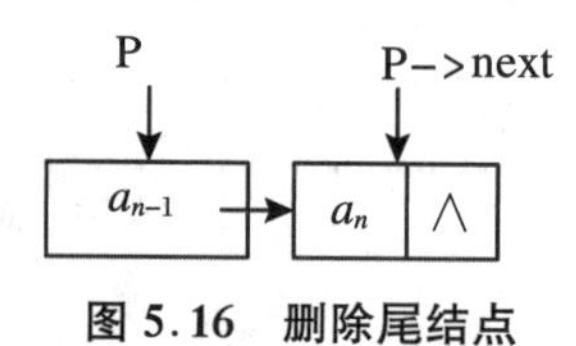

图 5.16　删除尾结点

综合以上分析，单链表的删除算法描述如下：

```
void LLdelete(LinkList *L,int i)     //在带头结点的单链表L中删除第i个结点
{  LinkList *P, *U;
   int j;
   P=L;j=0;
   while(P! =NULL&&j<i-1)
   {  P=P->next;
      j++;
   }        //先找到第i-1个结点的存储位置,使指针P指向它
   if(P! =NULL&&P->next! =NULL) //第i-1个结点和第i个结点均存在
   {  U=P->next;
      P->next=U->next;
      free(U);
   }
}
```

7. 基本算法性能分析

该算法的时间性能同插入算法。单就删除操作而言，其时间复杂度为 $O(1)$。算法中还需要通过运行 while 语句(或调用 LLget(L，i)函数)，查找第 $i-1$ 个结点 a_{i-1} 地址，使得整个算法的时间复杂度为 $O(n)$。

对于单链表的空间性能，链表中每个结点都要增加一个指针空间，相当于总共增加了 n 个整型变量，空间复杂度为 $O(n)$。

5.4.4 创建带头结点的单链表

动态建立单链表则是插入运算的一种应用，通常有两种方法：头插法建表和尾插法建表。

1. 头插法建单链表

假设建立一个以单个字符为数据域的结点的单链表，可以逐个输入这些字符、建立结点、以“#”作为输入结束标志。

算法设计思路：首先建立一个只有头结点的空单链表，然后重复读入数据，生成新结点，并将新结点总是插入到头结点之后，直到读入结束标志为止。

建表过程如图 5.17 所示。

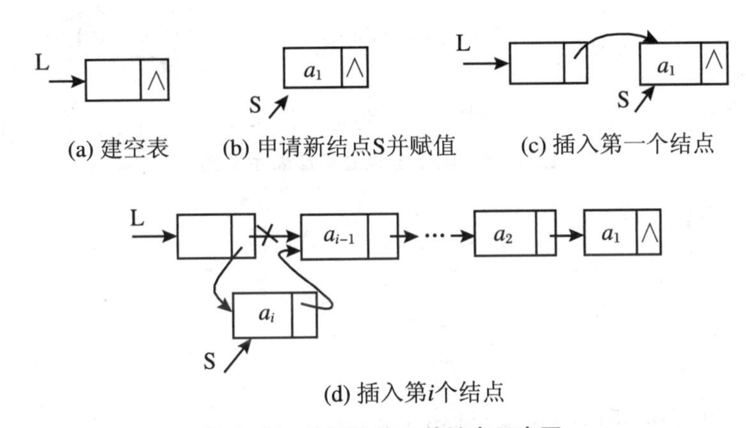

图 5.17 头插法建立单链表示意图

算法描述如下：

```
LinkList *CreatlistH()
{  LinkList *L, *head, *S;
   char ch;
   L=(LinkList *)malloc(sizeof(LinkList);head=L;
   L->next=NULL;    //建空单链表
   ch=getchar();
   while(ch! ='#')
   {  S=(LinkList *)malloc(sizeof(LinkList);
      S->data=ch;
      S->next=L->next;
      L->next=S;
      ch=getchar();
   }
   return head;
}
```

头插法建单链表算法的时间复杂度为 $O(n)$。

2. 尾插法建单链表

在头插法得到的单链表中，结点的输入顺序与逻辑顺序正好相反。若希望两者次序一致,可采用尾插法建立单链表。

尾插法建表总是将新结点插入到当前链表的表尾。为此,需增加一个尾指针,记录当前链表尾结点的地址。尾插法建表过程如图 5.18 所示。

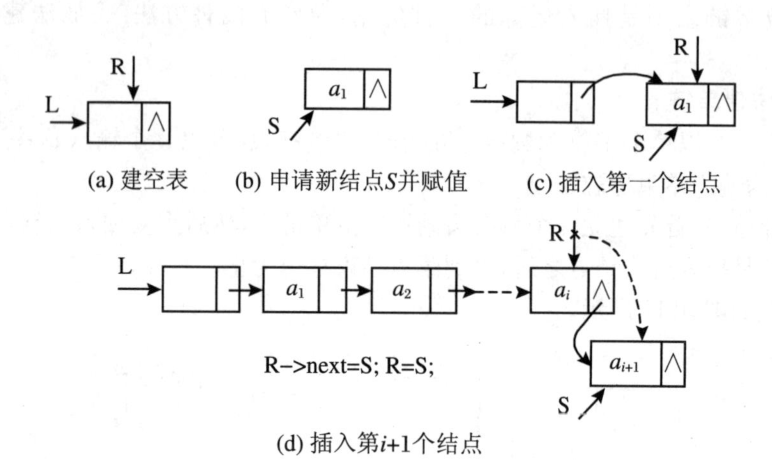

(a) 建空表　(b) 申请新结点S并赋值　(c) 插入第一个结点

(d) 插入第i+1个结点

图 5.18　尾插法建立单链表示意图

算法描述如下:

```
LinkList *CreatlistR()
{
   LinkList *L, *S, *R;
   char ch;
   L=(LinkList *)malloc(sizeof(LinkList));
   L->next=NULL;    //建空单链表
   R=L;
   ch=getchar();
   while(ch!='#')
   {  S=(LinkList *)malloc(sizeof(LinkList));
      S->data=ch;
      S->next=NULL;//申请结点并赋值
      R->next=S;R=S;
      ch=getchar();
   }
return L;
}
```

尾插法建单链表算法的时间复杂度为 $O(n)$。

5.4.5　循环链表

循环链表是一种首尾相接的链表,即链表中尾结点的 next 域中存放的是头结点(或表中第一个结点)的地址,整个链表形成一个环。这样,从表中任一结点出发均可找到表中其他结点。

1. 带头指针的单循环链表

若将带头结点的单链表 L 的最后一个结点的 next 域由 NULL 改为指向头结点，就得到了带头指针的单循环链表。其中 L 为该单循环链表的头指针，这样，空循环链表仅由一个自成循环的头结点表示，如图 5.19 所示。

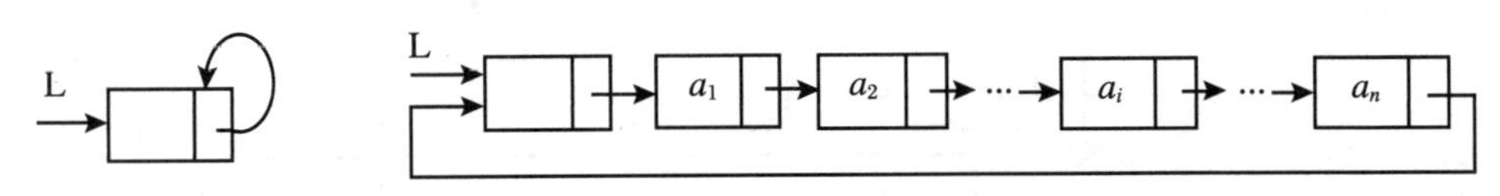

(a) 带头指针的空单循环链表　　(b) 带头指针的单循环链表的一般形式

图 5.19　带头指针的单循环链表

带头指针的单循环链表的各种操作的实现与带头结点的单链表的实现算法类似，只是在各算法中循环的条件由 P! = NULL 或 P－>next! = NULL 改为 P! = L 或 P－>next! = L(L 为头指针)。

2. 带尾指针的单循环链表

通常，对单循环链表的操作大多在表尾进行，因此，实际应用中多采用带尾指针的单循环链表，如图 5.20 所示。

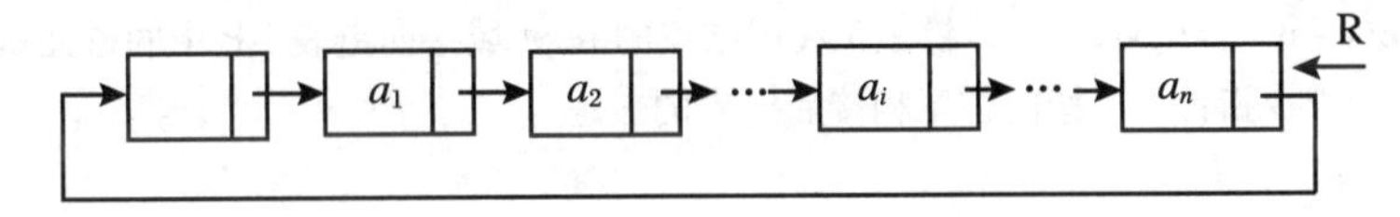

图 5.20　带尾指针的单循环链表

头结点的地址存放在尾结点的 next 域中，因此在带尾指针单循环链表中，头指针为 R－>next。至此，带尾指针的单循环链表的各种操作实现与带头指针的单循环链表的实现算法相同。

【例 5.7】 有两个带尾指针的单循环链表 LA，LB(见图 5.21)，设计算法将两个循环链表首尾相接，合并为一个带尾指针的单循环链表。

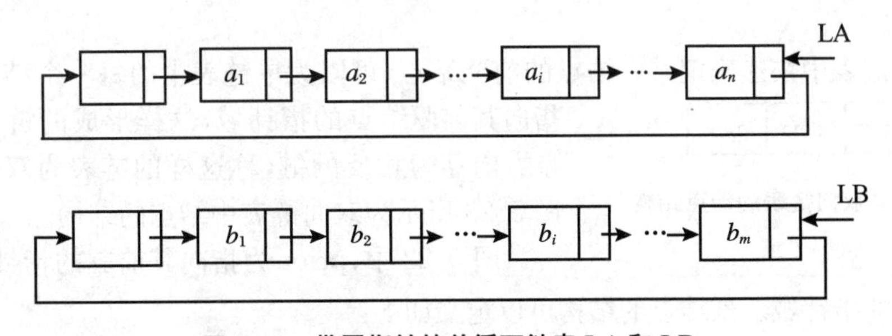

图 5.21　带尾指针的单循环链表 LA 和 LB

算法分析：要使这两个链表首尾相接，应该满足：

① 链表 LA 中尾结点 a_n 的 next 域指向链表 LB 中的首元素结点 b_1；描述为

LA－>next = LB－>next－>next；

② 链表 LB 中尾结点 b_m 的 next 域指向链表 LA 头结点；描述为

LB－>next = LA－>next；

③ 释放链表 LB 的头结点所占用的空间；

```
        free(LB->next);
```

如果按照上述步骤进行操作,第①步操作结束后,就会丢失链表 LA 头结点的地址,使得后面的操作无法进行。为此,可以定义一个指针变量 u,记录链表 LB 头结点的地址。这样,两个链表首尾相接的操作就可以顺利进行,如图 5.22 所示。

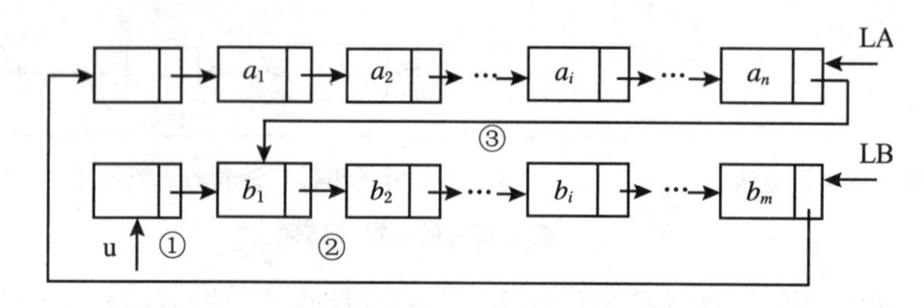

图 5.22 两个带尾指针的单循环链表 LA 和 LB 首尾相接

综合以上分析,实现该操作的算法描述如下:

```
LinkList *merge(LinkList *LA,LinkList *LB)
{  LinkList *u;
   u=LB->next;
   LB->next=LA->next;     //链表 LB 尾结点的 next 域指向链表 LA 头结点
   LA->next=u->next;     //链表 LA 尾结点的 next 域指向链表 LB 中的首元素结点
   LA=LB;     //指针 LA 指向首尾相接后链表的表尾
   free(u);
   return (LA);
}
```

该算法与问题的规模没有关系,算法的时间复杂度为 $O(1)$。

单循环链表与单链表相比最大的优点是,可以从任一结点出发找到其前驱结点,但时间耗费是 $O(n)$。

5.4.6 双向链表

若想在链表中快速确定某一结点的前驱结点,可以为单链表中的每一个结点增加一个指向其前驱结点的指针域,这样形成的链表中就有两条方向互为相反的链,称这样的链表为双向链表。如图 5.23 所示为双向链表中结点的结构。

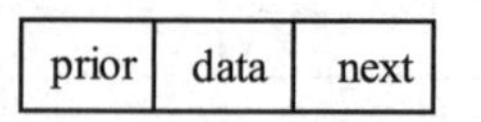

图 5.23 双向链表的结点结构

图 5.23 中,prior 为指向其前驱的指针域,next 为指向其后继的指针域。该结点的结构可以定义如下:

```
typedef struct Dnode{
   datatype data;
   struct Dnode *prior, *next;
}DLinkList;
```

1. 双向循环链表

同单链表一样,双向链表一般也是由头指针唯一确定;也可以在双向链表中增加一个头结点,使某些运算更为方便;若使得双向链表中尾结点的 next 域指向头结点,头结点的 prior 域指向尾结点，则将使双向链表首尾相接，称这样的双向链表为双向循环链表，如图 5.24 所示。

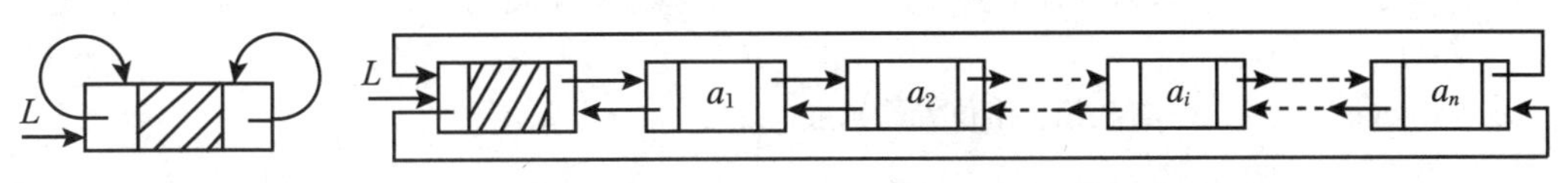

图 5.24　双向循环链表示意图

在双向链表中，每一个结点的地址既存储在其直接前驱结点的 next 域中，又存放于其直接后继结点的 prior 域中。若指针 P 指向双向链表中某一结点，则有下式成立：

P－＞prior－＞next ＝ P ＝ P－＞next－＞prior

其中，P－＞prior 是 ∗P 的前驱结点的地址，而 P－＞next 是 ∗P 的后继结点的地址。

2. 双向循环链表的结点插入算法

在双向链表上实现链表的基本运算时，求表长、按值查找、按序号取元素等运算与单链表中相应的算法相同；而插入与删除运算由于涉及被插结点及被删结点的前驱与后继中指针域的变化，其操作过程与单链表有所不同。下面具体讨论双向链表的插入运算。

双向链表的插入运算有结点后插与结点前插两种。

后插操作是在 ∗P 结点的后面插入一个新结点，如图 5.25 所示。其操作过程与单链表的插入操作类似，其算法不再赘述，读者自行给出。

前插操作是在 ∗P 结点前插入一个新结点，如图 5.26 所示。首先申请一个新结点空间，并赋值：

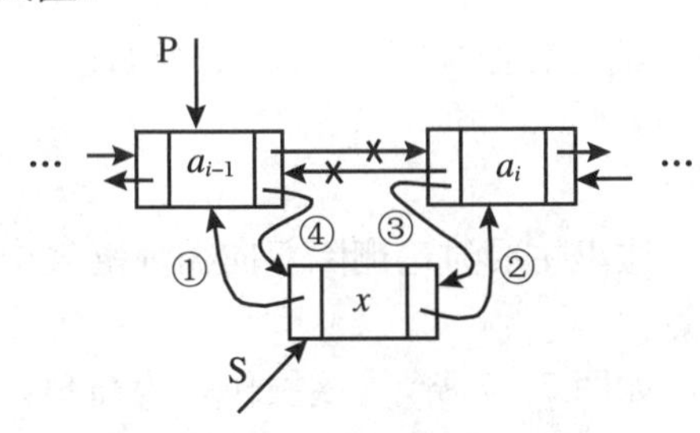

图 5.25　双向链表结点后插操作

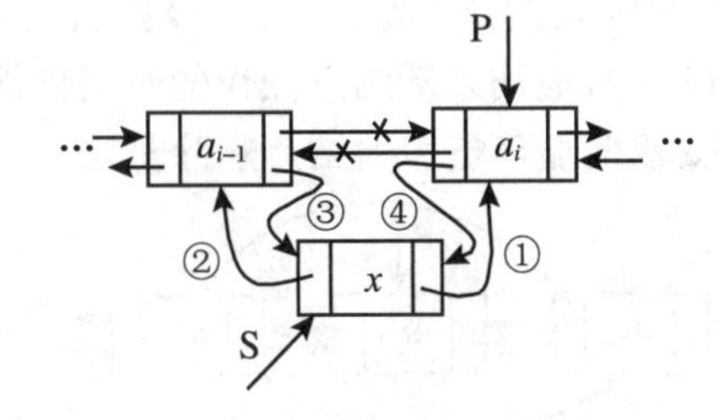

图 5.26　双向链表结点前插操作

```
S=(DLinkList ∗)malloc(sizeof(DLinkList))；
S－＞data=x；
S－＞next=P；                ①
S－＞prior=P－＞prior；      ②
```

这里，P－＞prior 为 ∗P 的前驱结点的地址。

接下来，需要修改 ∗(P－＞prior)结点的后继指针域和 ∗P 结点的前驱指针域：

```
P－＞prior－＞next=S；       ③
P－＞prior=S；               ④
```

思考：上述操作过程中的①、②、③、④的次序可不可以调换？如果可以，怎样操作？

综上所述，双向循环链表的前插操作算法描述如下：

```
DLinkList ∗Dinsert(DLinkList ∗L,int i,DataType x)
//在带头结点的双循环链表 L 中第 i 个位置插入值为 x 的新结点
{  LinkList ∗P, ∗S;
```

```
    int j,flag=0;
    //设置一个标志 flag,初值为 0,当有 P=P->next 操作时,flag 为 1,用以辅助判断 i 是否合法
    P=L->next;j=0;
    while(j<i-1)    //查找第 i 个位置的元素地址
    { P=P->next;
      flag=1;
      j++;
    }
    if(P==L->next&&flag==1)
    { printf("序号错! \n");
      exit(0);
    }
    else
    {  S=(DLinkList *)malloc(sizeof(DLinkList));
       S->data=x;
       S->next=P;
       S->prior=P->prior;
       P->prior->next=S;
       P->prior=S;
    }
    return L;
}
```


与单链表的插入操作一样,该算法的时间主要消耗在搜寻第 i 个结点的地址上,时间性能为 $O(n)$;而插入新结点操作的时间性能为 $O(1)$。

3. 双向循环链表的结点删除算法

这里主要讨论删除双向循环链表中的 *P 结点。

如图 5.27 所示,该操作较为简单,只需修改 *P 的前驱结点的 next 域以及 *P 的后继结点的 prior 域中的值,然后释放 *P 结点所占用的存储空间即可。具体如下:

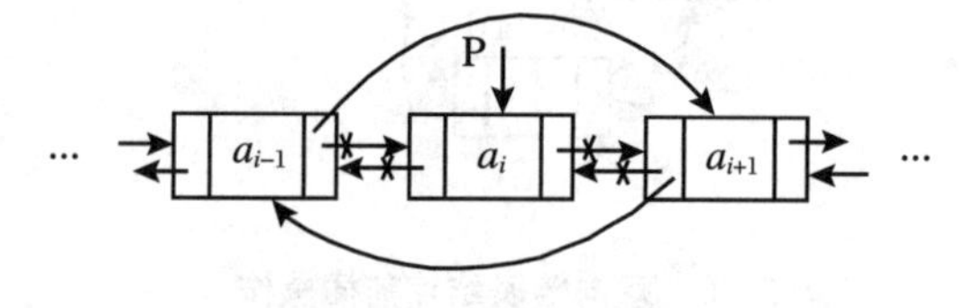

图 5.27　双向链表的删除操作

```
P->prior->next=P->next;
P->next->prior=P->prior;
free(P);
```

当然,算法中还要考虑操作条件的合法性问题。

算法描述如下:

```
DLinkList *Ddelete(DLinkList *L,int i) //删除带头结点的双循环链表 L 中第 i 个结点
{  LinkList *P;
   int j;
   P=L->next;j=1;
   while(j<i)            //查找第 i 个结点地址
   {  P=P->next;
      j++;
```

```
    }
    if(P = = L)
    {  printf("序号错! \n");
       exit(0);
    }
    elsc
     { P->prior->next = P->next;
       P->next->prior = P->prior;
       free(P);
    }
    return L;
}
```

该算法的时间主要消耗在搜寻第 i 个结点的地址上，时间性能为 $O(n)$；而删除操作的时间性能为 $O(1)$。

5.5 线性表的应用

5.5.1 字符串处理问题

字符串又称串，是计算机可以处理的最基本的非数值数据，它在文字编辑、信息检索、自然语言翻译等系统中有着广泛的应用。

1. 串的相关概念

串(或字符串)是由0个或多个字符组成的有限序列，一般记为 S = "$a_1 a_2 \cdots a_n$"($n \geqslant 0$)。其中，S 是串名，用双引号括起来的字符序列是串值；a_i($1 \leqslant i \leqslant n$)是单个字符，可以是字母、数字或其他字符；“""”用来界定一个串，避免其与常数、标识符相混淆。n 是串中字符的个数，称为串的长度，$n = 0$ 时的串为空串。

串中任意一个连续的字符组成的子序列称为该串的子串，包含子串的串相应地称为主串。子串在主串中第一次出现时，子串的第一个字符在主串中的位置称为子串在主串中的序号。

【例5.8】 设有两个串 A，B，A = "This is a string"，B = "is"，则它们的长度分别为16和2，且 B 是 A 的子串，B 在 A 中的序号是3。

空串是任意串的子串，任意串是其自身的子串。

假定用大写字母 S，T 等表示串，用小写字母表示组成串的字符，并有串：

$$S1 = "a_1 a_2 a_3 \cdots a_n"$$

$$S2 = "b_1 b_2 b_3 \cdots b_m"$$

其中，$1 \leqslant m \leqslant n$。则串的基本运算包括：

① 求串长 strlen(S)：求串 S 的长度，其返回值为串的长度，一个整型常量。

② 连接 stract(ST1，ST2)：将串 ST2 紧接着放在 ST1 的后面，形成新串 ST1。

③ 求子串 substr(S，i，j)：表示从串 S 中第 i 个字符开始，连续抽出 j 个字符组成新串。

④ 比较串的大小 strcmp(S,T):比较串 S 和串 T 的大小。

从左至右依次比较串 S 和串 T 中字符的大小(依据字符在 ASCII 码中的先后顺序)。

若串 S 和串 T 中所有对应位置上的字符均相等,且两个串的长度也相等则表示串 S 与串 T 相等,返回 0;

若串 S 和串 T 中所有对应位置上的字符均相等,但 strlen(S)>strlen(T),则表示串 S 大于串 T,返回值大于 0;

若串 S 和串 T 中某个对应位置上的字符不相等,则当串 S 中该位置上的字符大于串 T 中对应位置上的字符时,表示串 S 大于串 T,返回值大于 0;否则表示串 S 小于串 T,返回值小于 0。

⑤ 插入 insert(S1,i,S2):将串 S2 插到串 S1 的第 i 字符后,形成新串 S1。

⑥ 删除 delete(S,i,j):从串 S 中删除从第 i 个字符开始的连续 j 个字符,形成新串 S。

⑦ 子串定位 index(S1,S2):在串 S1 中查找是否有等于 S2 的子串;若有,则返回 S2 在 S1 中首次出现的位置,否则返回 0。

⑧ 置换 replace(S,T,V):用 V 替换所有在 S 中出现的与 T 相等的子串,形成新串 S。

2. 串的顺序存储

类似于线性表的顺序存储结构,用地址连续的存储单元存储串值的字符序列。为了考虑串的插入、置换等操作,该地址连续的存储空间较串所实际占用的存储空间大。为了确认串在该存储空间中的长度,用一个分量来记录当前的串长。这样,顺序串的数据类型可描述为

```
#define maxsize 50
typedef struct
{   char ch[maxsize];        //数组 ch[]描述了地址连续的存储空间
    int curlen;          //分量 curlen 记录当前的串长
}SeqString;          //SeqString 为顺序串的数据类型
```

这种存储方式在编译时就确定了串空间的大小,而多数情况下,串是以整体形式参与操作的,因此最好在程序执行过程中动态地分配和释放字符数组空间。在 C 语言中可以在一个称之为“堆”的自由存储区为新串分配一块实际串长所需的存储空间,若分配成功,则返回该存储空间的首地址;同时为了串的相关运算方便,用一个整型变量记录串长。该存储方式描述为

```
typedef struct
{   char *ch;              //若串非空,则 ch 为串的首地址
    int curlen;          //分量 curlen 记录当前的串长
}HString;          //HString 为数据类型
```

3. 串的链接存储

在对顺序串进行插入、删除等操作需要大量移动字符,时间性能差,可以采用链接存储来存储一个串。

在许多系统中,当一个字符占用一个字节空间时,链表结点中指针域要占用多个字节存储空间。这样,普通链串(如图 5.28(a)所示的每个结点只有一个字符的链串)空间利用率非常低。其结点类型如下:

```
typedef struct node
{   char data;
```

```
    struct node * next;
}LinkString;
```

为了提高存储密度，可以让每个结点存放多个字符，也称这种存储结构为块链结构，相应的链串称为块链串，而块链串中每个结点最多能存放的字符的个数称为结点的大小。图5.28(b)所示的是结点大小为4的块链串。显然，当结点大小大于1时，串长度不一定是结点大小的整数倍。为此要用特殊字符来填充最后一个结点，以表示串的终结。

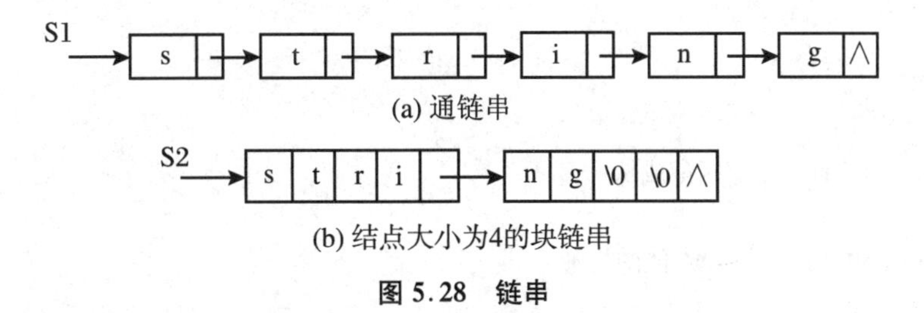

图 5.28 链串

块链串的结点类型可定义如下：

```
#define Block _ Size 4
typedef struct node
{   char ch[Block _ Size];
    struct node * next;
}Node;
```

为便于操作，我们为块链串增加一个尾指针。块链结构定义如下：

```
typedef struct
{   Node * head;
    Node * tail;
    int length;
}BLString;
```

4. 串的模式匹配算法

串上的子串定位操作也就是串的模式匹配。这里我们讨论在普通链串(结点大小为1的块链串)上实现串匹配算法。

算法思想：从链串T的第1个结点开始，将链串P中结点的值 p_i 依次与T中结点的值 t_i 比较，若 $t_1 = p_1, t_2 = p_2, t_3 = p_3, \cdots, t_m = p_m$，则匹配成功，返回data域值为 t_1 的结点地址；若存在 $t_k \neq p_k (k < m)$，则无需继续比较，该趟匹配不成功，可改为从链串T的第2个结点开始，重复上述步骤；若该趟匹配仍不成功，改为从链串T的第3个结点开始，重复上述步骤……直到 $t_i = p_1, t_{i+1} = p_2, t_{i+2} = p_3, \cdots, t_{i+m-1} = p_m$，则匹配成功，返回data域值为 t_i 的结点地址；若最后一次匹配(第 $n - m + 1$ 次)仍不能得到 $t_{n-m+1} = p_1, t_{n-m+2} = p_2, t_{n-m+3} = p_3, \cdots, t_n = p_m$，则整个模式匹配不成功，返回空指针。算法描述如下：

```
LinkString * LinkStrMatch(LinkString * T,LinkString * P)
//在链串上求模式串P的首次出现位置，返回该位置结点的地址
{   LinkString * shift, * t, * p;
    shift=T;    //shift表示链串T中第一个与模式串P比较的结点地址
    t=shift;p=P;
    while(t&&p){
```

```
        if(t->data==p->data)
        {  t=t->ncxt;
           p=p->next;        //继续比较后续结点中字符
        }
        else
        {  shift=shift->next;        //模式右移
           t=shift;p=P;
        }
    }
    if(p==NULL)
        return shift;     //匹配成功
    else
        return NULL;       //匹配失败
}
```


该算法的时间复杂度与顺序串上的串匹配算法相同。块链串的插入、删除操作较为复杂,需要考虑结点的拆分与合并,读者可以参考其他文献,这里不再详细讨论。

5.5.2 两个有序线性表合并问题

假设两个非递减有序表 A=($a_1,a_2,\cdots,a_n$),B=($b_1,b_2,\cdots,b_n$),现将 A,B 合并为一个有序表 C。算法分析如下:

(1) 设置 3 个指示器 ia、ib、ic,它们的初值分别是有序表 A,B,C 的起始位置。

(2) 比较 ia 和 ib 所指示元素的关键字大小,将关键字较小的元素复制到表 C 中,同时 ic 加 1。

(3) 若是 ia 指示的元素被复制到表 C,则 ia 加 1,否则 ib 加 1;ia 和 ib 所指示元素的关键字大小相等,则复制后 ia 和 ib 同时加 1。

(4) 重复(2)、(3)步,直到 ia 或 ib 指向表尾,则将另一表中所有元素复制到表 C 中。

【例 5.9】 有两个有序表 A=(0,1,8,17),B=(1,6,8),将其合并为一个有序表 C,则有序表 C=(0,1,6,8,17)。

对这两个有序表可以采用顺序存储或链接存储,以实现有序表的合并操作。下面分别采用这两种存储方式,讨论有序表合并运算的过程。

1. 有序顺序表的合并

假定有序表中数据元素为普通整数,则顺序表的数据类型描述为

```
#define maxlen 100
typedef struct
{ int data[maxlen];
   int last;
}Orderlist;
```

Orderlist 即为该顺序表类型。

定义 Orderlist 类型的指针变量并分别获得顺序表 A,B,以及空顺序表 C 的首地址。

```
Orderlist *A, *B, *C;
```

则数组 A－>data[ ],B－>data[ ]空间中分别依次存放一个有序表,A－>last＋1,B－>last＋1 分别是这两个表的长度。

定义 3 个整型变量：

```
int ia=0,ib=0,ic=0;
```

分别指示表中相应元素的位置。按照上述算法分析,比较 ia 和 ib 所指示元素的关键字大小,将关键字较小或相等的元素复制到表 C 中,直至其中一个表中元素全部被复制,算法结束。

算法描述如下：

```
Orderlist  *Qmerge(Orderlist  *A, Orderlist  *B)
{  Orderlist  *C;
   int ia=0,ib=0,ic=0;
   while(ia! =A->last&& ib! =B->last)  //当两个顺序表均未扫描结束时
   {  if(A->data[ia]< B->data[ib])// 若 ia 所指示元素比 ib 指示元素小
      { C->data[ic]=A->data[ia];
        ia++;
      }
       else if(A->data[ia]>B->data[ib])// 若 ia 所指示元素比 ib 指示元素大
          { C->data[ic]=B->data[ib];
            ib++;
          }
          else      //否则,若 ia 所指示元素等于 ib 指示元素
          { C->data[ic]=A->data[ia];
            ia++; ib++;
          }
       ic++;
   }
   while(ia! =A->last)       //若表 A 中还有剩余,则将剩余的元素全部复制到 C 中
  { C->data[ic]=A->data[ia];
    ia++; ic++;
  }
   while (ib! =B->last)       //若表 A 中还有剩余,则将剩余的元素全部复制到 C 中
  { C->data[ic]=B->data[ib];
    ib++; ic++;
  }
  C->last=ic-1;              // while 结束时,ic 的值多加了 1
  return(C);
}
```

算法所耗费的时间主要用于向后搜寻数据元素,而且应该是搜寻较大的表所花费的时间。若顺序表 A 有 n 个元素,顺序表 B 有 m 个元素,且 $n>m$,则上述算法中 while 循环最多执行 n 次,这样该算法的时间复杂度为 $O(n)$。

2. 有序链表的合并

对两个有序表分别采用链接存储,对两个有序链表进行合并。

【例 5.10】 对例 5.9 的两个有序表 A＝(0,1,8,17),B＝(1,6,8)进行链接存储,图

5.29描述了两个带头结点的有序链表的合并过程。

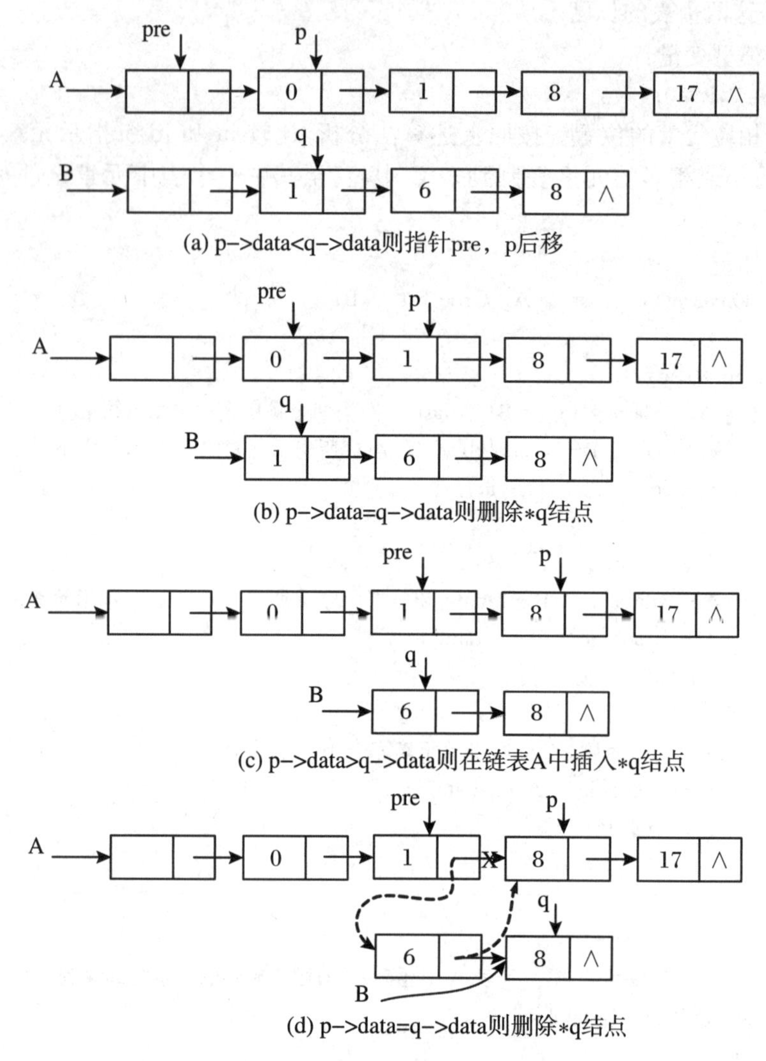

(a) p->data<q->data则指针pre，p后移

(b) p->data=q->data则删除*q结点

(c) p->data>q->data则在链表A中插入*q结点

(d) p->data=q->data则删除*q结点

图 5.29　两个链表归并示意图

图 5.29 描述的过程为：若令指针 p，q 分别指向链表 A，B 的首元素结点，则比较结点 * p和 * q 的数据项，进行如下操作来完成两个链表的合并运算：

① 若 p－>data<q－>data，则令指针 *p* 后移，即 p＝p－>next。

② 若 p－>data>q－>data，则将 * q 结点插入到链表 A 中的 * p 结点之前，并令指针 q 在链表 B 上后移，即 q＝q－>next。

③ 若 p－>data＝q－>data，则删除 * q 结点，并令指针 q 在链表 B 上后移，即 q＝q－>next。

④ 重复①、②、③步，若 q＝NULL，则链表 A 即合并后的链表；若 p＝NULL，则将链表 B 中指针 q 所指向的余下的链表全部插入到链表 A 的表尾，形成合并链表 A。

算法描述如下：

```
LinkList  *Lmerge(LinkList  *A,LinkList  *B)
{  LinkList  *p, *q, *pre;
```

```
    p=A->next;
    q=B->next;              //p和q分别指向链表A和B中的第一个结点
    pre=A;                  //pre指向*p的前驱结点
    free(B);                //释放链表B的头结点空间
    B=q;
    while(p! =NULL&&q! =NULL)     //当两个链表均未扫描结束时
    {  if(p->data<q->data)
       {  pre=p;
          p=p->next;
       }
    //如果*p结点的data值小于*q的data值,指针p后移
       else
       {  q=q->next;
          if(p->data>q->data)
            //如果*p结点的data值大于*q的data值,则在链表A中插入结点*q
            {  B->next=p;pre->next=B;pre=pre->next;
            }
            else free(B); //否则,删除*q结点
            B=q;
       }
    if(q! =NULL)
       pre->next=q;
    //若链表B中还有剩余,则将剩余的结点插入到链表A的表尾
    return(A);
}
```

与有序顺序表的合并算法相比,两个链表的合并操作不需要额外的结点空间,其空间性能较好。算法所耗费的时间主要用于向后搜寻结点。若链表 A 有 n 个结点,链表 B 有 m 个结点,则上述算法中 while 循环最多执行 $n+m$ 次,这样该算法的时间复杂度为 $O(m+n)$。

5.5.3 多项式相加问题

1. 一元多项式的表示

通常,一个 n 次一元多项式 $P(x)$ 可按升幂的形式写成:

$$P(x) = a_0 + a_1x + a_2x^2 + \cdots + a_nx^n$$

它实际上包含 $n+1$ 项,由 $n+1$ 个系数唯一确定。在计算机内,可以用一个链表来表示一个一元多项式。为了节省存储空间,只存储多项式中系数非0的项。链表中的每一个结点存放多项式的一个系数非0项,它包含3个域,分别存放该项的系数、指数以及指向下一个多项式结点的指针。如图5.30所示为多项式链表结点的结构。

系数	指数	指针
coef	exp	next

图5.30 存放多项式的链表结点结构

结点的数据类型可定义如下:

```
typedef struct Pnode
{   int coef;
   int exp;
   struct Pnode * next;
}Polynode;
```

例如,多项式 $P(x)=3+4x+6x^3+8x^7+23x^{21}$ 的单链表表示形式如图 5.31 所示。

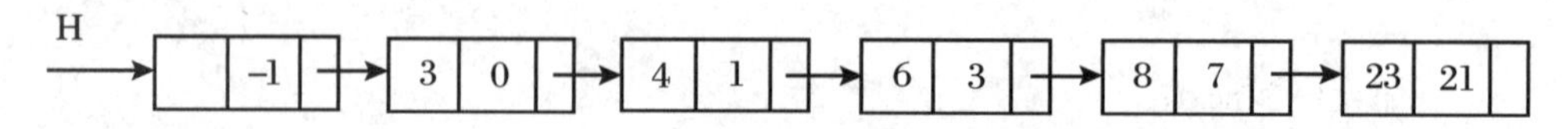

图 5.31　多项式 $P(x)$ 的单链表表示

为方便以后的运算,我们也在该单链表中增加了头结点,并给定指数域的值为 -1。

2. 多项式链表的生成算法

多项式单链表可以采用尾插法建表来生成。通过从键盘按升幂的次序输入多项式各项的系数和指数,以输入指数 -1 为结束标志。算法如下:

```
Polynode * PLcreate()
{   Polynode * H, * R, * S;
   int c,e;
   H=(Polynode *)malloc(sizeof(Polynode));
   H->exp=-1;
   H->next=NULL;   //建立空多项式单链表
   R=H;      //R 始终指向单链表的尾,便于尾插法建表
   scanf("%d%d",&c,&e);    //键入多项式的系数和指数项
   while(e!=-1)          //若 e=-1,则代表多项式的输入结束
   { S=(Polynode *)malloc(sizeof(Polynode));
      S->coef=c;
      S->exp=e;
      S->next=NULL;//生成新结点并赋值
      R->next=S;   //在当前表尾做插入
      R=S;
      scanf("%d%d",&c,&e);
   }
   return H;
}
```

3. 两个一元多项式相加

下面通过一个实例来讨论两个一元多项式相加算法的实现。

【例 5.11】 有两个一元多项式 $A(x)=2+5x+9x^8+5x^{17}$,$B(x)=10x+22x^6-9x^8$,分别用单链表表示,试描述其相加的过程,并给出和多项式的单链表形式。

图 5.32 为这两个一元多项式的单链表形式。

两个多项式相加的法则是:两个多项式中同指数项的对应系数相加,若和不为零,则形成"和多项式"中的一项;所有指数不同的项均直接移位至"和多项式"中。

对于两个多项式链表 A,B,实现多项式相加时,"和多项式"中的结点无需另外生成,可看成是将多项式 B 加到多项式 A 中,最后的"和多项式"即是多项式 A。

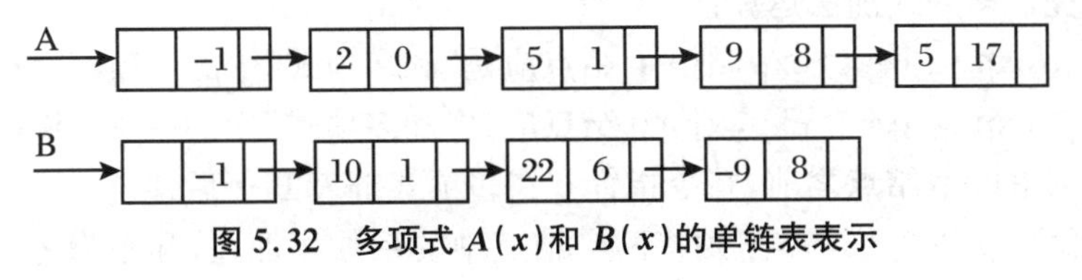

图 5.32　多项式 $A(x)$ 和 $B(x)$ 的单链表表示

图 5.33 描述了一元多项式链表 A,B 加法运算的过程。

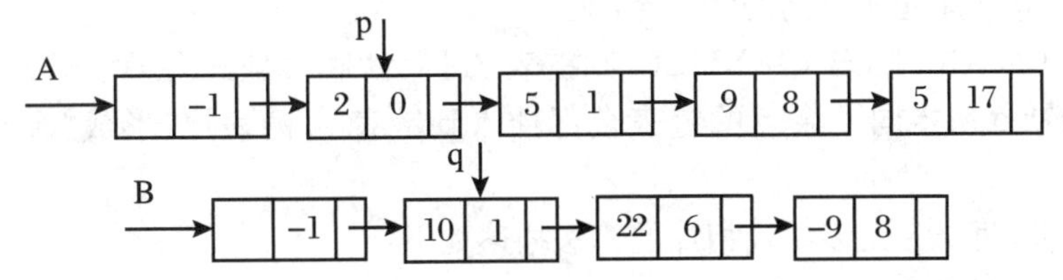

(a) 指针p，q指向多项式链表A，B的首元素结点，p->exp<q->exp，指针p应后移

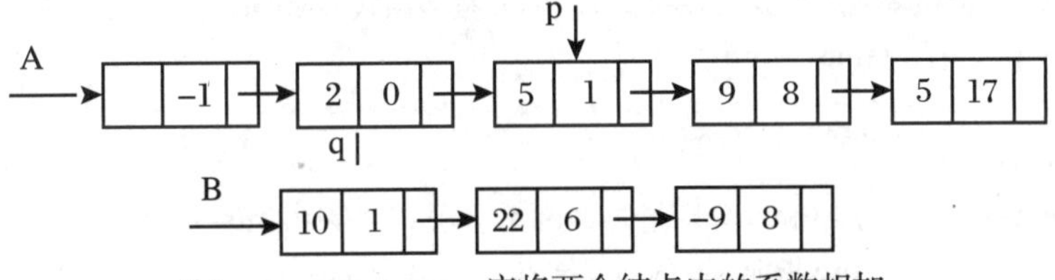

(b) p->exp=q->exp，应将两个结点中的系数相加

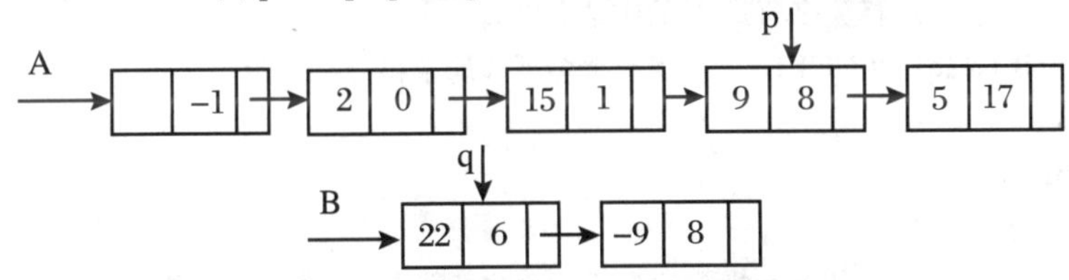

(c) p->exp>q->exp，应将*q结点插入到多项式链表A中的*p结点之前

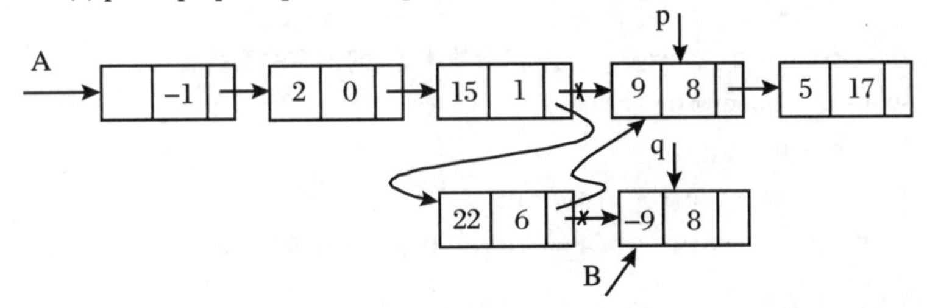

(d) p->exp=q->exp，两个结点的系数和为零，指针p，q应在各自链表上后移

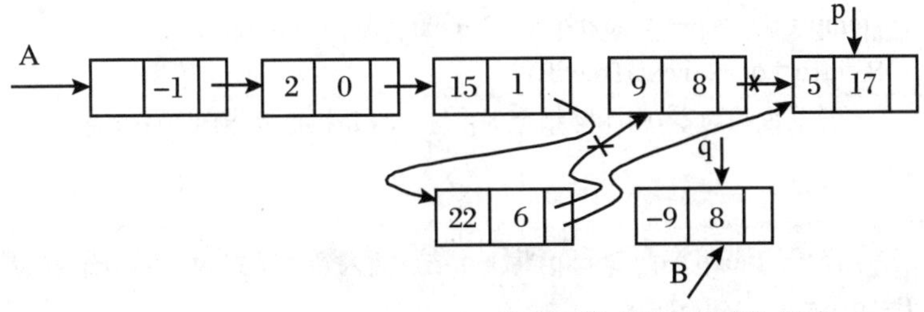

(e) q=NULL，链表A即“和多项式”链表

图 5.33　两个多项式链表相加示意图

设指针 p,q 分别指向多项式 A,B 的首元素结点,则比较结点 * p 和 * q 的指数项,可进

行如下操作来完成多项式加法运算：

① 若 p－>exp < q－>exp，则 ∗p 结点应是"和多项式"中的一项，并令指针 p 后移。

② 若 p－>exp > q－>exp，则 ∗q 结点应是"和多项式"中的一项，将 ∗q 结点插入到多项式链表 A 中的 ∗p 结点之前，并令指针 q 在多项式链表 B 上后移。

③ 若 p－>exp = q－>exp，则将两个结点中的系数相加，若和不为零，则修改 ∗p 结点的系数域，释放指针 q 所指向的结点空间；若和为零，则指针 p，q 分别在各自的链表上后移，同时释放指针 p，q 原先所指向的结点空间。

④ 重复(1)、(2)、(3)步，若 q＝NULL，则链表 A 即为"和多项式"链表；若 p＝NULL，则将链表 B 中指针 q 所指向的余下的链表全部插入到链表 A 的表尾，形成"和多项式"链表 A。

综合以上分析，两个一元多项式相加的算法描述如下：

```
Polynode  *polyadd(Polynode  *A,Polynode  *B)
//两个多项式相加,将和多项式存放在多项式 A 中,并将多项式 B 删除
{  Polynode  *p, *q, *temp, *pre;
   int sum;
   p=A->next;
   q=B->next;            //p 和 q 分别指向 A 和 B 多项式链表中的第一个结点
   pre=A;                //pre 指向 *p 的前驱结点
   free(B);              //释放多项式 B 的头结点空间
   while(p!=NULL&&q!=NULL)  //当两个多项式均未扫描结束时
   {  if(p->exp<q->exp)
      {  pre=p;
         p=p->next;
      }                     //如果 p 指向的多项式项的指数小于 q 的指数,指针 p 后移
      else
         if(p->exp==q->exp)      //若指数相等,则相应的系数相加
          { sum=p->coef+q->coef;
            if(sum!=0)
            { p->coef=sum;B=q;pre=p;
               p=p->next;q=q->next;free(B);   //释放原先的 *q 结点空间
            }
            else
            {  temp=p;p=p->next;pre->next=p;free(temp);
               B=q;q=q->next;free(B);
               //若系数和为零,则删除结点 *p 与 *q,并将指针指向下一个结点
            }
          }
         else   //若 p->exp>q->exp,将 *q 结点插入到多项式 A 中 *p 结点前
         {  B=q;q=q->next;
            B->next=p;pre->next=B;
            pre=pre->next;
         }
   }
```

```
    if(q! = NULL)
      pre->next = q;
    //若多项式 B 中还有剩余,则将剩余的结点加入到和多项式 A 中
  return(A);
}
```

若多项式 A 有 n 项,多项式 B 有 m 项,则上述算法的时间复杂度为 $O(m+n)$。

自主学习

本章介绍了线性表的基本概念和逻辑结构,以及顺序表、链表的存储结构描述、基本运算实现。要求重点掌握顺序表、带头结点的单链表的存储结构描述、基本运算实现、及算法的性能分析;要求学会针对不同的应用问题选择顺序表或链表,完成相应的运算。

学习本章内容的同时,可以参考相关资料,查询、了解其他相关知识,并编写程序实现相关算法,包括:

(1) 串的相关运算实现;

(2) 循环链表、双向链表的基本运算实现及应用;

(3) 顺序表的其他应用问题;

(4) 链表的其他应用问题。

参考资料:

[1] 胡学钢. 数据结构:C 语言版[M]. 北京:高等教育出版社,2008.

[2] 严蔚敏,李冬梅,吴伟民. 数据结构:C 语言版[M]. 北京:人民邮电出版社,2011.

[3] 王昆仑,李红. 数据结构与算法[M].2 版. 北京:中国铁道出版社,2012.

习　题

1. 填空题

(1) 在一个长度为 n 的顺序表中第 i 个元素($1\leqslant i\leqslant n$)之前插入一个元素时,需向后移动__________个元素。

(2) 顺序存储结构是通过__________表示元素之间的关系的;链式存储结构是通过__________表示元素之间的关系的。

(3) 在单链表中设置头结点的作用是__________。

(4) 已知指针 p 指向单链表 L 中的某结点,则删除其后继结点的语句是:__________、__________和__________。

(5) 在双向循环链表中,通过指调整指针(而不是数据)来交换两个相邻的元素(p,f),其操作是__________、__________、__________和__________。

(6) 在双向循环链表中,向 p 所指的结点之后插入指针 f 所指的结点,其操作是__________、__________、__________和__________。

2. 选择题

(1) 顺序表中,插入一个元素所需移动的元素平均数是(　　)。

A. $(n-1)/2$　　B. n　　C. $n+1$　　D. $(n+1)/2$

(2) 在以下的叙述中，正确的是(　　)。

A. 线性表的顺序存储结构优于链表存储结构

B. 线性表的顺序存储结构适用于频繁插入/删除数据元素的情况

C. 线性表的链表存储结构适用于频繁插入/删除数据元素的情况

D. 线性表的链表存储结构优于顺序存储结构

(3) 设 SUBSTR(S,i,k)是求 S 中从第 i 个字符开始的连续 k 个字符组成的子串的操作，则对于 S="Beijing&Nanjing"，SUBSTR(S,4,5)=(　　)。

A. 'ijing'　　B. 'jing&'　　C. 'ingNa'　　D. 'ing&N'

(4) 某线性表中最常用的操作是在最后一个元素之后插入一个元素和删除第一个元素，则采用(　　)存储方式最节省运算时间。

A. 单链表　　B. 仅有头指针的单循环链表

C. 双链表　　D. 仅有尾指针的单循环链表

(5) 链表不具有的特点是(　　)。

A. 插入、删除不需要移动元素　　B. 可随机访问任一元素

C. 不必事先估计存储空间　　D. 所需空间与线性长度成正比

(6) 以下说法错误的是(　　)。

① 静态链表既有顺序存储的优点，又有动态链表的优点，所以它存取表中第 i 个元素的时间与 i 无关。

② 静态链表中能容纳的元素个数的最大数在表定义时就确定了，以后不能增加。

③ 静态链表与动态链表在元素的插入、删除上类似，不需做元素的移动。

A. ①②　　B. ①　　C. ①②③　　D. ②

(7) 在一个以 h 为头的单循环链中，p 指针指向链尾的条件是(　　)。

A. p->next=h　　B. p->next=NULL

C. p->next->next=h　　D. p->data=-1

(8) 从一个具有 n 个结点的单链表中查找其值等于 x 的结点时，在查找成功的情况下，需平均比较(　　)个结点。

A. n　　B. $n/2$

C. $(n-1)/2$　　D. $(n+1)/2$

3. 判断题

(1) 链表是采用链式存储结构的线性表，进行插入、删除操作时，在链表中比在顺序存储结构中效率高。(　　)

(2) 所谓静态链表，就是一直不发生变化的链表。(　　)

(3) 循环链表不是线性表。(　　)

(4) 链表是采用链式存储结构的线性表，进行插入、删除操作时，在链表中比在顺序存储结构中效率高。(　　)

4. 算法分析题

(1) 分析并完善下面的算法。

已知单链表结点类型如下：

```
typedef struct node{
   int data;
```

```
    struct  node  * next;
}LinkList;
```

算法功能是建立以 head 为头指针的单链表。

```
LinkList * create(___(1)___){
    LinkList * p, * q;
    int k;q=head;
    scanf("%d",&k);
    while(k>0){
        ___(2)___;
        ___(3)___;
        ___(4)___;
        ___(5)___;
        scanf ("%d",&k);
    }
    q->next = NULL;
}
```

(2) 分析并完善下面的算法。

单链表的类型说明如下：

```
typedef struct node{
    int data;
    struct node * next;
}LinkList;
```

算法功能是采用链表合并的方法将两个已排序的单链表合并成一个链表而不改变其排序性(升序)，这里两链表的头指针分别为 p 和 q。(注：该双链表不具有“头结点”。)

```
LinkList * mergelink(LinkList * p,LinkList * q){
    LinkList * h, * r;
    ___(1)___ ;
    h->next=NULL;r=h;
    while(p! =NULL&&q! =NULL){
        if(p->data<=q->data){
            ___(2)___;
            r=p;
            p=p->next;
        }
        else{
            ___(3)___;
            r=q;
            q=q->next;
        }
    }
    if(p= =NULL)
        r->next=q;
    else
```

```
        (4)    ;
    return h;
}
```

(3) 分析并完善下面的算法。

la 为指向带头结点的单链表的头指针，算法功能是在表中第 i 个元素之前插入元素 b。

```
LinkList *insert (LinkList *la,int i,datatype b){
    LinkList *p, *s;int j;
    p= (1) ;j= (2) ;
    while(p! =NULL&& (3) ){
        p= (4) ;
        j=j+1;
    }
    if(p= =NULL|| (5) )
        error('No this position')
    else{
        s=malloc(sizeof(LinkList));
        s->data=b;
        s->next=p->next;
        p->next=s;
    }
    return la;
}
```

(4) 分析并完善下面的算法。

双链表中结点的类型定义为

```
typedef struct Dnode{
    int data;
    struct Dnode *prior, *next;
}DLinkList;
```

算法功能是在双链表第 i 个结点($i \geqslant 0$)之后插入一个元素为 x 的结点。(注：该双链表不具有“头结点”。)

```
DLinkList *insert(DLinkList *head,int i,int x){
    DLinkList *s, *p;int j;
    s=( DLinkList *)malloc(sizeof(DLinkList));
    s->data=x;
    if(i= =0){   //如果 i=0,则将 s 结点插入到表头后返回
        s->next=head;
         (1) ;
        head=s
    }
    else{
        p=head; (2) ;//在双链表中查找第 i 个结点,由 p 所指向
        while(p! =NULL&&j<i){
            j=j+1;
```

```
        ___(3)___;
      }
      if(p! =NULL)
        if(p->next==NULL){
            p->next=s;
            s->ncxt=NULL;
            ___(4)___        }
        else{
            s->next=p->next;
            ___(5)___;
            p->next=s;
            ___(6)___;
        }
      else
      printf("can not find node! ");
    }
}
```

5. 算法设计题

(1) 已知一顺序表A,其元素值非递减有序排列,编写一个算法删除顺序表中多余的值相同的元素。

(2) 写一个算法,从一给定的顺序表A中删除值在 $x \sim y(x \leqslant y)$ 之间的所有元素,要求以较高的效率来实现。

(3) 线性表中有 n 个元素,每个元素是一个字符,现存于向量 $R[n]$ 中,试写一算法,使 R 中的字符按字母字符、数字字符和其他字符的顺序排列。要求利用原来的存储空间,元素移动次数最小。

(4) 线性表用顺序存储,设计一个算法,用尽可能少的辅助存储空间将顺序表中前 m 个元素和后 n 个元素进行整体互换。即将线性表 $(a_1, a_2, \cdots, a_m, b_1, b_2, \cdots, b_n)$ 改变为 $(b_1, b_2, \cdots, b_n, a_1, a_2, \cdots, a_m)$。

(5) 采用顺序存储结构存储串,编写一个函数计算一个子串在一个字符串中出现的次数,如果该子串不出现则为0。

(6) 编写能打印出一个单链表的所有元素的程序。

(7) 设计算法,删除单链表中所有值为 x 的结点。

(8) 假设在长度大于1的循环单链表中,既无头结点也无头指针,p为指向该链表中某一结点的指针,编写一个算法删除该结点的前驱结点。

(9) 设计算法将一个线性链表逆置,即将表 $(a_1, a_2, \cdots, a_n)$ 逆置为 $(a_n, a_{n-1}, \cdots, a_1)$,要求逆置后的链表仍占用原来的存储空间。

第 6 章　矩阵和广义表

6.1　引　　言

6.1.1　本章能力要素

本章介绍矩阵这种线性结构数据，以及一种由线性表推广的一种数据结构——广义表。重点介绍特殊矩阵、稀疏矩阵的压缩存储方法及一些基本应用。具体要求备包括：

(1) 掌握矩阵的逻辑结构和顺序存储方法；

(2) 掌握特殊矩阵的压缩存储方法；

(3) 掌握稀疏矩阵的三元组表、十字链表结构模型；

(4) 掌握广义表的相关概念。

专业能力要素包括：

(1) 对实际问题应用稀疏矩阵模型的能力；

(2) 对稀疏矩阵的相关应用算法的设计、分析与设计思路的表达能力；

(2) 对广义表相关应用模型的构建能力；

(3) 对广义表相关应用算法的设计、分析与设计思路的表达能力。

6.1.2　本章知识结构图

本章知识结构如图 6.1 所示。

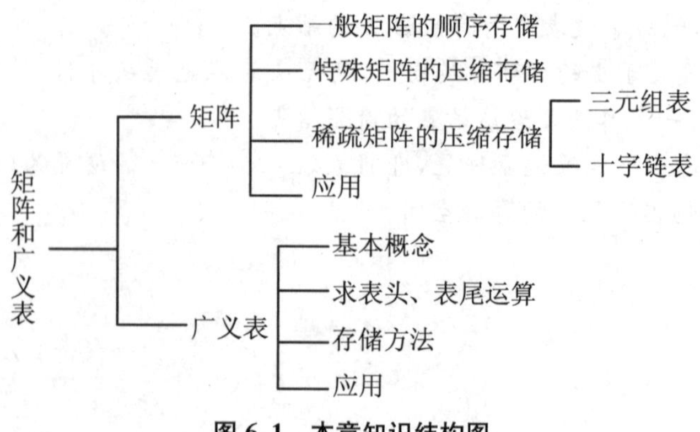

图 6.1　本章知识结构图

6.1.3 本章课堂教学与实践教学的衔接

本章涉及的实践环节主要是特殊矩阵、稀疏矩阵的相关运算。包括三元组表、十字链表的建立、加减、转置等基本运算。

在矩阵的运算实现中,同样需要考虑不同存储结构所带来的算法时间性能、空间性能分析。

6.2 矩阵的概念

《我是歌手》节目受到很多人喜欢,500 位大众评审参与投票选出自己喜欢的歌手。如果要求 500 位评审对 7 位歌手分别评分,可以用 500 行、7 列的表格来记录,这 500×7 个评分形成一个形如

$$\begin{matrix} a_{00} & a_{01} & a_{02} & a_{03}\cdots \\ a_{10} & a_{11} & a_{12} & a_{13}\cdots \\ a_{20} & a_{21} & a_{22} & a_{23}\cdots \\ \cdots \end{matrix}$$

的一个评分矩阵。这个评分矩阵的每一行有线性排列 7 个元素,每一列有线性排列的 500 个元素。如果把每一行当作是一个数据元素,则这个矩阵就是长度为 500 线性表;如果把每一列当做是一个数据元素,则这个矩阵就是长度为 7 的线性表。所以,我们也称矩阵是线性表,它是数据元素为线性表的线性表。

定义:矩阵是由 $m\times n$ 个数排列成 m 行(横向)、n 列(纵向)所形成的矩形数表:

$$\boldsymbol{A}_{m\times n}\boldsymbol{A}_{m\times n} = \begin{bmatrix} a_{11} & a_{12} & \cdots & a_{1n} \\ a_{21} & a_{22} & \cdots & a_{2n} \\ \cdots & \cdots & a_{ij} & \cdots \\ a_{m1} & a_{m2} & \cdots & a_{mn} \end{bmatrix} \qquad (1\leqslant i\leqslant m, 1\leqslant j\leqslant n)$$

称为 $m\times n$ 矩阵,简记为 $\boldsymbol{A}=(a_{ij})_{m\times n}$,其中 a_{ij} 为矩阵 $\boldsymbol{A}$ 的第 i 行第 j 列的元素。

矩阵是数的集合(可以认为是同类型的数据的集合),且所有的数按行、列的形式整齐排列,各行、各列均具有相等数量的数据元素。可以说,矩阵是一个线性表,其中每一个数据元素(行或列)也是一个线性表。

矩阵一旦被定义,其行数和列数就不再改变,也就是说,一般不对矩阵作插入和删除操作,通常的操作是取出矩阵中的数据元素进行修改和相关数学运算。

6.3 矩阵的存储

6.3.1 矩阵的顺序存储

由于矩阵一旦被定义，其行数和列数不再改变，而且不作插入和删除操作。这样，对于线性结构的矩阵，采用顺序存储结构、以二维数组来存储。一维数组占用地址连续的存储空间，那二维数组又是如何存储的呢？

矩阵采用二维数组的顺序存储有两种存储方式：一种是以行序为主序存储，另一种是以列序为主序存储。

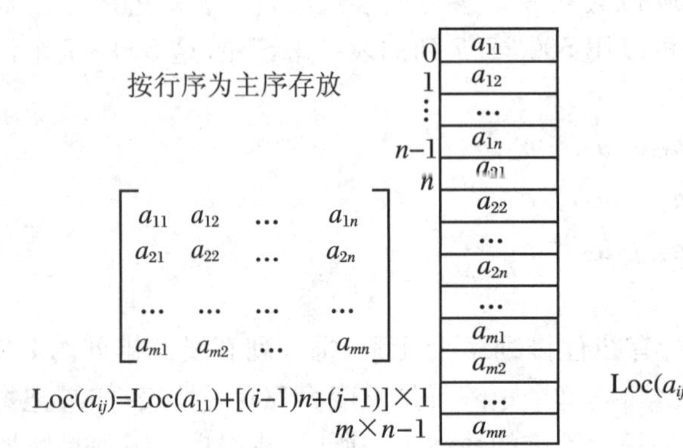

(a) 以行序为主序存储的矩阵

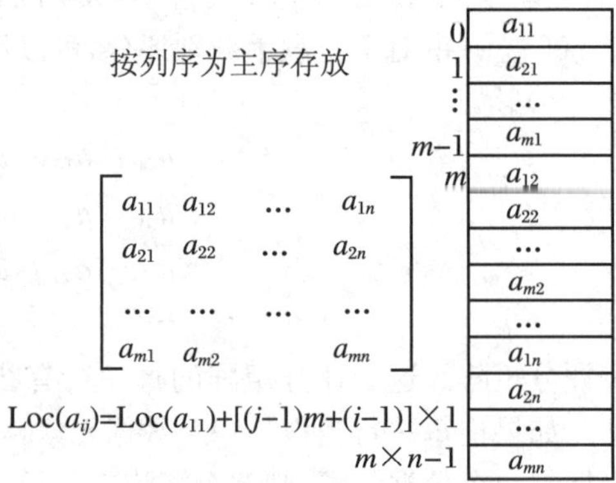

(b) 以列序为主序存储的矩阵

图 6.2　矩阵的两种存储方式

以行序为主序存储：对一个具有 m 行、n 列的矩阵$\boldsymbol{A}_{m\times n}$来说，先存储第 1 行(用一个长度为 n 的一维数组存储)，再存储第 2 行(长度为 n 的一维数组存储)……最后存储第 m 行；图 6.2(a)描述的矩阵 $\boldsymbol{A}_{m\times n}$按行序存储的元素序列。

以列序为主序存储：对一个具有 m 行、n 列的矩阵$\boldsymbol{A}_{m\times n}$，先存储第 1 列(用一个长度为 m 的一维数组存储)，再存储第 2 列(长度为 m 的一维数组存储)……最后存储第 n 列；图 6.2(b)描述的是该矩阵按列序存储的元素序列。

这样，对于一个矩阵，一旦确定了行数和列数，便可以为其分配存储空间。反之，如果给定矩阵中第一个元素的存放地址(基地址)、行数、列数以及每个数据元素所占用的存储单元数，就可以将矩阵中元素的存储地址表示为其下标的线性函数。这样，就可以随机读取或查找该矩阵中的任一数据元素。

【例 6.1】 矩阵 $\boldsymbol{A}_{m\times n}$以行序为主序存储在内存中，若每个元素占 d 个存储单元，则数据元素 a_{ij}的存储地址如何计算？

元素 a_{ij}的存储地址应是矩阵的基地址加上排在a_{ij}前面的元素所占用的单元数。元素a_{ij}位于第i 行、第 j 列，前面 $i-1$ 行共有$(i-1)\times n$ 个元素，第 i 行上a_{ij}前面又有$j-1$ 个元素；故它前面一共有$(i-1)\times n + (j-1)$个元素，因此，a_{ij}地址的计算函数为

$$\mathrm{Loc}(a_{ij}) = \mathrm{Loc}(a_{11}) + [(i-1)\times n + (j-1)]\times d \tag{6.1}$$

值得注意的是，在C语言中，数组的下标是从0开始的，因此，在C语言中二维数组中元素 a_{ij} 地址的计算函数为

$$\mathrm{Loc}(a_{ij}) = \mathrm{Loc}(a_{00}) + [i\times(n+1)+j]\times d \tag{6.2}$$

关于以列序为主序存储矩阵时，数据元素地址的计算方法可以参照图6.2(b)和例6.1给出。

6.3.2 特殊矩阵的压缩存储

在用高级语言编写程序时，通常用二维数组来存储矩阵。但对一些数据分布呈某种规律的矩阵，或是0元素大量存在(远远多于非0元素)的矩阵，采用上述存储方法会造成存储空间的大量浪费。为了节省存储空间，我们对这类特殊矩阵要进行压缩存储。

1. 对称矩阵及其存储

定义：在一个 n 阶方阵 $\boldsymbol{A}$ 中，若元素满足下述性质：

$$a_{ij} = a_{ji} \quad (0\leqslant i,j\leqslant n-1)$$

则称 $\boldsymbol{A}$ 为对称矩阵。

如图6.3所示为一个5阶对称矩阵。

$$\begin{pmatrix} 1 & 12 & 8 & 4 & 3 \\ 12 & 3 & 1 & 3 & 4 \\ 8 & 1 & 5 & 6 & 9 \\ 4 & 3 & 6 & 6 & 0 \\ 3 & 4 & 9 & 0 & 8 \end{pmatrix}$$

图6.3 一个5阶对称矩阵

对称矩阵中元素关于主对角线对称，可以为相互对称的两个元素分配一个存储空间。为了不失一般性，我们以行序为主序存储矩阵的下三角(包括对角线)中的元素，其存放形式如图6.4所示。可以看出，这个下三角矩阵的第 i 行($0\leqslant i<n$)有 $i+1$ 个元素，共有元素 $n(n+1)/2$ 个。

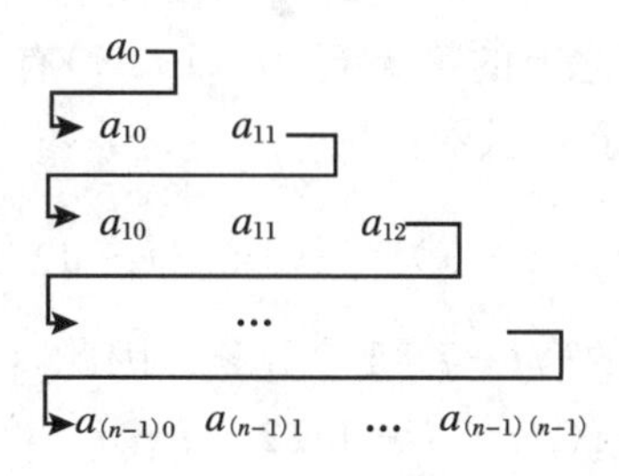

图6.4 对称矩阵以行序为主序的存放顺序

这样，可以定义一个一维数组 sa[$n(n+1)/2$]、以行序为主序来存储 n 阶对称矩阵 $\boldsymbol{A}$。

为便于访问该矩阵中的任一元素，我们来分析对给定行号 i 和列号 j 的元素 a_{ij}，在数组 sa[ ]中的下标 k 是什么。

若 $i\geqslant j$，则元素 a_{ij} 位于矩阵的下三角，a_{ij} 之前有 i 行，共有 $1+2+3+\cdots+i=i\times(i+1)/2$ 个元素，a_{ij} 是第 $i+1$ 行上的第 $j+1$ 个元素，因此有

$$k = i\times(i+1)/2+j \quad 0\leqslant k<n(n+1)/2 \tag{6.3}$$

若 $i<j$，则元素 a_{ij} 位于矩阵的上三角。因为 $a_{ij}=a_{ji}$，即该元素的存储位置就是元素 a_{ji} 的存储位置 k：

$$k = j\times(j+1)/2+i \quad 0\leqslant k<n(n+1)/2 \tag{6.4}$$

这样，数组元素 sa[k]与矩阵元素 a_{ij} 之间存在对应的关系：

$$k = \begin{cases} i(i+1)/2 + j & i \geqslant j \\ j(j+1)/2 + i & i < j \end{cases} \tag{6.5}$$

在这种压缩存储方式下，对于任意给定的一组矩阵元素下标(i,j)，均可在数组 sa[ ]中找到对应的矩阵元素 a_{ij}；反之，对所有的 $k=0,1,2,\cdots,n(n+1)/2-1$，都能确定数组元素 sa[$k$]在矩阵中位置$(i,j)$。

2. 三角矩阵及其存储

定义：在一个 n 阶矩阵$\boldsymbol{A}$ 中，若当 $i\leqslant j$ 时，a_{ij}的值均为常数c，则称该矩阵为下三角矩阵；若当 $i\geqslant j$ 时，a_{ij}的值均为常数c，则称该矩阵为上三角矩阵。

如图 6.5(a)、(b)所示分别为上三角矩阵和下三角矩阵。

$$\begin{pmatrix} a_{00} & a_{01} & \cdots & a_{0(n-1)} \\ c & a_{11} & \cdots & a_{1(n-1)} \\ \vdots & \vdots & & \vdots \\ c & c & \cdots & a_{(n-1)(n-1)} \end{pmatrix} \qquad \begin{pmatrix} a_{00} & c & \cdots & c \\ a_{10} & a_{11} & \cdots & c \\ \vdots & \vdots & & \vdots \\ a_{(n-1)0} & a_{(n-1)1} & & a_{(n-1)(n-1)} \end{pmatrix}$$

(a) 上三角矩阵　　　　(b) 下三角矩阵

图 6.5　三角矩阵示例

多数情况下，三角矩阵中的常数 $c=0$。

三角矩阵中的重复元素 c 可以共享一个存储空间，其余元素恰好有 $n(n+1)/2$ 个，因此，三角矩阵可以用一维数组 sa[$n(n+1)/2+1$]来存储，其中常数 c 存放在最后一个数组元素中。

下三角矩阵的存储与对称矩阵类似，sa[k]与 a_{ij} 的对应关系是

$$k = \begin{cases} i(i+1)/2 + j & (i \geqslant j) \\ n(n+1)/2 & (i < j) \end{cases} \tag{6.6}$$

在上三角矩阵中，主对角线之上的第 x 行($0\leqslant x<n$)有 $n-x$ 个元素。对于主对角线之上的元素 a_{ij}，它的前面有 i 行，一共有

$$\sum_{x=0}^{i-1}(n-x) = i(2n-i+1)/2 \tag{6.7}$$

个元素；在第 i 行上，a_{ij}是该行的第$j-i+1$ 个元素。因此，sa[k]与 a_{ij}的对应关系是

$$k = \begin{cases} i(2n-i+1)/2 + j - i & (i \leqslant j) \\ n(n+1)/2 & (i < j) \end{cases} \tag{6.8}$$

3. 对角矩阵及其存储

定义：在一个 n 阶矩阵$\boldsymbol{A}$ 中，若所有的非 0 元素都集中在以主对角线为中心的带状区域中，则称该矩阵为对角矩阵。

常见的对角矩阵是三对角矩阵。如图 6.6 所示即为一个三对角矩阵。三对角矩阵有如下特点：

$$\begin{pmatrix} a_{11} & a_{12} & 0 & 0 & 0 \\ a_{21} & a_{22} & a_{23} & 0 & 0 \\ 0 & a_{32} & a_{33} & a_{34} & 0 \\ 0 & 0 & a_{43} & a_{44} & a_{45} \\ 0 & 0 & 0 & a_{54} & a_{55} \end{pmatrix}$$

图 6.6　一个三对角矩阵

$$当\begin{cases} i = 0, j = 0,1 \\ 0 < i < n-1, j = i-1, i, i+1 时, a_{ij} 非 0; 其他情况时, a_{ij} 的值为 0。 \\ i = n-1, j = n-2, n-1 \end{cases} \quad (6.9)$$

我们以行序为主序进行存储三对角矩阵,并且只存储矩阵中的非0元素。

在 n 阶三对角矩阵中,除了第一行和最后一行只有两个非0元素外,其余各行均有3个非0元素,共 $2+2+3\times(n-2)=3n-2$ 个非0元素。这样,可以将该三对角矩阵存储在一维数组 sa[$3n-2$]中。现在,对给定的非0元素 a_{ij},与其对应的数组元素的下标是什么呢?

由三对角矩阵的特点知,矩阵中的非0元素 a_{ij} 的前面有 i 行,共有 $3i-1$ 个非0元素;在元素 a_{ij} 所在的第 i 行,a_{ij} 之前有 $j-i+1$ 个非0元素。因此可得与非0元素 a_{ij} 对应的数组元素的下标为

$$k = 3i - 1 + j - i + 1 = 2i + j \quad (6.10)$$

6.3.3 稀疏矩阵的压缩存储

定义:设矩阵 $\boldsymbol{A}_{m\times n}$ 中有 s 个非0元素,若 s 远远小于矩阵元素的总数(即 $s \ll m\times n$),则称矩阵 $\boldsymbol{A}$ 为稀疏矩阵。

如图6.7所示为一个稀疏矩阵。

$$\begin{pmatrix} 0 & 0 & -3 & 0 & 0 & 0 & 0 & 12 \\ 12 & 0 & 0 & 0 & 6 & 0 & 0 & 0 \\ 0 & 0 & -7 & 0 & 0 & 0 & 0 & 0 \\ 0 & 0 & 0 & 0 & 0 & 0 & 3 & 0 \\ 0 & 0 & 0 & 0 & 1 & 0 & -5 & 0 \end{pmatrix}$$

图6.7 稀疏矩阵示例

对稀疏矩阵的压缩存储就是只存储非0元素。但稀疏矩阵中,非0元素的分布一般是没有规律的,因此,在存储这些非0元素的同时,还应存储适当的辅助信息,以便确定这些元素在矩阵中的位置。最简单的方法是,将非0元素的值与它们在矩阵中的行号、列号存放在一起;这样,矩阵中的每一个非0元素就由一个三元组(行号,列号,值)来唯一确定。

如图6.7所示的稀疏矩阵中非0元素的三元组分别为:(0,2,-3),(0,7,12),(1,0,12),(1,4,6),(2,2,-7),(3,6,3),(4,4,1),(4,6,-5)。下面,分别讨论通过顺序及链接存储三元组,以达到压缩存储稀疏矩阵的方法。

1. 稀疏矩阵的顺序存储——三元组表

将稀疏矩阵中非0元素的三元组以行序为主序或以列序为主序,顺序存储在一维数组中,所得到的顺序表称为三元组表。

如图6.8所示为图6.7的稀疏矩阵以行序为主序存储三元组所得到的三元组表。

(0,2, -3)
(0,7, 12)
(1,0, 12)
(1,4, 6)
(2,2, -7)
(3,6, 3)
(4,4, 1)
(4,6, -5)

图6.8 稀疏矩阵的三元组表

显然,要唯一确定一个稀疏矩阵,还应存储该矩阵的行数和列数。为了运算方便,我们还要记录非0元素的个数。因此,稀疏矩阵的三元组表数据类型可定义如下:

```
#define smax 10 //一个大于非 0 元素个数的常数
typedef struct
{   int i,j;//非 0 元素行号、列号
    Datatype v;//非 0 元素的值
}node;//三元组结点的类型
typedef struct
{   int m,n,t;//稀疏矩阵行数、列数、非 0 元素的个数
    node data[smax];//存储非 0 结点的三元组
}Spmatrix;//稀疏矩阵三元组表的类型
```

【例 6.2】 建立稀疏矩阵的三元组表。

分析:首先应申请以三元组表的形式存储一个稀疏矩阵所需要的存储空间;这包括存储三元组所需的 data[ ]数组的空间,以及存储矩阵的行数、列数、非 0 元素个数所需的空间:

```
Spmatrix *A;
A=( Spmatrix *)malloc(sizeof(Spmatrix));
```

然后,分别输入该稀疏矩阵的行数、列数以及非 0 元素的个数,将它们存放在已申请的空间中:

```
scanf("%d%d%d",&(A->m),&(A->n),&(A->t));
```

接下来,按行序输入所有非 0 元的三元组,将它们依次存放在数组 data[smax]中。

综合上述分析,建立稀疏矩阵的三元组表算法如下:

```
Spmatrix *SetMatrix()
{   Spmatrix *A;
    int i;
    A=(Spmatrix *)malloc(sizeof(Spmatrix));
    printf("请输入矩阵行数、列数及非 0 元素个数:");
    scanf("%d%d%d",&(A->m),&(A->n),&(A->t));
    printf("建立三元组:\n");
    for(i=0;i<A->t;i++) //建立三元组表,A->t 为非 0 元素的个数
        scanf("%d%d%d",&(A-> data[i].i),&(A-> data[i].j),&( A->data[i].v));
    return A;
}
```

2. 稀疏矩阵的链式存储——十字链表

当用三元组表存储一个稀疏矩阵时,若该稀疏矩阵中非 0 元素的个数及位置经常发生变化,必然需要对三元组表进行插入与删除操作。由于在顺序表中进行插入与删除操作的时间性能较差,这使得我们想到另外一种存储方法:链接存储。

稀疏矩阵的链接存储表示方法不止一种,在这里仅介绍一种称为十字链表的链接存储方法。

在十字链表中,每一个非 0 元素用一个结点表示。结点中除了描述非 0 元素所在的行号 i、列号 j 及非 0 元素值 v 的数据域以外,还包括两个指针域:行指针域 rptr 和列指针域 cptr。行指针域 rptr 用来指向本行中的下一个非 0 元素;列指针域 cptr 用来指向本列中的下一个非 0 元素。结点结构如图 6.9 所示,结点类型描述如下:

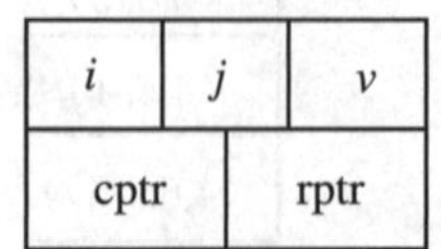

图 6.9 十字链表的结点结构

```
typedef struct node
{  int i,j,v;
   struct node *rptr, *cptr;
}OLnode;
```

行指针域将矩阵中同一行的非 0 元素链接在一起，列指针域将矩阵中同一列的非 0 元素链接在一起。对于稀疏矩阵中的每一个非 0 元素 a_{ij} 来说，它既是第 i 行的行链表中的一个结点，又是第 j 列的列链表中的一个结点；这种描述形式使得该结点像是处在十字交叉路口上，故称这样的链表为十字链表。

为运算方便，我们为十字链表中的每一个行链表、列链表分别增加一个表头结点，该结点只有一个指针域，用来存放该行(列)链表中第一个结点的地址。所有行链表、列链表的表头结点分别以 OLnode 类型的指针数组 rhead[ ]、chead[ ]的数组元素的形式存在：

```
OLnode *rhead[m], *chead[n];
```

将这两个指针数组、稀疏矩阵中非 0 元素的个数封装在一起，形成 CrossList 类型：

```
#define K 10        //预设稀疏矩阵的行数
#define N 10        //预设稀疏矩阵的列数
typedef struct
{ OLnode *rhead[K], *chead[N];
  int m,n,t;        //稀疏矩阵的行数、列数、非 0 元素个数
}CrossList;
```

若有变量定义：

```
CrossList *M;
```

则一个十字链表由一个 M 指针唯一确定。

如图 6.10 所示为图 6.7 的稀疏矩阵的十字链表存储形式。

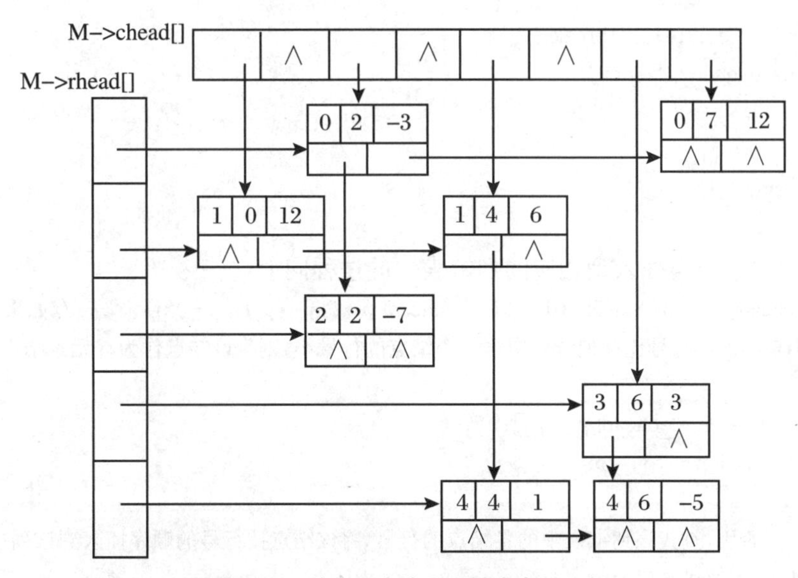

图 6.10 稀疏矩阵的十字链表存储示例

【例 6.3】 采用十字链表存储结构，创建一个稀疏矩阵。

分析：首先申请一个存放 CrossList 类型的数据所需的存储空间。这包括存放各行链表(列链表)首元素结点地址的行指针数组(列指针数组)的空间，以及存放稀疏矩阵的非 0 元

素个数所需的存储空间。

```
M=( CrossList * )malloc(sizeof(CrossList));
```

接下来,分别给 M->m,M->n,M->t,M->rhead[K],M->chead[N]赋值;初始时,每个行链表、列链表的头指针均为空。

```
scanf("%d%d%d",&(M->m),&(M->n),&(M->t));
for(i=0;i<M->m;i++)
   M->rhead[i]=NULL;
for(i=0;i<M->n;i++)
   M->chead[i]=NULL;
```

然后,输入所有的非0元素的三元组,生成相应的结点,并根据其行号将该结点插入到相应的行链表中:

```
scanf("%d%d%d",&i,&j,&v);
p=( OLnode * )malloc(sizeof(OLnode));
p->i=i;p->j=j;p->v=v;
if(M->rhead[p->i]= =NULL||M->rhead[p->i]->j>p->j)       //如果该行链表为
//空,或者当前结点的列号比该行链表中第一个结点的列号小,则将该结点作为首元素结点插入到该行链
//表中
{   p->rptr=M->rhead[p->i];
    M->rhead[p->i]=p;
}
else        //否则,查找该行链表中的各结点的列号,将该结点按列号的顺序插入到该行链表中
{   u=M->rhead[p->i];
    q=M->rhead[p->i]->rptr;
    while(q! =NULL)
    {   if(q->j>p->j)break;
        u=q;q=q->rptr;
    }
    p->rptr=q;
    u->rptr=p;
}
```

根据列号将该结点插入到相应的列链表中的过程同上:

```
if(M->chead[p->j]= =NULL||M->chead[p->j]->i>p->i)       //如果该列链表还
//为空,或者当前结点的行号比该列链表中第一个结点的行号小,则将该结点作为首元素结点插入到该列
//链表中
{   p->cptr=M->chead[p->j];
    M->chead[p->j]=p;
}
else        //否则,查找该列链表中的各结点的行号,将该结点按行号的顺序插入到该列链表中
{   u=M->chead[p->j];
    q=M->chead[p->j]->cptr;
   while(q! =NULL)
   { if(q->i>p->i)break;
      u=q;q=q->cptr;
```

```
    }
  p->cptr=q;
  u->cptr=p;
}
```

综合上述分析，采用十字链表存储结构，创建一个稀疏矩阵的算法描述如下：

```
CrossList *CreatCrossL()
{   CrossList *M;
    OLnode *p, *q, *u;
  int k;
  M=(CrossList *)malloc(sizeof(CrossList));
  scanf("%d%d%d",&(M->m),&(M->n),&(M->t));
  for(i=0;i<M->m;i++) M->rhead[i]=NULL;
    for(i=0;i<M->n;i++)
        M->chead[i]=NULL;
    for(k=1;k<=M->t;k++)
     {   p=(OLnode *)malloc(sizeof(OLnode));
         scanf("%d%d%d",&(p->i),&(p->j),&(p->v));
         //根据其行号将该结点插入到相应的行链表中
         if(M->rhead[p->i]==NULL||M->rhead[p->i]->j>p->j)
        {   rptr=M->rhead[p->i];
            M->rhead[p->i]=p;
         }
         else
          {   M->rhead[p->i];
             q=M->rhead[p->i]->rptr;
             while(q!=NULL)
              {   if(q->j>p->j)
                     break;
                 u=q;q=q->rptr;
              }
          p->rptr=q;u->rptr=p;
          }      //根据其列号将该结点插入到相应的列链表中
          if(M->chead[p->j]==NULL||M->chead[p->j]->i>p->i)
          {  p->cptr=M->chead[p->j];
              M->chead[p->j]=p;
          }
          else
          {  u=M->chead[p->j];q=M->chead[p->j]->cptr;
              while(q!=NULL)
               { if(q->i>p->i)break;
                   u=q;q=q->cptr;
               }
              p->cptr=q;u->cptr=p;
         }
```

```
    }
    return M;
}
```

建十字链表算法的时间复杂度为 $O(t \times s)$，其中，t 为稀疏矩阵中非0元素的个数，s 为该稀疏矩阵的行数域列数中的最大值。

6.4 矩阵的应用

矩阵作为科学与工程计算问题中常见的数学对象，其应用极为广泛。本节介绍矩阵作为数学中运算对象的一些应用。

6.4.1 稀疏矩阵的转置问题

1. 问题分析及算法思想

定义：一个 $m \times n$ 阶的矩阵 $\boldsymbol{A}$ 的转置矩阵 $\boldsymbol{B}$ 是一个 $n \times m$ 阶的矩阵，且 $a_{ij} = b_{ji}$，$0 \leqslant i < m$，$0 \leqslant j < n$。

通常情况下，若矩阵 $\boldsymbol{B}$ 是矩阵 $\boldsymbol{A}$ 的转置矩阵，则矩阵 $\boldsymbol{A}$ 也是矩阵 $\boldsymbol{B}$ 的转置矩阵；即 $\boldsymbol{A}$，$\boldsymbol{B}$ 互为转置矩阵。

【例 6.4】 如图 6.11 所示的矩阵 $\boldsymbol{A}$，$\boldsymbol{B}$ 互为转置矩阵。

$$
\boldsymbol{A} = \begin{pmatrix} 0 & 0 & -3 & 0 & 0 & 15 \\ 12 & 0 & 0 & 0 & 18 & 0 \\ 9 & 0 & 0 & 24 & 0 & 0 \\ 0 & 0 & 0 & 0 & 0 & -7 \\ 0 & 0 & 14 & 0 & 0 & 0 \\ 0 & 0 & 0 & 0 & 0 & 0 \\ 0 & 0 & 0 & 0 & 0 & 0 \end{pmatrix} \quad \boldsymbol{B} = \begin{pmatrix} 0 & 12 & 9 & 0 & 0 & 0 \\ 0 & 0 & 0 & 0 & 0 & 0 \\ -3 & 0 & 0 & 0 & 14 & 0 \\ 0 & 0 & 24 & 0 & 0 & 0 \\ 0 & 18 & 0 & 0 & 0 & 0 \\ 15 & 0 & 0 & -7 & 0 & 0 \end{pmatrix}
$$

图 6.11 转置矩阵示例

对一个矩阵求它的转置矩阵，只需要变换元素的位置，将矩阵 $\boldsymbol{A}$ 中位于(i,j)位置上的元素变换到矩阵 $\boldsymbol{B}$ 的(j,i)位置上，也就是把元素的行列互换。对于一个普通的矩阵来说，这种变换非常容易实现。下面的算法就是将矩阵 $\boldsymbol{A}_{m \times n}$ 变换成它的转置矩阵 $\boldsymbol{B}_{n \times m}$：

```
void TrabsMatrix(int A[m][n],int B[n][m])
{   int i,j;
    for(i=0;i<m;i++)
        for(j=0;j<n;j++)
            B[i][j]=A[j][i];
}
```

显然，稀疏矩阵不可以采用这样的算法来实现矩阵的转置，因为稀疏矩阵的压缩存储使得它不可以这样简单完成行列互换。下面讨论如何采用三元组表来实现稀疏矩阵的转置。

假设 $\boldsymbol{A}$,$\boldsymbol{B}$ 是互为转置的稀疏矩阵,则将矩阵 $\boldsymbol{A}$ 中非 0 元素 a_{ij} 的三元组的行号、列号互换,所得到的三元组应该就是其转置矩阵 $\boldsymbol{B}$ 中的非 0 元素 b_{ji} 的三元组。将如图 6.11 所示矩阵 $\boldsymbol{A}$ 的三元组表 a 照此方法转换,得到其转置矩阵 $\boldsymbol{B}$ 的三元组表 b,如图 6.12 所示。

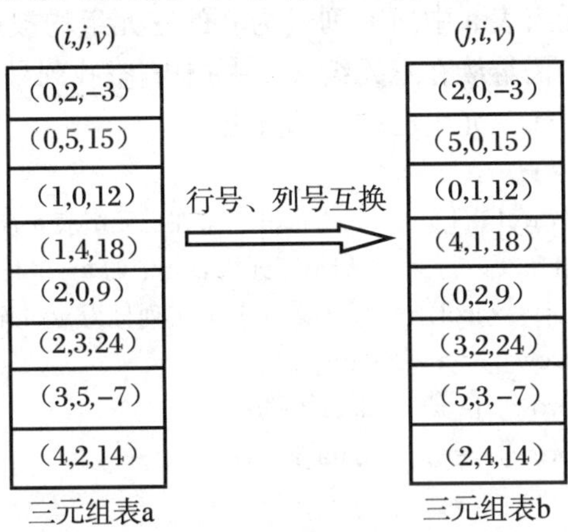

图 6.12　稀疏矩阵的转置

可以看出,矩阵 $\boldsymbol{A}$ 的三元组表 a 是以行序为主序存放的,而转换后的三元组表 b 以列序为主序存放。现要求三元组表 b 也应按行序存放,这就需要对三元组表 b 按矩阵 $\boldsymbol{B}$ 的行下标的大小重新排序,但这需要耗费大量的时间。

由于矩阵 $\boldsymbol{A}$ 的列是矩阵 $\boldsymbol{B}$ 的行,为避免重排三元组表 b,可以按照三元组表 a 的列序进行转置,这样得到的三元组表 b 必定是按行序为主序存放的。

具体的做法是:首先,对三元组表 a 进行扫描,若有列号为 0(起始列号)的三元组,则将其行号、列号互换后存入矩阵 $\boldsymbol{B}$ 的三元组表中。

若有定义:

```
#define smax 10          //一个大于非 0 元素个数的常数
typedef struct
{ int i,j;          //行号、列号
   int v;           //非 0 元素的值
}node;          //三元组结点的类型
typedef struct
{ int m,n,t;          //行数、列数、非 0 元素的个数
   node data[smax];          //三元组表
}Spmatrix;
Spmatrix *a, *b;
```

其中,*a 为矩阵 $\boldsymbol{A}$ 的三元组表,*b 为矩阵 $\boldsymbol{B}$ 的三元组表,则上述操作描述为

```
acol=0;          //acol 记录在三元组表 a 查找的列号
brow=0;          //brow 记录三元组表 b 的行号
for(k=0;k<a->t;k++)          //扫描三元组表 a 中的 a->t 个非 0 元素的三元组
{    if(a->data[k].j==acol)          //若某三元组的列号为 0 则将其存入三元组表 b 中
       { b->data[brow].i=a->data[k].j;
          b->data[brow].j=a->data[k].i;
          b->data[brow].v=a->data[k].v;
```

```
        brow ++;
    }
}
```

上述操作结束后，三元组表 a 中所有列号为 0 的三元组均被选出，进行行列互换后，存入三元组表 b 中。接下来，需继续在三元组表 a 中扫描，查找列号为 1 的三元组……重复该过程，直至列号为 a－>n－1 三元组已被全部选出：

```
brow=0;
for(acol=0;acol<a->n;acol++)         //acol 记录在三元组表 a 查找的列号
    for(k=0;k<a->t;k++)         //扫描三元组表 a 中的 a->t 个非 0 元素的三元组
        if(a->data[k].j==acol)         //若某三元组列号为 acol 则将其存入三元组表 b 中
        {   b->data[brow].i=a->data[k].j;
            b->data[brow].j=a->data[k].i;
            b->data[brow].v=a->data[k].v;
            brow ++;
        }
```

2. 稀疏矩阵的转置算法实现

综合上述分析，稀疏矩阵的转置算法描述如下：

```
#define smax 10         //一个大于非 0 元素个数的常数
typedef struct
{ int i,j;         //行号、列号
  int v;         //非 0 元素的值
}node;         //三元组结点的类型
typedef struct
{ int m,n,t;         //行数、列数、非 0 元素的个数
  node data[smax];         //三元组表
}Spmatrix;
Spmatrix * TrabsMatrix(Spmatrix * a)
    //对稀疏矩阵 A 进行转置，返回其转置矩阵 B 的三元组表 b
{   Spmatrix * b;
    int brow,acol,k;
    b=(Spmatrix * ) malloc(sizeof(Spmatrix));         //申请 * b 的存储空间
    //确定矩阵 B 的行数、列数及非 0 元素个数
    b->m=a->n;b->n=a->m;b->t=a->t;
    if(b->t >0)  //若有非 0 元素，则转置
    {   brow=0;
        for(acol=0;acol < a->n;acol++)
            for(k=0;k<a->t;k++)
                if(a->data[k].j==acol)
                { b->data[brow].i=a->data[k].j;
                  b->data[brow].j=a->data[k].i;
                  b->data[brow].v=a->data[k].v;
                  brow ++;
                }
```

```
    }
    return b;
}
```

本算法的时间主要耗费在两重 for 循环上，若矩阵 A 的列数为 n，非 0 元素的个数为 t，则算法的时间复杂度为 $O(n\times t)$。对于普通矩阵来说，其转置算法的时间复杂度为 $O(n\times m)$；其中，m，n 分别为矩阵的行数和列数。由于稀疏矩阵中非 0 元素的个数一般远远大于行数，所以，上述稀疏矩阵转置算法的时间大于非压缩存储的矩阵转置的时间。

6.4.2　稀疏矩阵的加法运算

1. 问题分析

对于两个 $m\times n$ 的普通矩阵来说，这种运算非常容易实现，就是将两个矩阵的同一个位置(i,j)上的元素值相加，并将结果仍存放在该位置上。下面的算法就是实现"将普通矩阵 $\boldsymbol{B}_{m\times n}$ 加到普通矩阵 $\boldsymbol{A}_{m\times n}$ 上"：

```
int *MatrixPlus(int A[m][n],int B[m][n])
{  int i,j;
   for(i=0;i<m;i++)
       for(j=0;j<n;j++)
          A[i][j]=A[i][j]+B[i][j];
       return A;
}
```

对稀疏矩阵来说，其存储结构决定了它不可以采用上述方法实现加法运算。若用三元组表实现"将稀疏矩阵 $\boldsymbol{B}_{m\times n}$ 加到稀疏矩阵 $\boldsymbol{A}_{m\times n}$ 上"，由于两个矩阵的非 0 元素不一定均在同一位置上，这会导致需要大量移动三元组表 a 中三元组的位置，影响算法的效率。故采用十字链表存储稀疏矩阵，来实现两个稀疏矩阵的加法运算。

2. 算法设计思想

对于两个稀疏矩阵 $\boldsymbol{A}$，$\boldsymbol{B}$ 相加，每个位置(i,j)上的和只可能有 3 种情况：$a_{ij}+b_{ij}$，$a_{ij}(b_{ij}=0)$和 $b_{ij}(a_{ij}=0)$。将稀疏矩阵 $\boldsymbol{B}_{m\times n}$ 加到稀疏矩阵 $\boldsymbol{A}_{m\times n}$ 上，对于用十字链表存储的稀疏矩阵 $\boldsymbol{A}$，$\boldsymbol{B}$ 来说，若 $a_{ij}+b_{ij}$ 不等于 0，则只需改变 a_{ij} 的值；若 $a_{ij}+b_{ij}$ 等于 0，则应从十字链表 A 中删除 a_{ij} 对应的结点；若和值为 b_{ij}，则需在十字链表 A 中添加一个结点。为了实现该过程，可以从矩阵的第一行起逐行进行。具体做法是，逐个比较两个矩阵对应行 i 的行链表 A－>rhead[i]与 B－>rhead[i]上的每一个结点 *a 和 *b：

① 若两个结点的列号相同(a－>j=b－>j)，则将它们值域中的内容相加(a－>v=a－>v+ b－>v)；若它们的和 a－>v 等于 0，则将结点 *a 从行链表 A－>rhead[i]及相应的列链表中删除。

② 若行链表 B－>rhead[i]上结点 *b 的列号小于行链表 A－>rhead[i]上结点 *a 的列号，则

a. 将结点 *b 插入到行链表 A－>rhead[i]上结点 *a 之前；

b. 根据结点 *b 的列号将其插入到十字链表 A 合适的列链表中。

③ 若行链表 B－>rhead[i]上结点 *b 的列号大于行链表 A－>rhead[i]上结点 *a 的列号，则令 a=a－>rptr，重复①、②、③步，直到对应的行链表比较完毕。

另外，为便于插入与删除结点，还应设立一些辅助指针：在 A 的行链表上设置一个 pre 指针，使其指向 * a 的前驱结点；在 A 的每一个列链表上设置一个指针 acol[j]，它的初值与列链表的头指针相同，即 acol[j] = A->cheah[j]。

3. 算法设计分析

根据以上算法设计思想，我们来分析算法的具体实现方法。

① 令 a 和 b 分别指向 A 和 B 的第一个行链表：

```
i=0;
a=A->rhead[i];b=B->rhead[i];pre=NULL;
```

并且初始化指针 acol[ ]：

```
for(j=0;j<A->n;j++)
  acol[j]=A->cheah[j];
```

② 逐个比较行链表 A->rhead[i]与 B->rhead[i]上的每一个结点 * a 和 * b，直到链表 B->rhead[i]中所有非 0 元结点均比较完毕：

a. 若链表 A->rhead[i]已比较完毕，或结点 * b 的列号小于结点 * a 的列号，则在链表 A->rhead[i]中插入一个 * b 的复制结点：

```
if(a==NULL||a->j>b->j)
    if(pre==NULL)
        A->rhead[i]=p;        //*p是*b的复制结点
    else pre->rptr=p;
    p->rptr=a;
    pre=p;
```

同时，结点 * p 也应插入到相应的列链表中。p->j 是 * p 结点的列号，应将它插入到列链表 A->chead[p->j]中。i 是 * p 结点的行号，应从 acol[p->j]开始查找 * p 结点在列链表 A-> chead[p->j]中的前驱结点，并将 * p 结点插入到相应位置：

```
if(A->chead[p->j]==NULL||A->chead[p->j]->i>i)
{   A->chead[p->j]=p;
    p->cptr=A->chead[p->j];
}
else{
    while(acol[p->j]->cptr->i<i)
        acol[p->j]=acol[p->j]->cptr;
    p->cptr=acol[p->j]->cptr;
    acol[p->j]->cptr=p;
}
acol[p->j]=p;
```

b. 若结点 * b 的列号大于结点 * a 的列号，则在链表 A->rhead[i]中查找列号大于 * b的列号的结点的前驱结点，并插入一个 * b 的复制结点 * p；即若 * c 的后继结点的列号大于 * b 的列号，则将 * p 插入到 * c 后：

```
while(a! =NULL&&a->j<b->j)
{   a=a->rptr;
    pre=a;
}
```

```
pre－＞rptr＝p；
p－＞rptr＝a；
pre＝p；
```

同时，结点＊p也应插入到相应的列链表中。

c．若结点＊b的列号等于结点＊a的列号，将＊b结点的值加到＊a结点上：

```
if(a－＞j＝＝b－＞j)a－＞v＝a－＞v＋b－＞v；
```

此时，若 a－＞v！＝0，则无需其他操作；否则，在十字链表A中删除该结点。在行链表中删除该结点：

```
if(pre＝＝NULL )
   A－＞rhead[i]＝a－＞rptr；
else
   pre－＞rptr＝a－＞rptr；
   p＝a；a＝a－＞rptr；//p指向被删除的结点
```

同时，在列链表A－＞chead[p－＞j]中删除该结点：

```
    if(A－＞chead[p－＞j]＝＝p)
    { A－＞chead[p－＞j]＝p－＞cptr；
      acol[p－＞j]＝p－＞cptr；
    }
    else
    { while(acol[p－＞j]－＞cptr！＝p)
          acol[p－＞j]＝acol[p－＞j]－＞cptr；
      acol[p－＞j]－＞cptr＝p－＞cptr；
      }
      free(p)；
```

③ 若本行不是最后一行，则令a和b指向下一行行链表的首元素结点，转至②；否则，算法结束。

4．两个稀疏矩阵相加算法实现

综合上述分析，两个稀疏矩阵相加的算法描述如下：

```
#define K 10        //预设稀疏矩阵的行数
#define N 10        //预设稀疏矩阵的列数
typedef struct node
{  int i,j,v；
   struct node ＊rptr,＊cptr；
}OLnode；
typedef struct
{   OLnode ＊rhead[K],＊chead[N]；
    int m,n,t；
}CrossList；
CrossList ＊MatrixPlus(CrossList ＊A,CrossList ＊B )
{   OLnode ＊a,＊b,＊p,＊pre,＊acol[N]；
    int i；
    for(i＝0；i＜A－＞n；i＋＋)
       acol[i]＝A－＞cheah[i]；
```

```
for(i=0;i<A->m;i++)
{   a=A->rhead[i];b=B->rhead[i];pre = NULL;
    while( b! =NULL)//若结点*b的列号等于结点*a的列号
    {   if(a->j==b->j)
        { a->v=a->v+b->v;
          if(a->j==0)//在行链表中删除该结点
          {  if(pre==NULL)
                 A->rhead[i]=a->rptr;
             else pre->rptr=a->rptr;
             p=a;a=a->rptr;//在列链表中删除该结点
             if(A->chead[p->j]==p)
             {  A->chead[p->j]=p->cptr;
                acol[p->j]=p->cptr;
             }
             else
             {  while(acol[p->j]->cptr! =p)
                      acol[p->j]=acol[p->j]->cptr;
                acol[p->j]->cptr=p->cptr;
             }
             free(p);
          }
        }
        else        //①复制结点*b
        {     p=malloc(sizeof(OLnode));
              p->i=b->i;p->j=b->j;p->v=b->v;
              //②若链表A->rhead[i]已比较完毕,或结点*b的列号小于结点*a的列号,
          //将*b的复制结点*p插入到行链表A->rhead[i]中
              if(a==NULL||a->j>b->j)
              {   if(pre==NULL)A->rhead[i]=p;//p是*b的复制结点
                  else pre->rptr=p;
                  p->rptr=a;pre=p;
              }
              else        //③若结点*b的列号大于结点*a的列号,查找新结点的插入位置,
将*b
              //的复制结点*p插入到行链表A->rhead[i]中
              { while( a! =NULL&&a->j<b->j)
                { a=a->rptr;pre=a;
                }
                pre->rptr=p;
                p->rptr=a;pre=p;
              }
          //④将结点*p插入到相应的列链表中
          if(A->chead[p->j]==NULL||A->chead[p->j]->i>i)
            { A->chead[p->j]=p;
```

```
                p->cptr=A->chead[p->j];
              }
              else
              {   while(acol[p->j]->cptr->i<i)
                      acol[p->j]=acol[p->j]->cptr;
                  p->cptr=acol[p->j]->cptr;
                  acol[p->j]->cptr=p;
              }
              acol[p->j]=p;
            }
            b=b->rptr;
        }
    }
}
```

本算法的时间主要耗费在对十字链表A,B进行逐行扫描上,循环次数主要取决于矩阵A,B中非0元素的个数A->t和B->t。因此,算法的时间复杂度为O(A->t+B->t)。

6.5 广 义 表

6.5.1 广义表的概念

广义表是线性表的一种推广。它广泛应用于人工智能等领域的表处理LISP语言中。在LISP语言中,广义表作为一种基本的数据结构,甚至该语言的程序也表示为一系列的广义表。

定义:广义表是n($n\geqslant 0$)个元素$a_1,a_2,\cdots,a_n$的有限序列;其中,n为广义表的长度,a_i或者是原子或者是一个广义表,当它是广义表时,称其为原广义表的子表。

可以看出,广义表是递归定义的,因为在定义广义表时又用到了广义表的概念。表示广义表时,我们将广义表用圆括号括起来,用逗号分隔其中的元素,记作LS=($a_1,a_2,\cdots,a_n$);其中LS是广义表的名字。通常情况下,为了区分原子和广义表,我们约定,用大写字母表示广义表,用小写字母表示原子。

若广义表LS非空($n\geqslant 1$),则a_1是广义表LS的表头,其余元素构成的子表($a_2,\cdots,a_n$)为广义表LS的表尾。

【例6.5】 下面是一些广义表,指出其表长、表中元素以及表头和表尾分别是什么。

① A=( ):A是一个空广义表,长度为0。

② B=(e):B是长度为1的广义表,其中只有一个元素e,广义表B的表头是原子e,表尾是一个空表( )。

③ C=(a,(b,c,d)):C是长度为2的广义表,两个元素分别为原子a和子表(b,c,d),广义表C的表头是原子a,表尾是一个子表((b,c,d))。

④ D=(A,B,C):D是长度为3的广义表,3个元素都是广义表;广义表D的表头是广

义表 A，表尾是一个子表（B，C）；

⑤ E=(a,E)：E 是一个递归的广义表，其长度为 2，其中一个元素是原子 a，另一个元素是它本身；广义表 E 的表头是原子 a，表尾是一个子表(E)；E 表相当于一个无穷表。

由以上例子可以看出：

① 广义表的元素可以是原子，也可以是子表，而且子表还可以有子表……因此，广义表是一个多层次的结构。

广义表中元素的最大层次为表的深度；所谓元素的层次，就是包含该元素的括号对的数目。

【例 6.6】 广义表 F= (a,b,(c,(d)))，其中，数据元素 a，b 在第一层，数据元素 c 在第二层，数据元素 d 在第三层；则广义表 F 的深度为 3。

② 广义表可以被其他广义表所共享。

【例 6.7】 广义表 D = (A, B, C)中，广义表 A,B,C 为广义表 D 的子表，则在广义表 D 中可以不必列出各子表的值，而通过子表的名称来引用。

③ 广义表允许递归，如广义表 E。

④ 任何一个非空广义表，其表头可能是原子，也可能是广义表，而其表尾必定为广义表。

通常，我们用 Head( )和 Tail( )分别描述广义表的取表头和取表尾运算。

【例 6.8】 若广义表 C = (a,(b,c,d))，广义表 D = (A,B,C)，则指出广义表 C、D 的表头、表尾分别是什么，并计算 Head(Tail(D))的值。

取广义表 C,D 的表头和表尾的运算分别描述为：

Head(C)，运算结果为 a

Tail(C)，运算结果为((b,c,d))

Head(D)，运算结果为 A

Tail(D)，运算结果为(B,C)

Head(Tail(D))分解为先取广义表 D 的表尾(B,C)，然后再对该子表取表头：Head(Tail(D))运算结果可表示为 Head((B,C))，Head((B,C))的运算结果为 B。

值得注意的是，广义表( )和广义表(( ))不同。广义表( )为空表，长度 $n=0$，不能分解成表头和表尾；而广义表(( ))不是空表，其长度 $n=1$，可以分解得到表头是空表( )，表尾是空表( )。

6.5.2 广义表的存储

由于一个广义表中的元素可以是原子，也可以是子表，而原子与子表具有不同的结构。因此，难以用顺序存储结构来存储广义表。通常，我们用一个结点描述广义表中的一个元素(原子或子表)，采用链式存储结构来存储一个广义表。

由于任一非空的广义表都可以分解成表头和表尾两部分，因此一个表结点至少应包含两个域：表头指针域和表尾指针域，分别指向该广义表的表头和表尾；而一个原子结点中只需要存储该原子的值。

为了区分原子结点和表结点，我们为它们分别加上一个标志域。这样，一个表结点可由 3 个域构成：标志域 tag=1、表头指针域 hp 和表尾指针域 tp。而一个原子结点只需要两个域:标志域 tag=0 和值域 atom,如图 6.13 所示。

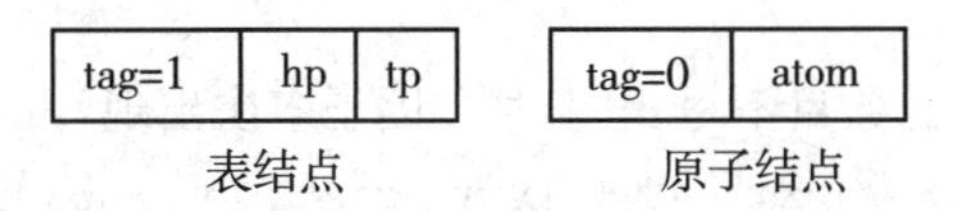

图 6.13　单链存储的广义表的结点结构

结点类型描述如下:

```
typedef enum
{    ATOM,LIST
}ElemTag;          //ATOM=0 表示原子,LIST=1 表示子表
typedef struct GLNode
{   ElemTag tag;
    union
    {     AtomType atom;          //原子结点的值域 atom
          struct
          {  struct GLNode  * hp, * tp;
          }htr;          //表结点的指针域 htp 包括表头指针域 hp 和表尾指针域 tp
    }atom_htp;
    //atom_htp 是原子结点的值域 atom 和表结点的指针域 htp 的联合体域
}SGlist;
```

【例 6.9】　例 6.5 中广义表 B,C,D,E 的链存储结构如图 6.14 所示。

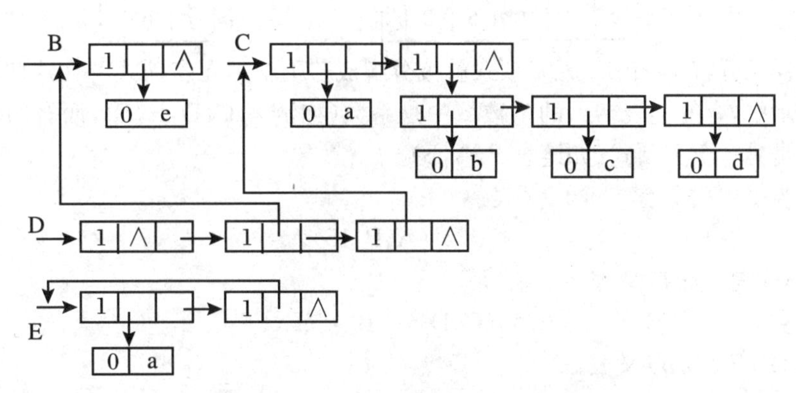

图 6.14　广义表的单链存储结构示例

6.5.3　广义表的应用——m 元多项式的表示

在第 5 章中我们讨论了一元多项式的表示及两个一元多项式相加的问题。对于一元多项式的每个项,我们用有两个数据项(系数项和指数项)的链表结点表示,将一个一元多项式表示成一个单链表。本节我们讨论 m 元多项式的表示。

一个 m 元多项式的每一项最多有 m 个变元,如果用单链表表示,则每个结点应该包括 m 个指数项和一个数据项;如果多项式各项的变元数不相同,将造成存储空间的浪费。为此,我们考虑采用其他方式来存储一个 m 元多项式。

以三元多项式:

$$P(x,y,z) = x^{10}y^3z^2 + 2x^6y^3z^2 + 3x^5y^2z^2 + x^4y^4z + 6x^3y^4z + 2yz + 15 \quad (6.11)$$

为例，讨论其存储表示。

该多项式中各项的变元数目不尽相同，某些因子多次出现，可以将其改写为

$$P(x,y,z) = [(x^{10} + 2x^6)y^3 + 3x^5y^2]z^2 + [(x^4 + 6x^3)y^4 + 2y]z + 15 \quad (6.12)$$

此时，该多项式就变成了变元 z 的多项式，即 $Az^2 + Bz^1 + 15z^0$，对这个一元多项式我们用单链表表示为

P → | A | 2 | → | B | 1 | → | 15 | 0 | ∧ |

而这里的 A，B 又是一个多项式。其中，$A = (x^{10} + 2x^6)y^3 + 3x^5y^2 = Cy^3 + Dy^2$，用单链表表示为

A → | C | 3 | → | D | 2 | ∧ |

而 $C = x^{10} + 2x^6$，$D = 3x^5$，用单链表分别表示为

C → | 1 | 10 | → | 2 | 6 | ∧ |　　D → | 3 | 5 | ∧ |

对于多项式 B，$B = (x^4 + 6x^3)y^4 + 2y = Ey^4 + Fy$，且 $E = x^4 + 6x^3$，$F = 2$，用单链表分别表示为

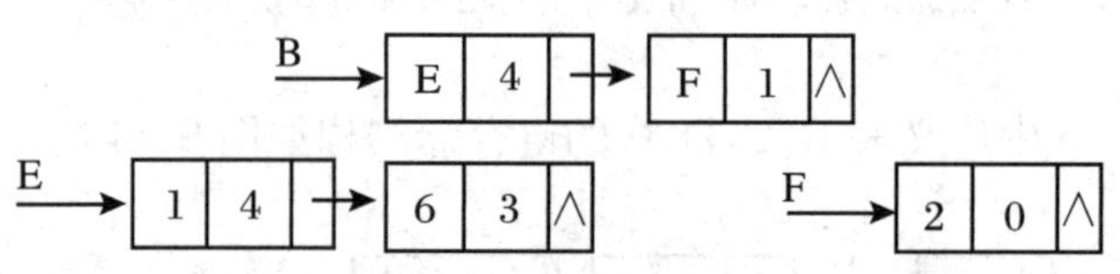

通过这样的分解，一个 m 元多项式就被分解成若干个一元多项式。在这些一元多项式的单链表表示中，有的链表结点的系数域中是系数(如链表 C,D,E,F)，而有的链表结点的系数域中却是另一个多项式(如链表 P,A,B)。

不妨认为多项式 P 是一个广义表：

$$P = (A,B,15) \quad (6.13)$$

其中，A 和 B 也是一个广义表：

$$A = (C,D), \quad B = (E,F) \quad (6.14)$$

而 C,D,E,F 也是广义表：

$$C = (1,10), \quad D = (3), \quad E = (1,6), \quad F = (2) \quad (6.15)$$

至此，广义表 C,D,E,F 中的元素均为原子。

既然一个 m 元多项式可以描述为一个广义表，那么就可以用广义表的存储结构来存储一个 m 元多项式。这里，用类似于广义表的双链存储法来存储该多项式。其中，链表的结点结构定义如图 6.15 所示。

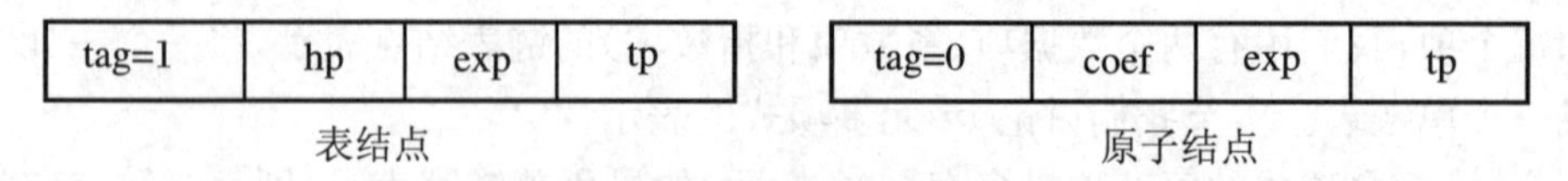

图 6.15　m 元多项式存储结构中结点的结构

其中，exp 为指数域，coef 为系数域，hp 指向其子表，tp 指向后继结点。结点类型如下：

```
typedef enum
```

```
{    ATOM,LIST
}ElemTag;//ATOM=0 表示原子,LIST=1 表示子表
typedef struct MPNode
{    ElemTag tag;
     int exp;
     union
     {    float coef;
          struct MPNode  * hp;
}htr;
     struct MPNode  * tp;        //指向下一个元素结点,相当于单链表中的 next
}MPlist;
```

按照这种结点类型描述,式(6.11)的多项式的存储结构如图 6.16 所示。

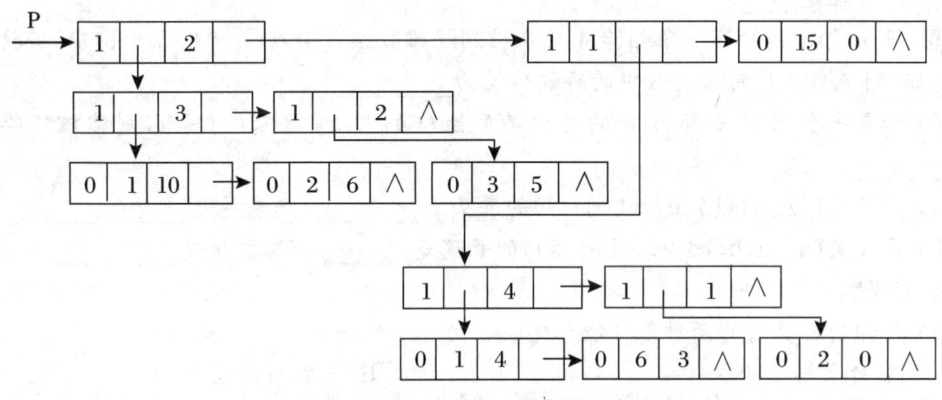

图 6.16　多项式(6.11)存储示意图

自 主 学 习

本章介绍了矩阵与广义表的基本概念、存储和相关运算。要求重点掌握特殊矩阵和稀疏矩阵的压缩存储方法,以及稀疏矩阵在两种存储方式下的相关运算方法;要求掌握广义表的概念、求表头、求表尾的运算方法。

学习本章内容的同时,可以参考相关资料,查询、了解其他相关知识,并编写程序实现相关算法,包括:

(1) 十字链表的建立及相关运算;

(2) 广义表的存储及应用;

参考资料:

[1]　胡学钢. 数据结构:C 语言版[M]. 北京:高等教育出版社,2008.

[2]　严蔚敏,李冬梅,吴伟民. 数据结构:C 语言版[M]. 北京:人民邮电出版社,2011.

[3]　王昆仑,李红. 数据结构与算法[M].2 版. 北京:中国铁道出版社,2012.

习　题

1. 填空题

(1) 已知二维数组 A($M \times N$)采用行列为主方式存储,每个元素占 K 个存储单元,并且第一个元素的存储地址是 Loc(A[1][1]),则 A[i][j]的地址是＿＿＿＿＿。

(2) 二维数组 A[10][20]采用列序为主方式存储,每个元素占一个存储单元,且 A[1,1]的存储地址为 200,则 A[6][12]的地址为＿＿＿＿＿。

(3) 二维数组 A[20][10]采用行序为主方式存储,每个元素占 4 个存储单元,并且 A[10,5]的存储地址是 1000,则 A[8][9]的地址是＿＿＿＿＿。

(4) 有一个 10 阶对称矩阵 $\boldsymbol{A}$,采用压缩存储方式(以行序为主存储,且 A[1][1] = 1),则 A[8][5]的地址是＿＿＿＿＿。

(5) 设 n 行 n 列的下三角矩阵 $\boldsymbol{A}$ 已压缩到一维数组 S[$n \times (n+1)/2+1$]中,若按行序为主存储,则 A[i][j]对应的 S 中的存储位置为＿＿＿＿＿。

(6) 如果一个 n 阶矩阵 $\boldsymbol{A}$ 中的元素满足性质 $a_{ij} = a_{ji}$, $1 \leqslant i, j \leqslant n$,则称该矩阵为 n 阶＿＿＿＿＿。

(7) 广义表((A),((b),c),(((d))))的表头是＿＿＿＿＿,表尾是＿＿＿＿＿。

(8) 广义表(a,(a,b),d,e,((i,j),k))的长度是＿＿＿＿＿,深度是＿＿＿＿＿。

2. 选择题

(1) 数组通常具有的两种基本操作是(　　)。

A. 建立与删除　　B. 索引与修改
C. 查找与修改　　D. 查找与索引

(2) 一个非空广义表的表头(　　)。

A. 不可能是子表　　B. 只能是子表
C. 只能是原子　　D. 可以是子表或原子

(3) 在数组 A 中,每个元素 A[i][j]的长度为 3 个字节,行下标 i 从 1～8,列下标 j 从 1～10,从首地址 SA 开始连续存放在存储器内,该数组按行存放时,元素 A[8][5]的起始地址为(　　)。

A. SA+141　　B. SA+144　　C. SA+222　　D. SA+225

(4) 二维数组 A[10][20]采用按行序为主方式存储,每个元素占 4 个存储单元,若 A[0][0]的存储地址为 300,则 A[10][10]的地址为(　　)。

A. 700　　B. 1120　　C. 1180　　D. 1140

(5) 稀疏矩阵一般的压缩存储方法有两种,即(　　)。

A. 二维数组和三维数组　　B. 三元组和散列
C. 三元组和十字链表　　D. 散列和十字链表

(6) 广义表((a,b,c,d))的表头是(　　),表尾是(　　)。

A. a　　B. 空表
C. (a,b,c,d)　　D. ((a,b,c,d))

(7) head(head(((a,b),(c,d))))的结果是(　　)。

A. a　　B. (b,c)　　C. 空表　　D. b

3. 判断题

(1) 若采用三元组压缩技术存储稀疏矩阵,只要把每个元素的行下标和列下标互换,就完成了对该矩阵的转置运算。(　　)

(2) 一个广义表的表头总是一个广义表。(　　)

(3) 一个广义表的表尾总是一个广义表。(　　)

(4) 在广义表中,一个表结点可由两个域组成:标志域和值域。(　　)

4. 简答题

(1) 设一个系统中二维数组采用以行序为主的存储方式存储,已知二维数组 a[n][m]中每个数据元素占 k 个存储单元,且第一个数据元素的存储地址是 Loc(a[0][0]),求数据元素 a[i][j]($0\leqslant i\leqslant n-1,0\leqslant j\leqslant m-1$)的存储地址。

(2) 设有三对角矩阵 $\boldsymbol{A}_{n\times n}$,将其三条对角线上的元素存于数组 B[3][$n$]中,使得元素 B[$u$][$v$]$=a_{ij}$,试推导出从$(i,j)$到$(u,v)$的下标变换公式。

(3) 假设一个准对角矩阵:

$$\begin{pmatrix} a_{11} & a_{12} & & & & \\ a_{21} & a_{22} & & & & \\ & & a_{33} & a_{34} & & \\ & & a_{43} & a_{44} & & \\ & & & \cdots & & \\ & & & a_{ij} & & \\ & & & & a_{2m-1,2m-1} & a_{2m-1,2m} \\ & & & & a_{2m,2m-1} & a_{2m,2m} \end{pmatrix}$$

按以下方式存储于一维数组 B[$4m$]中:

0	1	2	3	4	5	6	…	k	…		$4m-1$	$4m$
a_{11}	a_{12}	a_{21}	a_{22}	a_{33}	a_{34}	a_{43}	…	a_{ij}	…	$a_{2m-1,2m}$	$a_{2m,2m-1}$	$a_{2m,2m}$

试写出由一对下标(i,j)求 k 的转换公式。

(4) 现有如下的稀疏矩阵 $\boldsymbol{A}$(如图 6.17 所示),要求画出以下各种表示方法。

① 三元组表示法;② 十字链表法。

$$\begin{pmatrix} 0 & 0 & 0 & 22 & 0 & -15 \\ 0 & 13 & 3 & 0 & 0 & 0 \\ 0 & 0 & 0 & -6 & 0 & 0 \\ 0 & 0 & 0 & 0 & 0 & 0 \\ 91 & 0 & 0 & 0 & 0 & 0 \\ 0 & 0 & 28 & 0 & 0 & 0 \end{pmatrix}$$

图 6.17　稀疏矩阵 $\boldsymbol{A}$

(5) 画出下列广义表的图形表示:① A(a,B(b,d),C(e,B(b,d),L(f,g))); ② A(a,B(b,A))。

(6) 画出下列广义表的存储结构示意图。

① A=((a,b,c),d,(a,b,c));　② B=(a,(b,(c,d),e),f)

5. 算法设计题

(1) 设矩阵 $\boldsymbol{A}$、矩阵 $\boldsymbol{B}$ 和矩阵 $\boldsymbol{C}$ 为采用压缩存储方式存储的 n 阶上三角矩阵，矩阵元素为整数类型，要求：

① 编写实现矩阵加 $\boldsymbol{C}=\boldsymbol{A}+\boldsymbol{B}$ 的函数。

② 编写实现矩阵乘 $\boldsymbol{C}=\boldsymbol{A}\times\boldsymbol{B}$ 的函数。

③ 编写一个主程序进行测试。

(2) 若将稀疏矩阵中的非 0 元素以行序为主序的顺序存于一个一维数组中，并用一个二维数组表示稀疏矩阵中的相应元素是否是 0 元素，若稀疏矩阵中某元素是 0 元素，则该二维数组中对应位置的元素为 0；否则为 1。以如图 6.7 所示的稀疏矩阵为例，可用一维数组 $V=\{-3,12,12,6,-7,3,1,-5\}$ 和二维数组表示该稀疏矩阵。试编写函数，实现使用上述稀疏矩阵存储结构的矩阵加运算 $\boldsymbol{X}=\boldsymbol{X}+\boldsymbol{Y}$。

(3) 对于二维数组 A[m][n]，其中 $m\leqslant 80$，$n\leqslant 80$，先读入 m，n，然后读该数组的全部元素，对如下 3 种情况分别编写相应算法：

① 求数组 A 靠边元素之和。

② 求从 A[0][0]开始的互不相邻的各元素之和。

③ 当 $m=n$ 时，分别求两条对角线的元素之和，否则打印 $m\neq n$ 的信息。

(4) 有数组 A[4][4]，把 1 到 16 个整数分别按顺序放入 A[0][0]，…，A[0][3]，A[1][0]，…，A[1][3]，A[2][0]，…，A[2][3]，A[3][0]，…，A[3][3]中，编写一个算法获取数据并求出两条对角线元素的乘积。

(5) 假设稀疏矩阵 $\boldsymbol{A}$ 和 $\boldsymbol{B}$(分别为 $m\times n$ 和 $n\times 1$ 矩阵)采用三元组表示，编写一个算法计算 $\boldsymbol{C}=\boldsymbol{A}\times\boldsymbol{B}$，要求 $\boldsymbol{C}$ 也是采用稀疏矩阵的三元组表示。

第7章　查找与排序

7.1　引　　言

7.1.1　本章能力要素

本章介绍查找和排序这两种在实际应用中非常常见的运算，主要讨论将待查找、待排序的对象抽象为线性结构模型时，查找和排序的方法，讨论这些方法的实现算法及算法的时间性能。具体要求包括：

(1) 掌握查找及平均查找长度的概念；

(2) 掌握顺序查找的算法设计及时间性能分析；

(3) 掌握二分查找的算法设计及时间性能分析；

(4) 掌握插入排序的算法设计及时间性能分析；

(5) 掌握交换排序的算法设计及时间性能分析；

(6) 掌握选择排序的算法设计及时间性能分析；

(7) 掌握基数排序的算法设计及时间性能分析；

(8) 掌握归并排序的算法设计及时间性能分析。

专业能力要素包括：

(1) 应用顺序表的查找思路解决实际问题的能力；

(2) 构建顺序表模型实现相关排序算法及算法设计思路表达能力；

(3) 构建链表模型实现归并排序算法及算法设计思路表达能力；

(4) 构建链表、队列等数据结构模型、实现基数排序算法的设计思路表达能力。

7.1.2　本章知识结构图

本章知识结构如图7.1所示。

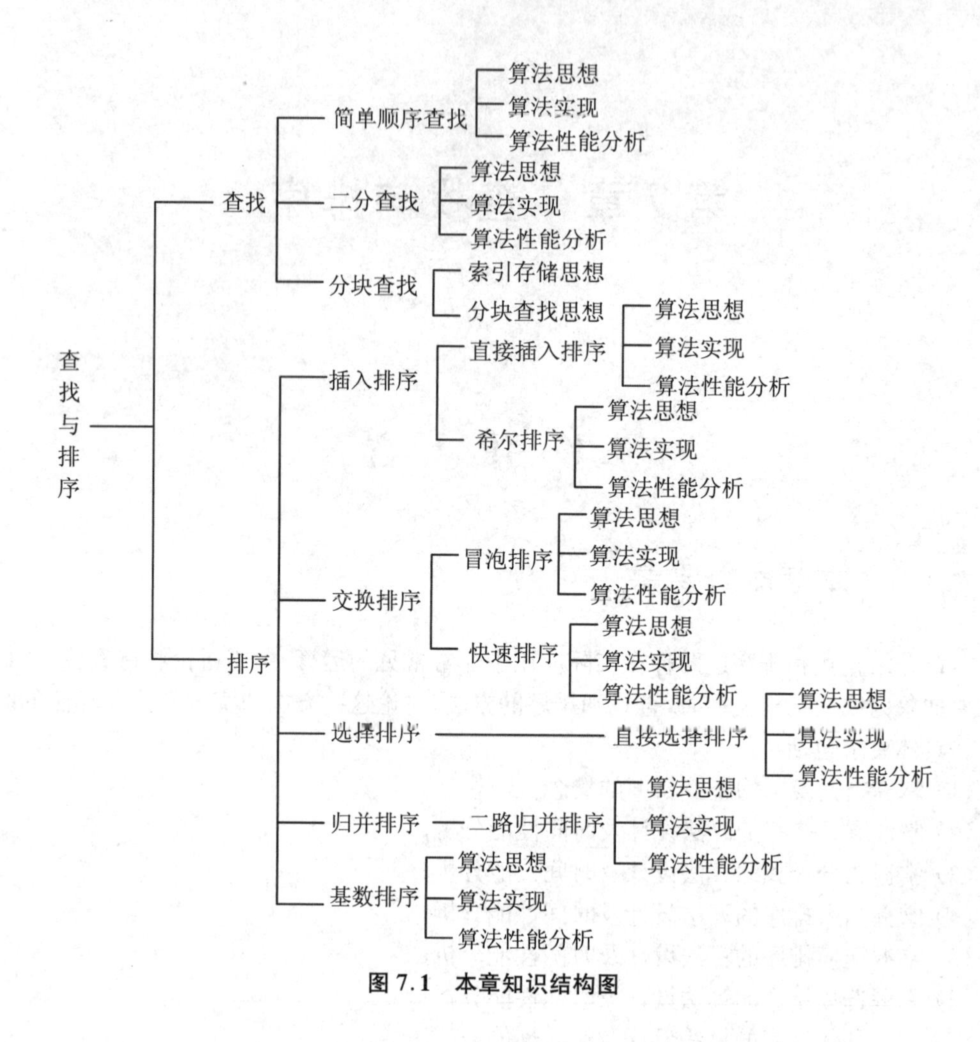

图 7.1 本章知识结构图

7.1.3 本章课堂教学与实践教学的衔接

本章涉及的基本实践环节主要是查找、排序算法的实现;在此基础上,学生能够在实际问题中,应用这些算法思想完成相关运算。

在实践环节中,对所实现的各种算法,应分析不同存储结构所带来的算法时间性能、空间性能的差异。

7.2 查　　找

7.2.1 查找的相关概念

在一组具有相同数据类型的数据元素集合中找出关键字等于给定值 K 的数据元素(结点),这个操作过程称为**查找**。查找的结果有两种:"查找成功"和"查找不成功"。若找到,则查找成功,输出该数据元素(结点)的相关信息;否则查找失败,输出查找失败的信息。

其中,关键字是数据元素(或记录)中某个数据项的值,它可以标识一个数据元素。当数据元素只有一个数据项时,其关键字即为该数据元素的值。

【例 7.1】 在如图 7.2 所示的电话号码簿中查找"李萍"的电话号码。

电话号码簿中的每一行即为一个数据元素,其中"姓名"字段为关键字项,"李萍"即为给定的 K 值。在上述一组数据元素(记录)中可以找到关键字项的值等于"李萍"的记录,此时查找为成功的。若给定值为"张三",则由于上述一组记录中没有关键字为"张三"的记录,而查找不成功。

姓名	家庭电话	移动电话
…	…	…
陈虹	3452678	1345627890
鲁华	3526781	1325634789
张平	4256378	1354267892
李萍	4456237	1326734678
黄芳	3425617	1562789345
…	…	…

图 7.2 电话号码簿示例

通常情况下,查找算法的时间性能是以平均查找长度来衡量的。

定义:查找过程中对关键字需要执行的平均比较次数称为**平均查找长度** ASL。它的计算公式为

$$\mathrm{ASL} = \sum_{i=1}^{n} P_i C_i \tag{7.1}$$

其中,P_i 为查找表中第 i 个元素的概率;C_i 为找到关键字等于给定值 K 的数据元素(表中第 i 个元素)时,已经和给定值 K 比较过的数据元素(结点)个数。

为方便查找,通常人为地赋予这一组数据元素一定的数据结构,不同的数据结构决定着不同的查找方法。将待查找的一组同类型的数据元素组织为一个线性结构模型,即线性表时,可以使用的查找方法有顺序查找、二分查找以及分块查找。

7.2.2 顺序查找

1. 算法思想

顺序查找就是从线性表的一端开始顺序扫描,将给定值 K 依次与表中各数据元素(结点)的关键字比较。若当前扫描到的结点的关键字与给定值 K 相等,则查找成功;若扫描结束后,仍未找到关键字等于 K 的结点,则查找失败。

【例 7.2】 在线性表(22,34,25,12,35,67,7,45)中查找定值为 25 的数据元素。

方法:将给定值 25 分别与数据元素的关键字 45,7,67,35,12 比较,均不相等,当扫描比较到元素 25 时,其与给定的值 25 相等,则查找成功。

要实现这样的顺序查找,对该线性表既可以顺序存储,也可以链接存储。这里只介绍以顺序存储方式下的顺序查找。

2. 存储结构

为方便算法实现，定义用于查找操作的顺序表的数据类型如下：

```
#define LIST_SIZE 20
typedef struct
{  KeyType key;        //key为关键字
   OtherType other_data;
}RecordType;
typedef struct
{  RecordType r[LIST_SIZE+1];        //r[0]为工作单元
   int length;         //length为顺序表的长度
}RecordList;
```

3. 算法实例分析与实现

如图7.3(a)所示，数组元素r[1]～r[n]中依次存放了线性排列的数据元素，而将给定值K作为新数据元素的数据项存放在r[0]中(称其为监视哨)。查找操作可以从顺序表的最后一个元素开始，依次将r[n]～r[0]的关键字与给定值K比较。若r[i].key与K相等，则输出i。当$i>0$时，表示查找成功，$i=0$时查找失败。图7.3(b)～(g)描述了例7.2中一组数据的顺序查找过程。

算法实现描述如下：

```
int SeqSearch(RecordList  *L,KeyType k)
//在顺序表L中顺序查找关键字等于k的元素，若找到，则函数值为该元素在表中的位置，否则为0
{ (L->r[0]).key=k;          //0号单元作为监视哨
  int i=L->length;
  while((L->r[i]).key! =k)
     --i;
  return(i);
}
```

可以看出，算法中监视哨r[0]的作用是在循环中省去了判定防止下标越界的条件$i<0$，从而节省了比较的时间。

4. 顺序查找算法的性能分析

下面用平均查找长度来分析一下顺序查找算法的性能。

假设顺序表长度为n，那么查找第i个数据元素时需进行$n+1-i$次比较，即$C_i=n-i+1$。又假设查找每个数据元素的概率相等，即$P_i=1/n$，则顺序查找算法的平均查找长度为

$$\text{ASL}=\sum_{i=1}^{n}P_iC_i=\frac{1}{n}\sum_{i=1}^{n}C_i=\frac{1}{n}\sum_{i=1}^{n}(n-i+1)=\frac{1}{2}(n+1) \tag{7.2}$$

这样，最大查找长度和平均查找长度的数量级(即算法的时间复杂度)均为$O(n)$。在实际的数据查询系统中，记录被查找的频率或机会并不是相同的。例如，在高考成绩记录中，单科成绩优秀者、总成绩排在前者常被查询，而单科成绩和总成绩一般的人则很少问津。因此，如果把经常查找的记录尽量放前，则可降低ASL，即可以将表中记录按查找概率由小到大重排。

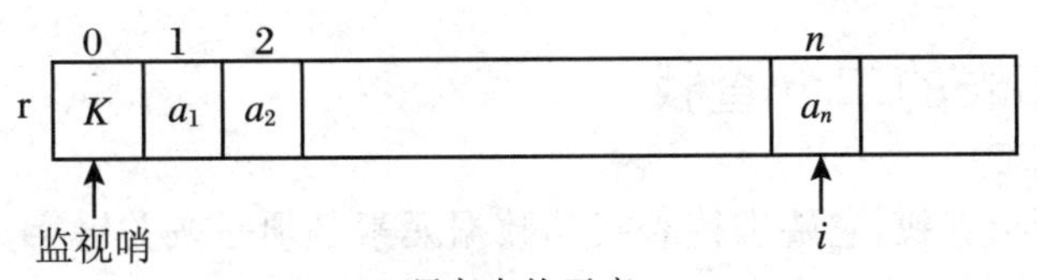

(a) 顺序查找示意

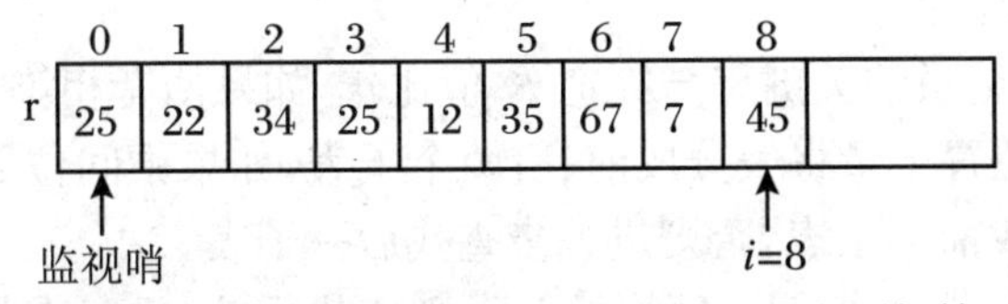

(b) 首先r[8].key与监视哨中关键字比较，两者不相等，令i减1

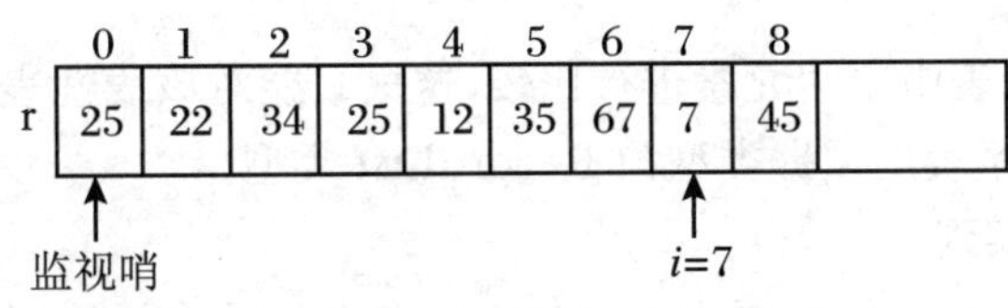

(c) r[7].key与监视哨中关键字比较，两者不相等，令i减1

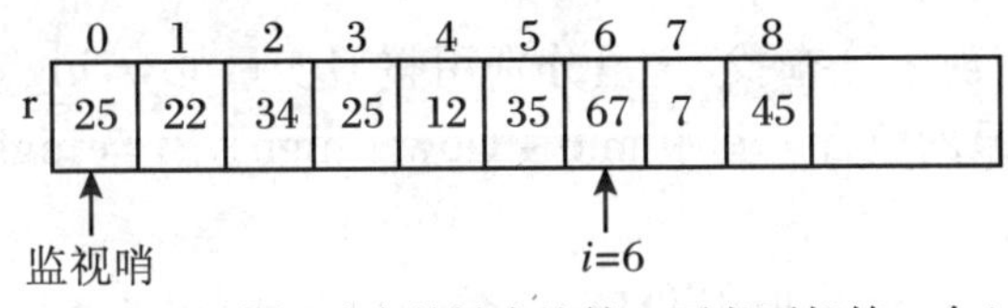

(d) r[6].key与监视哨中关键字比较，两者不相等，令i减1

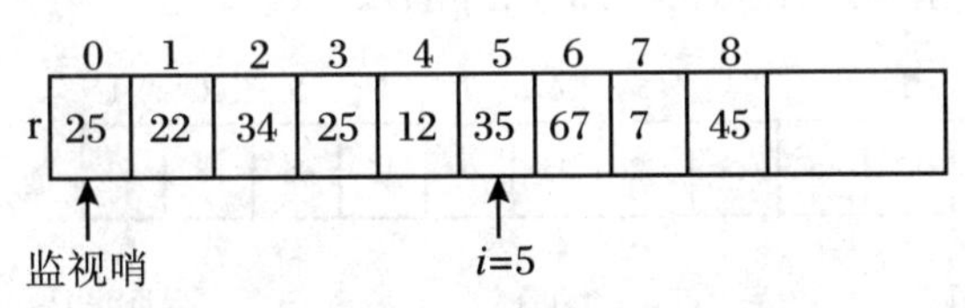

(e) r[5].key与监视哨中关键字比较，两者不相等，令i减1

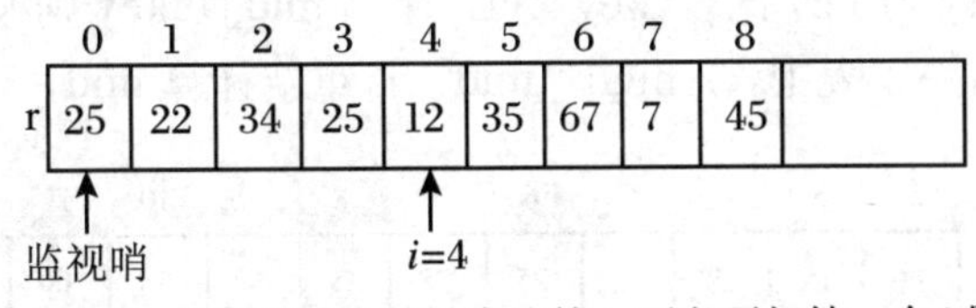

(f) r[4].key与监视哨中关键字比较，两者不相等，令i减1

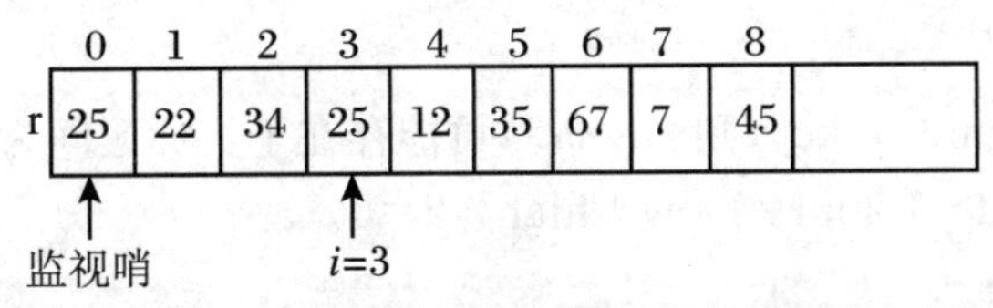

(g) r[3].key与监视哨中关键字比较，两者不相等，令i减1

图 7.3　顺序查找过程示例

7.2.3 有序表的二分查找

二分查找也称折半查找,它要求待查找的数据元素必须是按关键字大小有序排列的线性表。

1. 二分查找的算法思想

① 将表中中间位置记录的关键字与给定 K 值比较,如果两者相等,则查找成功。

② 否则,利用中间位置记录将表分成前、后两个子表,如果中间位置记录的关键字大于给定 K 值,则进一步查找前一子表,否则进一步查找后一子表。

③ 重复以上过程,直到找到满足条件的记录,则查找成功;或者直到分解出的子表不存在为止,此时查找不成功。

由于查找过程总是同表中中间元素进行比较,这里只能对该线性表采用顺序存储;存储结构描述同顺序查找,顺序表的数据类型为 RecordList 类型。

2. 算法实例分析与实现

【例 7.3】 用二分查找法在有序表(6,12,15,18,22,25,28,35,46,58,60)中查找 12 和 50。

为实现在顺序表中实现二分查找,这里分别用整型变量 low,high,mid 记录表中第一个、最后一个以及中间记录的位置。其中 mid=(low+high)/2,当 high<low 时,表示不存在这样的子表,查找失败。

① 用二分查找法查找给定 K 值 12(key=12)。

首先确定 low=1,high=11,mid=(low+high)/2=6。

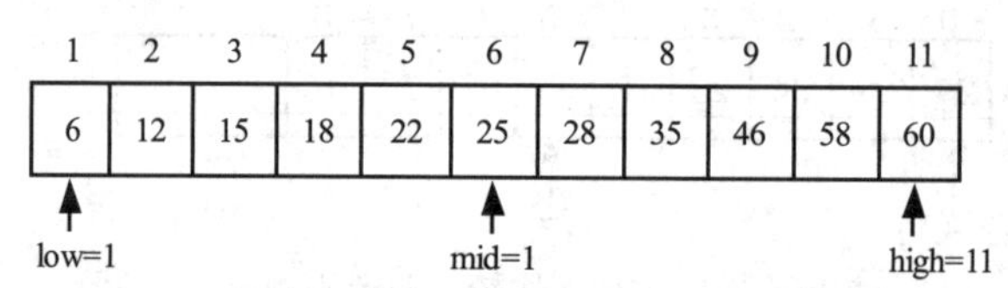

将(L->r[mid]).key 与 key 比较,key<(L->r[mid]).key 则 key 可能存在于下标区间为[low,mid-1]的前一子表中,令 high=mid-1,重新计算 mid=(low+high)/2=3。

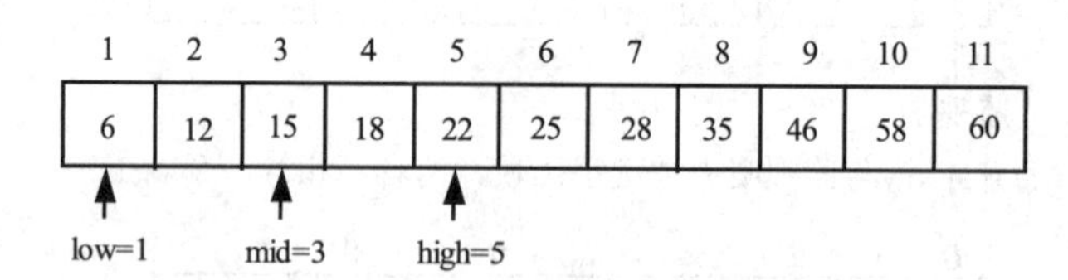

此时 key<(L->r[mid]).key,则 key 依然可能存在于下标区间为[low,mid-1]的前一子表中;再令 high=mid-1,mid=(low+high)/2=1。

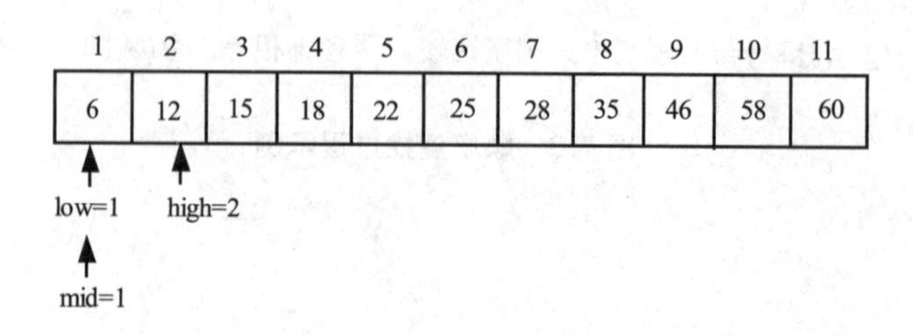

此时 key>(L->r[mid]).key，则 key 可能存在于下标区间为[mid+1，high]的后一子表中；令 low=mid+1，mid=(low+high)/2=2。

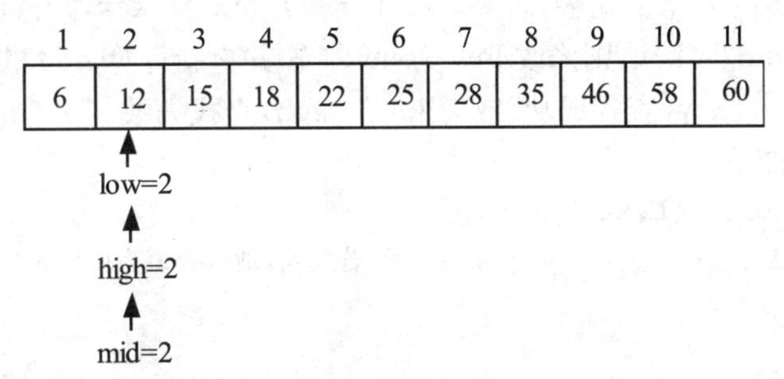

这时，key=(L->r[mid]).key，查找成功。

② 用二分查找法查找给定 K 值 50(key=50)。

首选确定 low=1，high=11，mid=(low+high)/2=6。

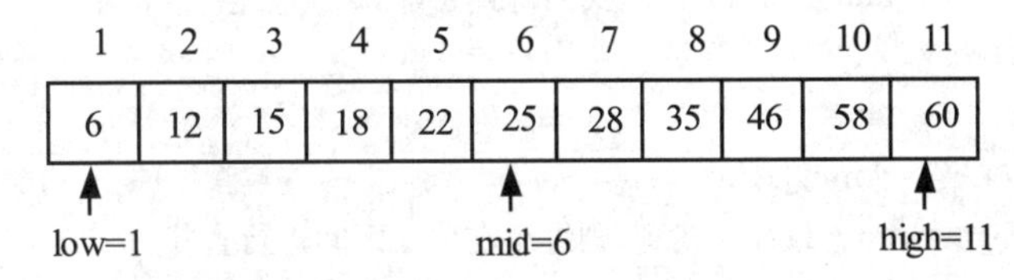

将(L->r[mid]).key 与 key 比较，key>(L->r[mid]).key 则 key 可能存在于下标区间为[mid+1，high]的后一子表中；令 low=mid+1=7，mid=(low+high)/2=9。

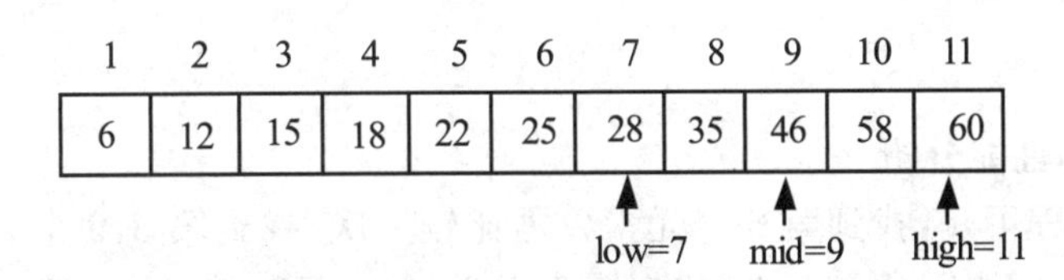

此时 key>(L->r[mid]).key，则 key 依然可能存在于下标区间为[mid+1，high]的后一子表中；再令 low=mid+1=10，mid=(low+high)/2=10。

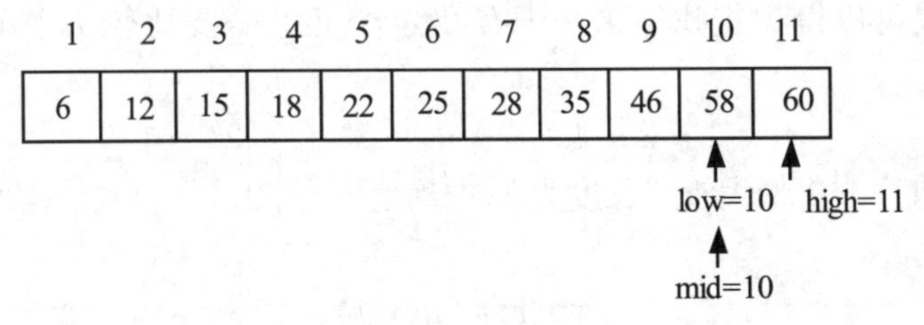

此时 key<(L->r[mid]).key，则 key 可能存在于下标区间为[low，mid-1]的前一子表中；令 high= mid-1=9。

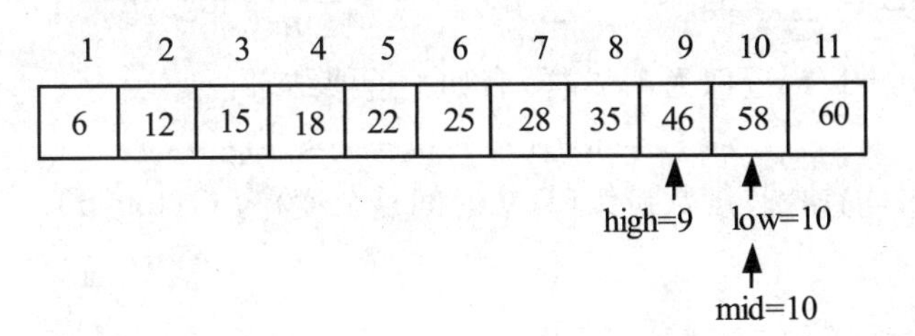

此时 low=10,则 low>high,说明表中没有关键字等于 key 的元素,查找不成功。

由上例可以看出:在二分查找的过程中,每次均将下标为 mid 的元素关键字(L->r[mid]).key 与给定的 key 值比较;若 key<(L->r[mid]).key,则修改 high 为 mid-1,若 key>(L->r[mid]).key,则修改 low 为 mid+1,并重新计算 mid 的值;依此类推;直到 key=(L->r[mid]).key,查找成功;或者 low>high,查找失败。

算法实现描述如下:

```
int BinSrch(RecordList *L,KeyType k)
//在有序表 L 中二分查找其关键字等于 k 的元素,若找到,则函数值为该元素在表中的位置
{  low=0;
   i=0;
   high=L->length-1;  //置区间初值
   while(low<=high)
   {  mid=(low+high)/2;
      if(k==(L->r[mid]).key)    //找到待查元素
      {  i=mid;break;
      }
      else if(k<(L->r[mid]).key)
            high=mid-1;//未找到,则继续在前半区间进行查找
           else
            low=mid+1;  //继续在后半区间进行查找
   }
   return(i);
}
```

3. 二分查找的性能分析

由以上查找过程可知:找到第 6 个元素仅需比较一次;找到第 3,9 个元素需比较两次;找到第 1,4,7,10 个元素需比较 3 次;找到第 2,5,8,11 个元素需比较 4 次。

可以看出,对于长度为 n 的有序表,只有一个元素仅需比较一次就可以得到查找结果,有两个元素需比较两次可以得到查找结果,有 4 个元素需比较 3 次可以得到查找结果,有 8 个元素需比较 4 次可以得到查找结果……有 2^{h-1} 个元素需要比较 h 次可以得到查找结果;令

$$n = 1 + 2 + 4 + 8 + \cdots + 2^{h-1} = 2^h - 1 \tag{7.3}$$

则在长度为 n 的有序表中最大查找长度为 h;准确地说,当 $2^{h-1}-1<n\leqslant 2^h-1$ 时的最大查找长度为 h,则

$$h = \lceil \log_2(n+1) \rceil \tag{7.4}$$

假设每个记录的查找概率相等,则二分查找成功时的平均查找长度为

$$\mathrm{ASL} = \sum_{i=1}^{n} P_i C_i = \frac{1}{n}\sum_{j=1}^{h} j \times 2^{j-1} = \frac{n+1}{n}\log_2(n+1) - 1 \tag{7.5}$$

当 n 较大时,$n+1/n$ 近似为 1,这样,有如下近似结果:

$$\mathrm{ASL} = \log_2(n+1) - 1 \approx \log_2 n \tag{7.6}$$

所以,二分查找的平均查找长度数量级(算法时间复杂度)为 $O(\log_2 n)$。

7.2.4 分块查找

1. 分块查找的思想

分块查找也称索引顺序查找，首先需要对线性表进行分块：将整个线性表分成若干块（子表），每块内的元素可以排列无序，但每一块中所有元素均小于（大于）其后面块中所有元素，即块间有序。

【例 7.4】 电话号码簿按姓氏的不同分成若干个块（子表），每一个块内姓氏相同而名不同，且按名排列可以无序；而块与块之间可以按姓氏的前两个字母顺序排列。

可以看出，电话号码簿就属于分块线性表。显然，对分块线性表的查找不可以采用二分查找方法，但如果顺序查找整个线性表又太费时。此时，可以先确定给定 K 值所在的块，然后再在该块中进行查找。这就是**分块查找**。

如何划分块？如何确定给定 K 值所在的块？

这需要对线性表采用索引顺序存储，建立一个索引表。在索引表中确定给定 K 值所在的块，然后在对应的块中进行查找。

2. 索引存储

索引存储是通过建立索引表，附加存储分块线性表中与“块”有关的信息；索引表中的每一个数据元素（索引项）由两部分组成：唯一标识某块的关键字和该块的地址。

索引存储方法是，先将列表分成若干个块（子表），一般情况下，块的长度均匀，最后一块可以不满。每块中元素任意排列，即块内无序，但块与块之间有序。再构造一个索引表，其中每个索引项对应一个块并记录每块的起始位置，以及每块中的最大关键字（或最小关键字）。索引表按关键字有序排列。

【例 7.5】 图 7.4 为一个分块线性表及其索引表。分块线性表中含有 13 个元素，分成 3 个块：第一个块的起始地址为 0，块内最大关键字为 25；第二个块的起始地址为 5，块内最大关键字为 58；第三个块的起始地址为 10，块内最大关键字为 90；以此建立含有 3 个索引项的索引表。可以看出，索引表是按关键字有序排列的有序表。

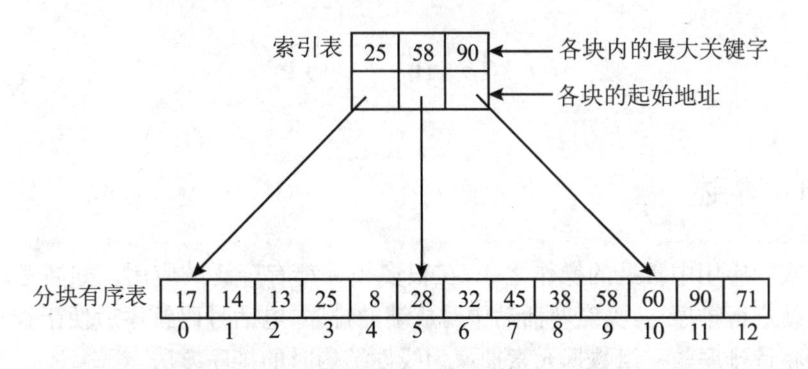

图 7.4 分块线性表及其索引表示例

3. 分块查找算法实例分析

分块查找算法需分两步进行：

① 应用二分查找算法或简单顺序查找算法，将给定值 key 与索引表中的关键字进行比

较，以确定待查元素所在的块。

② 应用顺序查找算法，在相应块内查找关键字为 key 的数据元素。

【例 7.6】 在例 7.5 中的分块线性表中查找符合给定值为 38 的数据元素。

首先，将 38 与索引表中的关键字进行比较，因为 25<38≤58，则关键字为 38 的元素若存在，必定在第二个块中；由于指向第二个块的索引项中指针描述的块的起始地址是分块线性表中的第五个单元，则自第五个单元起进行顺序查找，最后在第八个单元中找到关键字值为 38 的元素。

假定该分块线性表中没有关键字等于 key 的元素，例如：key = 37，则自第五个单元起至第九个单元（第 3 个块的起始地址 − 1）的关键字和 key 比较均不相等，则查找不成功。

4. 分块查找算法性能分析

可以看出，分块查找算法是二分查找算法和顺序查找算法的简单合成。这样，分块查找的平均查找长度也由两部分构成，即查找索引表时的平均查找长度 L_B，以及在相应块内进行顺序查找的平均查找长度 L_W：

$$\mathrm{ASL}_{bs} = L_B + L_W$$

若将长度为 n 的表均匀地分成 b 块，且每块含 s 个元素，则 $b = n/s$。

假定表中每个元素的查找概率相等，则每个索引项的查找概率为 $1/b$，块中每个元素的查找概率为 $1/s$。若用顺序查找法确定待查元素所在的块，则分块查找的平均查找长度为

$$\mathrm{ASL}_{bs} = L_B + L_W = \frac{1}{b}\sum_{i=1}^{b} i + \frac{1}{s}\sum_{j}^{s} j = \frac{b+1}{2} + \frac{s+1}{2} = \frac{b+s}{2} + 1 \tag{7.7}$$

将 $b = n/s$ 代入，得

$$\mathrm{ASL}_{bs} = \frac{1}{2}\left(\frac{n}{s} + s\right) + 1 \tag{7.8}$$

若用折半查找法确定待查元素所在的块，则有

$$\mathrm{ASL}_{bs} = L_B + L_W = \log_2(b+1) - 1 + \frac{s+1}{2} \approx \log_2\left(\frac{n}{s} + 1\right) + \frac{s}{2} \tag{7.9}$$

7.3 排　序

7.3.1 概述

排序是实际应用中常见的操作之一，在很多领域都有广泛的应用。如高考录取工作需要对学生成绩进行排序、各类竞赛活动中对成绩的排序、电话号码排序后便于查找等等。本节主要讨论将待排序的一组数据元素抽象为线性结构时的排序方法。

1. 排序的基本概念

定义：排序是将一组具有相同数据类型的数据元素调整为按关键字从小到大（或从大到小）排列的过程。

关键字是数据元素（或记录）中某个数据项的值，它可以标识一个数据元素。若此关键字可以唯一地标识一个数据元素，则称此关键字为主关键字；若其可以标识若干数据元素，

则称该关键字为次关键字。

【例 7.7】 将如图 7.5 所示的成绩表排序。

准考证号	姓名	政治	语文	外语	数学	物理	化学	生物	总分
…	…	…	…	…	…	…	…	…	…
179325	陈红	85	86	88	102	92	90	45	588
179326	黄方	78	75	90	80	95	88	37	543
179327	张平	82	80	78	98	84	96	40	558
…	…	…	…	…	…	…	…	…	…

图 7.5　高考成绩表示例

若按准考证号排序，则排序的结果是唯一的，“准考证号”为主关键字；若按姓名或总成绩排序，由于存在姓名相同或总成绩相同的情况，则排序结果不一定唯一，数据项“姓名”或“总成绩”的值均为次关键字。

2．排序的稳定性

在排序过程中，若存在关键字值相同的数据元素，且排序前后，具有相同关键字的数据元素之间的相对次序（位置）不变，则称这种排序方法为稳定排序；反之，为不稳定排序。

排序算法的稳定性是针对该算法而言的，也就是说，在这种排序方法中，只要有一组关键字实例不满足稳定性要求，则该方法就是不稳定的。

尽管稳定的排序方法和不稳定的排序方法排序结果会不同，但不存在排序方法的好坏之分，各有各的适用场合。

3．内部排序和外部排序

若在排序过程中，整个文件（数据表）都放在内存中处理，排序时不涉及数据的内外存交换，这种排序称为内部排序；若排序过程中，要进行数据的内外存交换，则称这种排序为外部排序，例如文件排序。

本节主要讨论内部排序。

4．排序方法的分类

内部排序的方法很多，按照各种方法所采用的基本思想不同，可将排序划分为插入排序、交换排序、选择排序、归并排序和基数排序这几种。

也可以根据排序过程所需的工作量来分，有：简单的排序方法，其时间复杂度为 $O(n^2)$；先进的排序方法，其时间复杂度为 $O(n\log n)$；基数排序，其时间复杂度为 $O(d \cdot n)$。

5．待排序数据元素的存储方法

本节主要讨论将待排序的一组数据元素抽象为线性结构时的排序方法，对这样的线性结构数据可以采用顺序存储和链接存储。

为方便讨论，我们设数据元素的关键字均为整数。这样，将顺序存储的线性表（顺序表）的数据类型定义如下：

```
#define MAXSIZE 20
typedef int KeyType;                //关键字类型为整型
typedef struct
{  KeyType key;//key 为关键字
   OtherType otherdata;
```

```
}RecordType;
typedef struct
{   RecordType r[MAXSIZE+1]; //r[0]为工作单元或闲置
    int length;     //length 为顺序表的长度
}SqeList; //顺序表类型
```

在本节讨论中，插入排序、交换排序、选择排序均对顺序表中的数据元素按关键字进行排序操作，归并排序可以对顺序表也可以对链表进行操作，而基数排序是针对链接存储的线性表进行排序操作。

7.3.2 插入排序

所谓插入排序，是在一个已排好序的子数据表的基础上，每一次将一个待排序的数据元素有序地插入到该子数据表中，直至所有待排序元素全部插入为止。

打扑克牌时的抓牌就是插入排序的一个很好例子：每抓一张牌，就插入到合适的位置，直到所有牌被抓完，手中就有了一个扑克牌的有序序列。

这里介绍两种插入排序方法：直接插入排序和希尔排序。

1. 直接插入排序

(1) 算法思想

直接插入排序的**基本思想**是：将整个数据表分成左右两个子表；其中左子表为有序表，右子表为无序表；整个排序的过程就是将右子表中的元素逐个插入到左子表中，直至右子表为空，而左子表成为新的有序表。

【例 7.8】 设初始数据表的关键字序列为(49,38,65,97,76,13,27,49′)，应用直接插入排序思想将其调整为递增序列的方法如下：

令初始状态下左子表为(49)，右子表为(38,65,97,76,13,27,49′)；每一次向左子表中插入元素时，自右至左依次将该元素与左子表中元素比较，以获得合适的插入位置。图 7.6 描述了应用直接插入排序思想的排序过程。

	左子表	右子表
	(49)	(38,65,97,76,13,27,49′)
将 38 插入到左子表中	(38,49)	(65,97,76,13,27,49′)
将 65 插入到左子表中	(38,49,65)	(97,76,13,27,49′)
将 97 插入到左子表中	(38,49,65,97)	(76,13,27,49′)
将 76 插入到左子表中	(38,49,65,76,97)	(13,27,49′)
将 13 插入到左子表中	(13,38,49,65,76,97)	(27,49′)
将 27 插入到左子表中	(13,27,38,49,65,76,97)	(49′)
将 49′插入到左子表中	(13,27,38,49,49′,65,76,97)	()

图 7.6 直接插入排序示例

可以看出，完整的直接插入排序一般是从第 2 个元素开始的。也就是说：将第 1 个元素视为已排好序的集合(左子表)，然后将第 2 个至第 n 个元素依次插入到该集合中，即可实现完整的直接插入排序。

(2) 算法实现分析

为便于算法的实现，假设待排序元素存放在顺序表的数组 r[$n+1$]分量中，初始状态下

r[1]为有序区(左子表),r[2]～r[n]为无序区(右子表)。

当 r[1]～r[i]为有序区、r[$i+1$]～r[n]为无序区时,将 r[$i+1$]的关键字(r[$i+1$].key)依次与 r[i]～r[1]的关键字(r[j].key,$1\leqslant j\leqslant i$)比较。若 r[$i+1$].key<r[j].key($1\leqslant j\leqslant i$),则将 r[j].key 后移一位(r[$j+1$].key = r[j].key);若 r[i+1].key≥r[j].key($1\leqslant j\leqslant i$),则进行赋值操作 r[$j+1$].key = r[$i+1$].key($1\leqslant j\leqslant i$),使得有序区扩充为r[1]～r[$i+1$]、无序区缩小为 r[$i+2$]～r[n]。

该算法中,我们还附设一个监视哨 r[0],使得 r[0]始终存放待插入的元素。

如图 7.7 所示是对例 7.8 应用上述算法分析的具体实现过程。

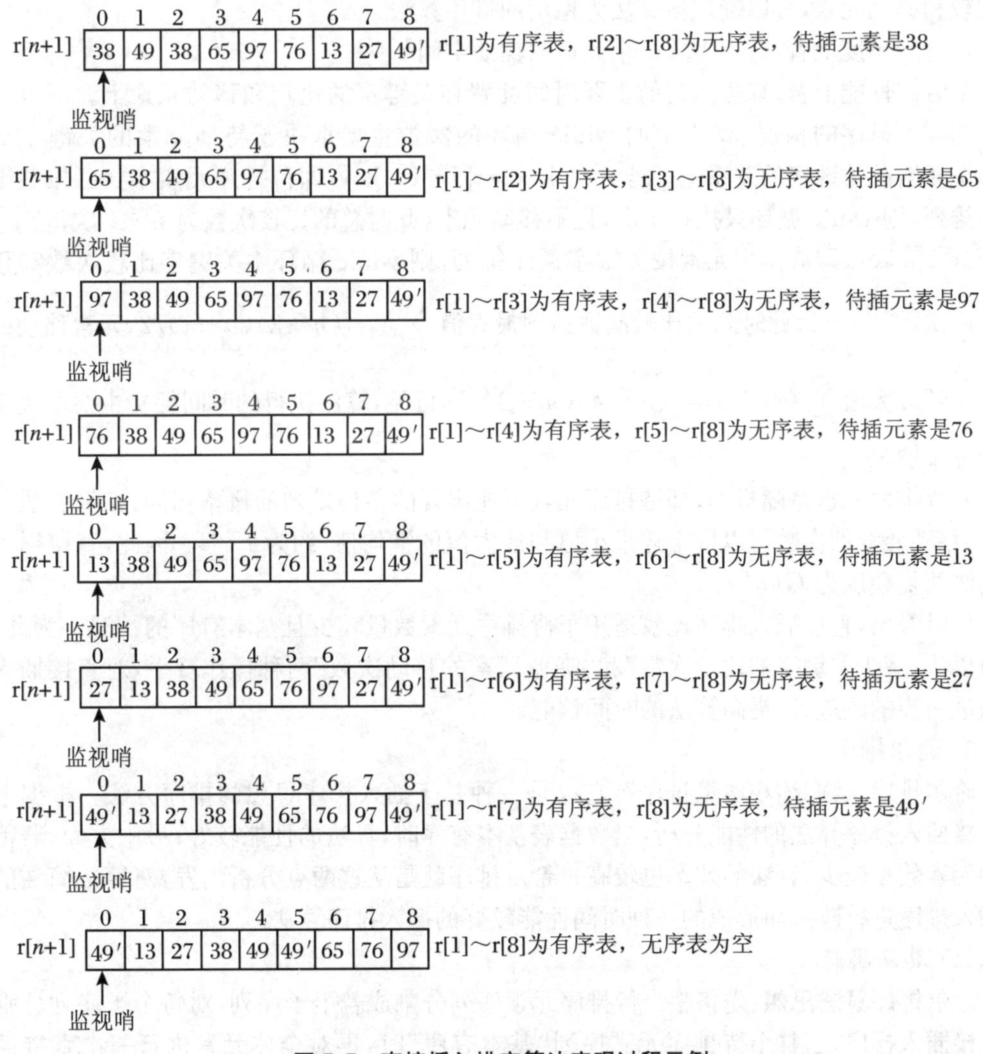

图 7.7 直接插入排序算法实现过程示例

思考:附设监视哨的作用是什么?

综上所述,直接插入排序算法描述如下:

```
void InsertSort(SqeList *L)  //对顺序表 L 中的元素做直接插入排序
{   for(i=2;i<L->length;i++)
     { L->r[0]=L->r[i];j=i-1;   //将待插入元素存到监视哨 r[0]中
```

```
        while(L->r[0].key<L->r[j].key)          //寻找插入位置
        {  L->r[j+1]=L->r[j];
           j=j-1;
        }
        L->r[j+1]=L->r[0];   //将待插入元素插入到已排序的序列中
    }
}
```

(3) 直接插入排序算法性能分析

从算法描述中可以看到，直接插入排序在搜索插入位置时，遇到关键字相等的元素就停止比较和移动元素，可以确定该算法为稳定的排序算法。

从空间角度上看，它只需要一个元素的辅助空间 r[0]。

从时间性能上看，算法执行的主要时间耗费在关键字的比较和移动元素上。可以先分析一趟插入排序的情况：算法中的 while 循环的次数主要取决于待插元素的关键字与前 $i-1$个元素的关键字的关系上。若 r[i]. key>r[i-1]. key，即待排序元素本身已按关键字有序排列，则 while 循环只执行 1 次，且不移动元素，此时总的比较次数为 $n-1$ 次；若 r[i]. key<r[1]. key，即待排序元素按关键字逆序排列，则 while 循环中关键字比较次数和移动元素的次数为 $i-1$，此时总的比较次数达到最大值 $\sum_{i=2}^{n} i=(n+2)(n-1)/2$，元素移动的次数也达到最大值$\sum_{i=2}^{n}(i+1)=(n+4)(n-1)/2$。可见，算法执行的时间耗费主要取决于数据的分布情况。

若待排序元素是随机的，即待排序元素可能出现的各种排列的概率相同，则算法执行时比较、移动元素的次数可以取上述最小值和最大值的平均值，约为 $n^2/4$。因此，直接插入排序的时间复杂度为 $O(n^2)$。

可以看出，直接插入排序比较适用于待排序元素数量较少且基本有序的情况。为此，我们可以从“减少关键字的比较次数”和“降低元素的移动次数”两种操作着手，对直接插入排序做进一步的改进，以提高算法的时间性能。

2. 希尔排序

希尔排序又称“缩小增量排序”，它也是一种基于插入排序思想的排序方法。根据上述对直接插入排序算法的性能分析，当数据表基本有序时，算法的性能较好；另一方面，若待排序的元素数量较少，算法的效率也较高。希尔排序就是从这两点分析出发，对算法简洁的直接插入排序进行改进而形成的一种时间性能较好的插入排序算法。

(1) 算法思想

希尔排序**算法思想**：先将整个待排序元素序列分割成若干子序列，对每个子序列分别进行直接插入排序，当整个待排序元素序列“基本有序”时，再对全体元素进行一次直接插入排序。

将待排序元素序列调整为基本有序的方法是：选择一个步长值 d，将元素下标之差为 d 的倍数的元素放在一组(子序列)，在每组内进行直接插入排序。

下面从一个具体的例子来看希尔排序的实现。

【例 7.9】 设初始关键字序列为(49,52,65,97,35,13,27,49′)。

表长 $n=8$，选择第一个步长值 $d1=n/2=4$，将下标之差为 4 的倍数的元素放在一组，整个数据表分割成 4 个子序列：

```
初始关键字序列    49，52，65，97，35，13，27，49'
                  49                35
                  |_________________|
                       52                13
                       |_________________|
                            65                27
                            |_________________|
                                 97                49'
                                 |_________________|
```

在每一个子序列中进行直接插入排序：

```
初始关键字序列    49，52，65，97，35，13，27，49'
                  35                49
                  |_________________|
                       13                52
                       |_________________|
                            27                65
                            |_________________|
                                 49'               97
                                 |_________________|
```

一趟排序的结果为：35,13,27,49′,49,52,65,97。

选择第二个步长值 $d2=d1/2=2$，在一趟排序的基础上将整个数据表分割成 2 个子序列：

```
一趟排序结果    35，13，27，49'，49，52，65，97
                35        27        49        65
                |_________|_________|_________|
                     13        49'       52        97
                     |_________|_________|_________|
```

在每一个子序列中进行直接插入排序：

```
一趟排序结果    35，13，27，49'，49，52，65，97
                27        35        49        65
                |_________|_________|_________|
                     13        49'       52        97
                     |_________|_________|_________|
```

二趟排序的结果为：27,13,35,49′,49,52,65,97。

选择第 3 个步长值 $d3=d2/2=1$，在二趟排序的基础上将整个数据表分割成 1 个子序列，这时该序列已基本有序。再进行一次直接插入排序，得到最终的排序结果：

13,27,35,49′,49,52,65,97

由上例可见，希尔排序不是简单的“逐段分割”产生子序列，而是将相隔某个“增量”的元素组成一个子序列。这样，在每个子序列中，关键字较小的元素“跳跃式”前移，从而使得在进行最后一趟增量为 1 的插入排序时，序列已基本有序，只要进行关键字的少量比较和局部的元素移动即可完成排序过程。因此，希尔排序的时间复杂度较直接插入排序低。

(2) 算法实现分析

为便于算法的实现，待排序的一组数据元素依然以 SqeList 类型的顺序表 L 来组织。尽管希尔排序在每一个子序列中应用直接插入排序算法，但并不是 L.r[$i+1$].key 与 L.r[j].key($1\leqslant j\leqslant i$)依次比较。若第 i 趟希尔排序的步长值为 di，则对于待插入元素 L.r[i]，需要将 L.r[i].key 与 r[$i-di\times j$].key(j 为大于 0 的整数，且 $i-di\times j\geqslant 1$)依次比较，完成元素的移动与插入，使 L.r[i]所在的子序列有序，算法如下：

```
void ShellInsert(SqeList  *L,int delta)
  //对顺序表 L 做一趟希尔插入排序，delta 为该趟排序的增量
{ int i,j,k;
   for(i=1;i<=delta;i++)
   {  for(j=i+delta;j<=L->length;j=j+delta)
      {  L->r[0].key=L->r[j].key;         //备份 L->r[j](不做监视哨)
         k=j-delta;
```

```
            while(L->r[0].key<L->r[k].key&&k>0)
            {   L->r[k+delta].key=L->r[k].key;
                k=k-delta;
            }
            L->r[k+delta].key=L->r[0].key;
        }
    }
}
SqeList  *ShellSort(SqeList  *L,int di[],int n)
                        //对顺序表L按增量序列di[0]-di[n-1]进行希尔排序
{ int i;
    for(i=0;i<=n-1;i++)
        ShellInsert(L,di[i]);
    return L;
}
```

(3) 算法性能分析

由例7.9可知,在希尔排序过程中,具有相同关键字的元素的相对位置发生了变化,说明该排序方法是不稳定的。

另外,由上述算法实现可以看到,希尔排序的时间耗费与所取的“增量”序列的函数有关。到目前为止,尚未有人求得一种最好的增量序列,使希尔排序的时间性能达到最好。经过大量研究,也得出了一些局部的结论。如有人在大量实验的基础上提出,当增量序列 $delta[i]=2^{t-i+1}-1$ 时,希尔排序的时间复杂度为 $O(n^{3/2})$,其中 t 为排序的趟数,$1\leqslant i\leqslant t\leqslant\lfloor\log_2(n+1)\rfloor$。增量序列可以有各种取法,但无论如何,最后一个增量值必须等于1。

希尔排序的空间性能同直接插入排序,只需要一个元素的辅助空间 r[0],来备份待插元素。

7.3.3 直接选择排序

选择排序的基本思想:在每一趟排序中,从待排序序列中选出关键字最小或最大的元素放在其最终位置上。本书介绍两种基于这种排序思想的排序方法:直接选择排序和堆排序。其中,堆排序将在第三部分中介绍。

1. 算法思想

直接选择排序的基本思想是,在第 i 趟直接选择排序中,通过 $n-i$ 次关键字的比较,从 $n-i+1$ 个元素中选出关键字最小的元素,与第 i 个元素进行交换。经过 $n-1$ 趟比较,直到数据表有序为止。

对于长度为 n 的数据表 L,若定义其类型为 SqeList,则直接选择排序的每一趟排序过程如下:

第1趟排序是在无序区间 L.r[0]~L.r[$n-1$]中选出关键字最小的元素,将其与 L.r[0]交换。

第2趟排序是在 L.r[1]~L.r[$n-1$]中选出关键字最小的元素与 L.r[1]交换。

……

第 i 趟排序是在 L.r[i]～L.r[$n-1$]中选出关键字最小的元素与 L.r[i]交换。

……

最后一趟排序是在 L.r[$n-2$]与 L.r[$n-1$]中选出关键字最小的元素与 L.r[$n-2$]交换。

2. 算法实现分析

【例 7.10】 设初始数据表的关键字序列为(49,60,35,77,56,15,35′,98),应用直接选择排序算法将其调整为递增序列。排序过程如图 7.8 所示。

初始关键字序列　(49　60　35　77　56　15　35′　98)

先用49分别与60，35比较，然后变为用35与77，56，15比较，最后变为用15与35′，98比较，最后确定最小数是15，将其与49交换

第1趟排序后　**15** (60　35　77　56　**49**　35′　98)

先用60与35比较，然后变为用35与其余各数比较，最后确定最小数是35，将其与60交换

第2趟排序后　15　**35** (**60**　77　56　49　35′　98)

先用60与77，56比较，然后变为56与49比较，再变为49与35′比较最后变为35′与98比较，确定最小数是35′，将其与60交换

第3趟排序后　15　35　**35′** (77　56　49　**60**　98)

先用77与56比较，然后变为用56与49比较，再变为49与60，98比较，确定最小数是49，将其与77交换

第4趟排序后　15　35　35′　**49** (56　77　60　98)

用56与77，60，98比较，确定最小数是56，不需要交换

第5趟排序后　15　35　35′　49　**56** (77　60　98)

先用77与60比较，然后变为用60与98比较，确定最小数是60，将其与77交换

第6趟排序后　15　35　35′　49　56　**60** (**77**　98)

用77与98比较，确定最小数是77，不需要交换

最后的排序结果　15　35　35′　49　56　60　77　98

图 7.8　直接选择排序过程示意图

由例 7.10 直接选择排序的过程可知,在进行第 i 趟选择时,从当前待排序的序列中选出关键字最小的、下标为 k 的元素,与下标为 i 的元素交换。

设待排序的一组数据元素以 SqeList 类型的顺序表 L 来组织,直接选择排序算法如下:

```
void SelectSort(SqeList *L)  //对顺序表 L 做直接选择排序
{   int n,i,j,k,x;
    n=L->length;
    for(i=0;i<n-1;++i)
    {   k=i;
        for(j=i+1;j<n;++j)
            if(L->r[j].key<L->r[k].key)
                k=j;
        if(k!=i)
        {   x=L->r[i];
            L->r[i]=L->r[k];
            L->r[k]=x;
        }
```

```
    }
}
```

3. 算法性能分析

在直接选择排序过程中，无论待排序序列的初始状态如何，在第 i 趟排序中都需要进行 $n-i$ 次比较。因此，总的比较次数为

$$\sum_{i=1}^{n-1}(n-i) = n(n-1)/2 \tag{7.10}$$

即进行关键字比较操作的时间复杂度为 $O(n^2)$。

当初始序列为正序时，元素的移动次数为0；而当初始序列为逆序时，每一趟排序都需要移动元素，总的移动次数为 $3(n-1)$。所以，直接选择排序的平均时间复杂度为 $O(n^2)$。

直接选择排序过程中只需要一个元素空间作为元素交换之用，因此，直接选择排序的空间复杂度为 $O(1)$。

另外，直接选择排序是一种不稳定排序。因为在排序前后，关键字相同的元素的相对位置可能发生改变。例如，若待排序序列为(50,50′,15,87)，则经过直接选择排序后的递增序列为(15,50′,50,87)，可以看出50与50′的相对位置发生了改变。

7.3.4 交换排序

交换排序是一类通过交换逆序元素进行排序的方法。其基本思想是：两两比较待排序元素的关键字，发现它们次序相反时即进行交换，直到没有逆序的元素为止。

本节介绍两种基于交换排序思想排序方法：冒泡排序和快速排序。

1. 冒泡排序

冒泡排序是一种基于简单交换思想的排序方法，它通过比较相邻的两个元素关键字，调整相邻元素的排列次序，直至整个数据表有序。

(1) 算法实现分析

下面以升序为例介绍冒泡排序的过程。

首先将第1个元素的关键字与第2个元素的关键字比较（比较L.r[1].key与L.r[2].key），若L.r[1].key>L.r[2].key，则交换L.r[1]与L.r[2]；然后比较第2个元素与第3个元素的关键字（比较L.r[2].key与L.r[3].key），依此类推，直到第 $n-1$ 个元素的关键字与第 n 个元素的关键字比较过。上述过程称作第1趟冒泡排序，其结果是关键字最大的元素被交换到最后一个元素的位置上（即L.r[n]成为关键字最大的元素）。

第2趟排序：将第一个元素的关键字与第二个元素的关键字比较，若为逆序，则将两个因素交换；依此类推，直到第 $n-2$ 个元素的关键字与第 $n-1$ 个元素的关键字比较过。该趟排序结束后，关键字次大的元素被交换到倒数第2个元素的位置上（L.r[$n-1$]成为关键字次大的元素）。

第 i 趟排序：从第1个元素到第 $n-i+1$ 个元素依次比较相邻两个元素的关键字，在逆序时交换相邻元素。该趟排序结束后，这 $n-i+1$ 个元素中关键字最大的元素被交换到第 $n-i+1$ 的位置上（L.r[$n-i+1$]成为这 $n-i+1$ 个元素中关键字最大的元素）。

显然，要使长度为 n 数据表有序，需要进行 $k(1\leqslant k<n)$ 趟冒泡排序。

冒泡排序结束条件是：直到“在一趟排序过程中没有进行过交换元素的操作”时结束排

序操作。

【例 7.11】 设初始数据表的关键字序列为(50,38,65,98,76,15,26,50′),应用冒泡排序算法将其调整为递增序列。冒泡排序过程如图 7.9 所示。

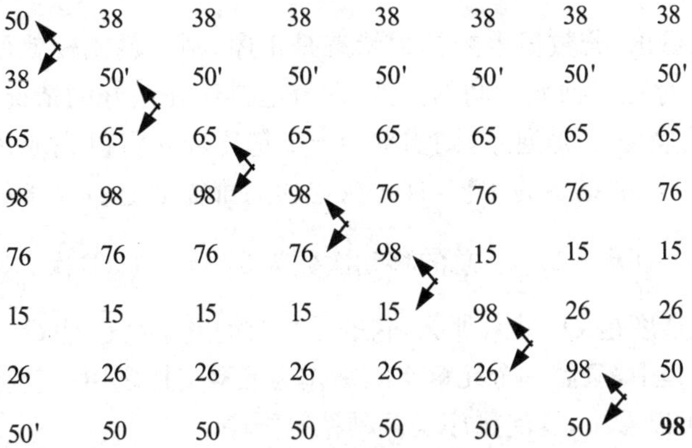

50	38	38	38	38	38	38	38
38	50′	50′	50′	50′	50′	50′	50′
65	65	65	65	65	65	65	65
98	98	98	98	76	76	76	76
76	76	76	76	98	15	15	15
15	15	15	15	15	98	26	26
26	26	26	26	26	26	98	50
50′	50	50	50	50	50	50	**98**

(a) 一趟冒泡排序

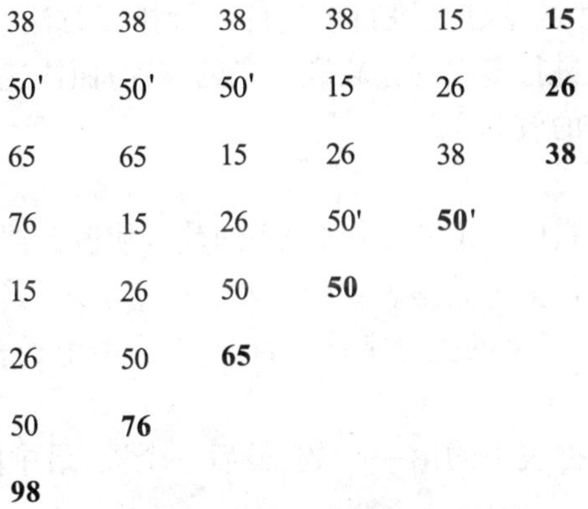

38	38	38	38	15	**15**
50′	50′	50′	15	26	**26**
65	65	15	26	38	**38**
76	15	26	50′	**50′**	
15	26	50	**50**		
26	50	**65**			
50	**76**				
98					

(b) 冒泡排序全过程

图 7.9 冒泡排序示例

假定待排序的一组数据元素依然以 SqeList 类型的顺序表 * L 来组织,冒泡排序中参与比较的总是相邻元素的关键字 L－>r[i].key 和 L－>r[i+1].key(1≤i<n),若是逆序则交换,直到某一趟排序中没有出现元素交换,排序结束。为此,算法实现时,我们可以定义一个标志变量 Change 记录该趟排序中是否出现元素交换。

冒泡排序算法如下:

```
void BubbleSort(SqeList *L)//对顺序表 L 做冒泡排序
{  int i,j,n,change;
   RecordType x;
   n=L->length;change=1; //change 为记录元素交换的标志变量
   for(i=0;i<n-1&&change; ++i)    //做 n-1 趟排序
   {   change=0;
       for(j=0;j<n-i-1; ++j)
          if(L->r[j].key> L->r[j+1].key )
          {  x=L->r[j];L->r[j]=L->r[j+1];
             L->r[j+1]=x;change=1;
```

```
        }
    }
}
```

(2) 算法性能分析

由上述算法可以看出,若数据表的初始状态是正序,则一趟比较就可以完成排序,关键字比较 $n-1$ 次,且不存在任何元素间的交换,即冒泡排序在最好的情况下的时间复杂度是 $O(n)$。若数据表的初始状态是逆序,则需要 $n-1$ 趟比较才可以完成排序,每一趟需要进行 $n-i(0\leqslant i\leqslant n-2)$次关键字的比较,且每次比较后都需要进行元素的 3 次移动,这样总的比较次数为 $\sum_{i=1}^{n-1} i = n(n-1)/2$,总的移动次数为 $3n(n-1)/2$ 次。因此,冒泡排序在最坏的情况下的时间复杂度是 $O(n^2)$,那么,它的平均时间复杂度也是 $O(n^2)$。

在冒泡排序的过程中,只需一个元素空间来作为元素交换之用,其空间复杂度为 $O(1)$。另外,由排序过程也可以看出,冒泡排序是一种稳定排序。

2. 快速排序

快速排序是在冒泡排序的基础上进行改进的一种排序方法。在冒泡排序中,若一个元素离其最终位置较远,则需进行多次的比较和元素的移动;而快速排序可以减少这样的比较和移动次数,从而提高算法的效率。

(1) 算法思想

基本思想:在待排序元素中选定一个作为“中间数”,使该数据表中的其他元素的关键字与“中间数”的关键字比较,将整个数据表划分为左右两个子表,其中左边子表任一元素的关键字不大于右边子表中任一元素的关键字;然后再对左右两个子表分别进行快速排序,直至整个数据表有序。

其中,中间数可以是数据表中的第一个数、最后一个数、最中间一个数或者干脆在数据表中任选一个数。

(2) 算法实现过程分析

在待排序的数据表中选定一个中间数后,应该对数据表进行一趟扫描,将数据表划分为左右两个子表,然后对左右子表分别进行同样的操作,直至整个数据表有序。由此可见,对数据表如何进行划分是快速排序算法的关键。

为实现合理划分,需要解决以下几个问题:

① 如何选择“中间数”?我们认为,在一趟划分后,如果左右两个子表大小相近,这样,分别继续在两个子表中快速排序时,时间性能较好。

② 按什么次序将中间数的关键字与各元素关键字比较?

③ 比较后如何存放各元素?

假定待排序的数据表以 SqeList 类型的顺序表来组织,下面讨论算法的具体实现。

① 首先,较典型的选择“中间数”的方法是选第一个元素,本算法即按这种方法。

② 定义一个 RecordType 类型的变量 x 来存放中间数,使得中间数可以随时与其他元素比较;同时,该元素在顺序表中的空间可以被腾出来,方便比较后元素的存放。

③ 设置两个指针 low 和 high,初始时分别记录数据表中第一个和最后一个元素的位置。当选取第一个元素为中间数后($x=r[\text{low}]$),low 所指示的空间就可以被腾出来。

④ 首先通过 high 所记录的位置值,从最后边往前搜索,将第一个关键字小于中间数关键

字的元素放到 low 所指示的空位(左子表的空位)上，这时 high 所指示的位置便成了空位。

⑤ 再从最前边开始向后搜索，将第一个关键字不小于中间数关键字的元素放在 high 所指示的空位(右子表的空位)上。

重复④、⑤上述过程，直到所有元素均与关键字比较过。这时，左右子表的空位重合(low = high)，该空位正好可以存放中间数，使得数据表以该中间数为界被分成左右两个子表。此时，左边子表任一元素的关键字不大于右边子表中任一元素的关键字。

继续在左右子表中应用上述快速排序算法，直到所有子表的表长不超过 1 为止，此时待排序元素序列就成为一个有序表。

下面以实例来描述快速排序的过程。

【例 7.12】 设初始数据表的关键字序列为(49，60，35，77，56，15，35′，98)，应用快速排序算法将其调整为递增序列。

设初值 low = 1，high = 8；选择第一个元素为中间数，即 $x = 49$。

快速排序的过程如图 7.10 所示。

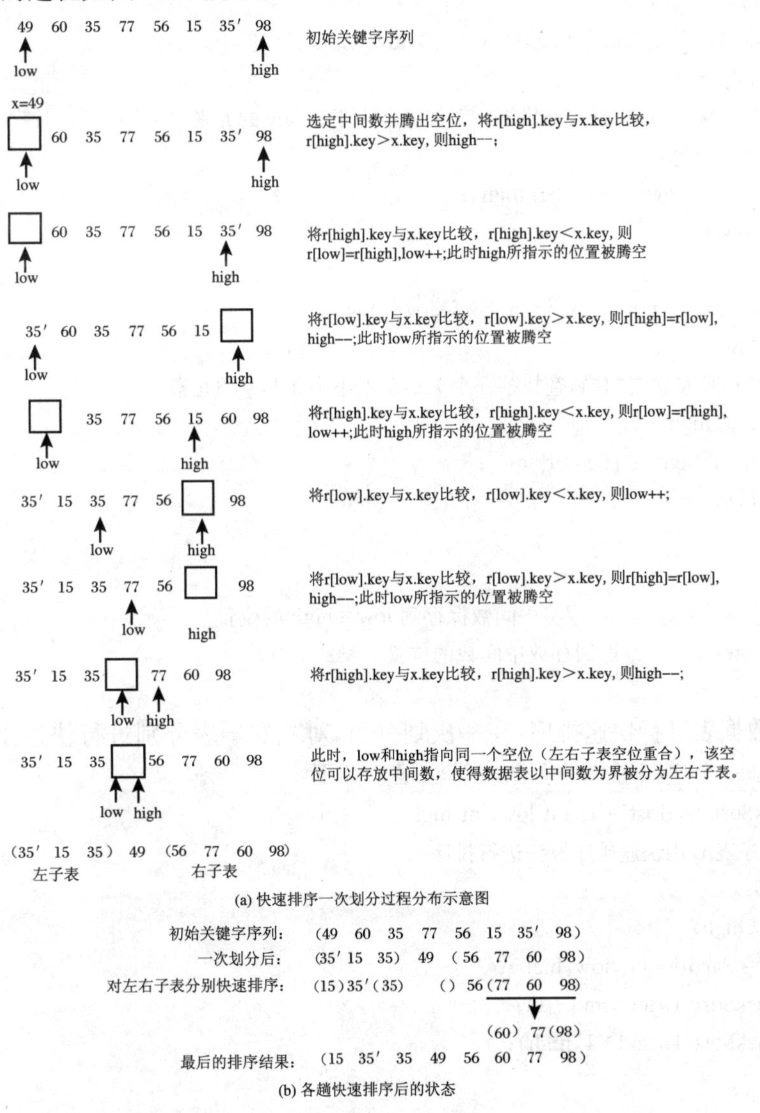

图 7.10 快速排序示例

由例7.12快速排序过程可知，每次划分的过程是交替地从右到左和从左到右找数据，直到搜索位置重合为止。这样，一次划分算法的搜索过程要用循环语句来控制，能够循环的条件是 low 和 high 不相等。

(3) 算法实现

设待排序的一组数据元素以 SqeList 类型的顺序表来组织，上述快速排序一次划分的算法如下：

```
int Partition(SqeList *H,int left,int right)
//对顺序表 H 中的 H->r[left]至 H->r[right]部分进行快速排序的一次划分，返回划分后存放
//中间数的位置(基准位置)
{  RecordType x;
   int low,high;
   x=H->r[left];          //选择中间数
   low=left;high=right;
   while(low<high)
   {   while(H->r[high].key>=x.key&&low<high)
           high--;
       //首先从右向左扫描，查找第一个关键字小于 x.key 的元素
       if(low<high)
       { H->r[low]=H->r[high];
          low++;
       }
       while(H->r[low].key<x.key&&low<high)
          low++;
       //然后从左向右扫描，查找第一个关键字不小于 x.key 的元素
      if(low<high )
      { H->r[high]=H->r[low];
          high--;
       }
   }
  H->r[low]=x;          //将中间数保存到 low=high 的位置
   return low;          //返回存放中间数的位置
}
```

对整个数据表进行快速排序，在一次划分后，对左右子表分别进行快速排序。因此，整个排序过程是一个递归形式的算法。算法描述如下：

```
void QuickSort(SqeList *L,int low,int high)
   //对顺序表 L 用快速排序算法进行排序
{  int mid;
   if(low<high)
   {   mid=Partition(L,low,high);
       QuickSort(L,low,mid-1);
       QuickSort(L,mid+1,high);
   }
}
```

(4) 算法性能分析

快速排序的一次划分算法从两头交替搜索，直到 low 和 high 重合，因此其时间复杂度是 $O(n)$；而整个快速排序算法的时间复杂度与划分的趟数有关。

理想的情况是，每次划分所选择的中间数恰好将当前序列几乎等分，经过 $\log_2 n$ 趟划分，便可得到长度为 1 的子表。这样，整个算法的时间复杂度为 $O(n\log_2 n)$。

最坏的情况是，每次所选的中间数是当前序列中的最大或最小元素，这使得每次划分所得的子表中一个为空表，另一子表的长度为原表的长度 - 1。这样，长度为 n 的数据表的快速排序需要经过 n 趟划分，使得整个排序算法的时间复杂度为 $O(n^2)$。

为改善最坏情况下的时间性能，可采用其他方法选取中间数。通常采用"三者值取中"方法，即比较 H->r[low].key，H->r[high].key 与 H->r[(low+high)/2].key，取三者中关键字为中值的元素为中间数。

可以证明，快速排序的平均时间复杂度也是 $O(n\log_2 n)$。因此，该排序方法被认为是目前最好的一种内部排序方法。

从空间性能上看，尽管快速排序只需要一个元素的辅助空间，但快速排序需要一个栈空间来实现递归。最好的情况下，即快速排序的每一趟排序都将元素序列均匀地分割成长度相近的两个子表，所需栈的最大深度为 $\lfloor \log_2(n+1) \rfloor$；但最坏的情况下，栈的最大深度为 n。这样，快速排序的空间复杂度为 $O(\log_2 n)$。

另外，从例 7.12 可以看出，快速排序过程中关键字相同的元素在排序前后相对位置发生了改变，因此，快速排序是不稳定的。

7.3.5 归并排序

所谓归并，是指将两个或两个以上的有序表合并成一个新的有序表，合并过程中关键字值相同的元素均保留。

关于将两个有序表合并为一个有序表的操作，我们在第二部分的第 5 章线性表的应用中已经介绍了，可以在顺序表或链表中进行这样的合并操作。本节我们主要讨论对顺序存储的数据元素进行归并排序。

1. 一个顺序表的两个有序子表归并

在讨论归并排序之前，我们将第二部分 5.5 节"有序顺序表的合并"算法修改为不删除相同关键字的归并算法 Merge(R, R1, low, mid, high)，表示把顺序表 R 中位置从 low 到 mid 与位置从 mid+1 到 high 的两个有序子表，归并为一个有序表，存放在顺序表 R1 中。

算法描述如下：

```
void Merge(SqeList *R, SqeList *R1,int low,int mid,int high)
  //顺序表 R 中 R->r[low]~R->r [mid]和 R->r [mid+1]~R->r [high]分别按关键字有
  //序排列，将它们合并成一个有序序列，存放在顺序表 R1 的 R1->r[low]~R1->r[high]中
{  int i,j,k;
   i=low;j=mid+1;k=low;
   while(i<=mid && j<=high)
   {  if((R->r[i]).key<=(R->r[j]).key)
      {  R1->r[k]=R->r[i];
         ++i;
```

```
        }
        else
        {  R1->r[k]=R->r[j];
           ++j;
        }
        ++k;
    }
    while(i<=mid)
      R1->r[k++]=R->r[i++];
    while(j<=mid)
       R1->r[k++]=R->r[j++];
}
```

2. 归并排序的算法思想及实现分析

归并排序的基本思想是，将长度为 n 的待排序数据表看成是 n 个长度为 1 的有序表，将这些有序表两两归并，便得到 $\lceil n/2 \rceil$ 个有序表；再将这 $\lceil n/2 \rceil$ 个有序表两两归并，如此反复，直到最后得到长度为 n 的有序表为止。

这样，每次归并操作都是将两个有序表合并成一个有序表，称这种方法为二路归并排序。下面以实例来说明二路归并排序的过程。

【例 7.13】 设初始数据表的关键字序列为(49,60,35,77,56,15,35′)，应用二路归并排序算法将其调整为递增序列，具体过程如图 7.11 所示。

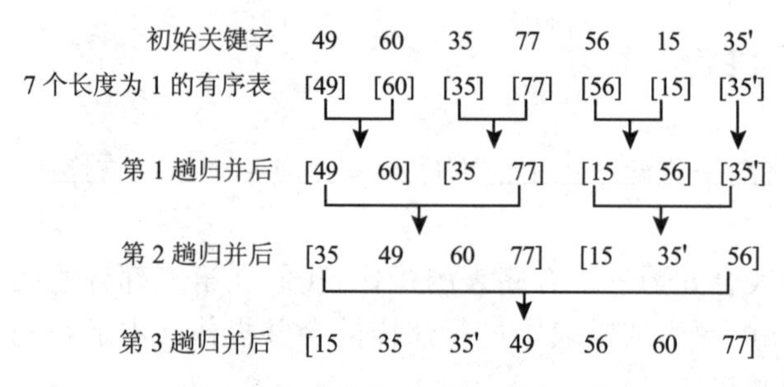

图 7.11 二路归并排序过程示意图

在分析二路归并算法实现之前，首先分析一趟归并问题。假设待排序序列的长度为 n，一趟归并时可能有 3 种情况：

① 该趟归并前，R 中参与归并的两个有序表的长度均为 len。这时，相邻的两个有序表的下标范围分别为 $i \sim i+\text{len}-1$ 和 $i+\text{len} \sim i+\text{len}\times 2-1$，对这两个有序表归并排序，生成有序表 R1，可调用上述 Merge 函数：

$$\text{Merge}(R,R1,i,i+\text{len}-1,i+\text{len}*2-1)$$

② 最后一对参与归并的有序表中，其中一个长度小于 len。即 $i+\text{len}-1<n-1$ 且 $i+\text{len}\times 2-1<n-1$，也就是说，最后一个有序表中最后一个元素的下标为 $n-1$。此时调用上述排序算法为

$$\text{Merge}(R,R1,I,i+\text{len}-1,n-1)$$

③ 参与归并的最后只剩一个有序表 R。即 $i+\text{len}-1>n-1$，则只需将有序表 R 直接复制到 R1 中。

3．二路归并的一趟归并算法

对无序表进行二路归并排序就是调用上述一趟归并算法，对待排序序列进行若干趟归并。第一趟归并时，每个有序表的长度为1，即 len = 1。归并后有序表的长度 len 就扩大一倍，即排序中 len 从 1,2,4,…,到$\lceil n/2 \rceil$，可以用 while 循环实现整个归并过程：

```
void Mergepass(SqeList *R, SqeList *R1,int len)
//对 R 进行一趟归并，结果放在 R1 中
{ int j,i=0;
  while(i+len*2<=n)        //i+len×2 - 1>n-1 时不再排序
  { Merge(R,R1,i,i+len-1,i+len*2-1);
    i=i+len*2;
  }
  if(i+len-1<n-1)
    Merge(R,R1,i,i+len-1,n-1);
  else
    for(j=i;j<n;j++)
      R1[j]=R[j];
}
```

4．二路归并算法

```
MergeSort(SqeList *L)
//对顺序表 L 中的待排序序列进行归并排序结果仍在顺序表 L 中
  int len,n;
{ SqeList *R1;
  n=L->length;len=1;
  R1=(SqeList *)malloc(sizeof(SqeList));
  while(len<=n/2+1)
  { Mergepass(L,R1,len); //一趟归并，结果在 R1 中
    len=2*len;
    Mergepass(R1,L,len);      //再次归并，结果在 L 中
    len=2*len;
  }
  free(R1);
}
```

思考：*(1)为什么反复调用 Mergepass 函数？*

(2)若第二次调用 Mergepass 函数前 len 已经大于 $n/2+1$ 了怎么办？

5．二路归并排序算法性能分析

由上述二路归并排序算法可以看出，第 i 趟归并后，有序子表的长度为 2^i。因此，对长度为 n 的数据表进行排序，必须要做 $\log_2 n$ 趟归并；每一趟归并均对数据表中 n 个元素做了一次操作，其时间复杂度为 $O(n)$。所以，二路归并排序算法的时间复杂度为 $O(n\log_2 n)$。

归并排序的最大特点是它是一种稳定的排序方法。通常情况下，实现归并排序时，需要与待排序数据表等大小的辅助存储空间，因此很少利用二路归并排序进行内部排序。二路归并排序算法的空间复杂度为 $O(n)$。

7.3.6 基数排序

上述排序方法都是针对单关键字对给定的一组数据元素进行排序。在许多实际的排序应用中，所涉及的排序字段往往不止一个。例如，对一个学生成绩表(线性表)进行排序。表中每一个记录都有3个域：姓名、总分、数学成绩。要求先按总分排序，对总分相同的记录再按数学分数排序。这个排序问题就涉及了两个关键字。下面，首先讨论多关键字的排序问题。

1. 多关键字排序问题

【例7.14】 若对一副扑克牌的面值和花色的大小作如下规定：

花色：梅花 < 方块 < 红桃 < 黑桃

面值：A < 2 < 3 < … < 10 < J < Q < K

并进一步规定花色的优先级高于面值，则一副扑克牌从小到大的顺序为：梅花A，2，…，K；方块A，2，…，K；红桃A，2，…，K；黑桃A，2，…，K。试对一副扑克牌进行排序，实现这样的排列顺序。

对这副扑克牌进行排序就涉及了两个关键字：花色和面值。

我们可以先按花色将扑克牌分成4叠(每叠13张牌)；然后对花色相同的牌按面值由小到大排序，最后按花色的大小收集这4叠牌完成排序。因为花色的优先级高于面值，或者说，因为花色为主关键字，我们称这种排序方法为“高位优先”排序法。

另一种做法是，先按面值(次关键字)把牌摆成13叠(每叠4张牌)，然后将每叠牌中花色相同的牌按面值的次序收集到一起，摆成4叠(每叠有13张牌)，最后把这4叠牌按花色的次序收集到一起，就得到上述有序序列。我们称该方法为“低位优先”排序法。

可以看出，按“高位优先”进行排序时，必须将序列分成若干子序列，并对各子序列应用已介绍过的排序方法分别进行排序；而按“低位优先”进行排序时，可以不采用已介绍过的排序方法，而通过反复的分配、收集来完成排序。

2. 基数排序算法思想

基数排序就是在链式存储结构下通过反复的分配、收集运算来进行排序的。

下面以实例来介绍基数排序的思想。

【例7.15】 一组记录的关键字为：(278，109，63，930，589，184，505，269，8，83)，试采用基数排序方法对其进行排序。

可以看出，这组关键字与前面用来排序的关键字并无差别，且也是针对单关键字对一组记录进行排序。但在基数排序中，我们可以将单关键字看成由若干个关键字复合而成。

上述这组关键字的值都在 $0 \leqslant K \leqslant 999$ 的范围内，我们可以把每一个数位上的十进制数字看成是一个关键字，即将关键字 K 看成由3个关键字 K^0，K^1，K^2 组成。其中，K^0 是百位上的数字，K^1 是十位上的数字，K^2 是个位上的数字。

因为十进制的基数是10，所以每个数位上的数字都可能是0～9中的任何一个。我们先按关键字 K^2 来分配所有参与排序的元素，将 $K^2 = 0$ 的元素放在一组，$K^2 = 1$ 的元素放在一组，$K^2 = 9$ 的元素放在一组。这样，将上述一组元素分成10组，如图7.12(a)所示。然后再按 K^2 的值由0到9的顺序收集各组元素，形成序列(930，063，083，184，505，278，008，109，589，269)。

对上述序列中的元素再按关键字 K^1 来分配，也分成 10 组，如图 7.12(b)所示。然后，再按 K^1 的值由 0 到 9 的顺序收集各组元素，形成序列(505,008,109,930,063,269,278,083,184,589)。

对该序列中的元素再按关键字 K^0 来分配，分成如图 7.12(c)所示的 10 组。然后按 K^0 的值由 0 到 9 的顺序收集各组元素，形成序列(008,063,083,109,184,267,278,505,589,930)。这时，该序列已经变成了一个有序序列。

一趟分配前的一组元素(278,109,063,930,589,184,505,269,008,083)

$K^2=0$	$K^2=1$	$K^2=2$	$K^2=3$	$K^2=4$	$K^2=5$	$K^2=6$	$K^2=7$	$K^2=8$	$K^2=9$
									269
			083					008	589
930			063	184	505			278	109

(a) 按个位数大小将元素分成10组

一趟收集后的元素序列(930,063,083,184,505,278,008,109,589,269)

$K^1=0$	$K^1=1$	$K^1=2$	$K^1=3$	$K^1=4$	$K^1=5$	$K^1=6$	$K^1=7$	$K^1=8$	$K^1=9$
109								589	
008						269		184	
505			930			063	278	083	

(b) 按十位数大小将元素分成10组

二趟收集后的元素序列(505,008,109,93,063,269,278,083,184,589)

$K^0=0$	$K^0=1$	$K^0=2$	$K^0=3$	$K^0=4$	$K^0=5$	$K^0=6$	$K^0=7$	$K^0=8$	$K^0=9$
083									
063	184	278			589				
008	109	269			505				930

(c) 按百位数大小将元素分成10组

三趟收集后的元素序列(008,063,084,109,184,269,278,505,589,930)

图 7.12　例 7.15 基数排序示例

分析该例，可以看出基数排序的思想是：首先将待排序的记录分成若干个子关键字，排序时，先按最低位的关键字对记录进行初步排序；在此基础上，再按次低位关键字进一步排序。依此类推，由低位到高位，由次关键字到主关键字，每一趟排序都在前一趟排序的基础上，直到按最高位关键字(主关键字)对记录进行排序后，基数排序完成。

在基数排序中，基数是各子关键字的取值范围。若待排序的记录是十进制数，则基数是 10；若待排序的记录是由若干个字母组成的单词，则基数为 26，也就是说，从最右边的字母开始对记录进行排序，每次排序都将待排记录分成 26 组。

3. 基数排序算法实现的技术要点

要实现上述基数排序的过程，需要解决以下 3 个问题：

① 如何描述由待排序关键字分成的若干个子关键字？

② 每次分配记录所形成的各组序列以何种结构存储？

③ 如何收集各组记录？

其实,当问题③得以解决后,问题②也就解决了;因为问题③的运算方式决定了问题②的存储结构。由例7.15可以看出,各组记录的收集遵循“先进入该组的记录将首先被收集”的原则。如图7.12(a)所示的 $K^2 = 3$ 组,进入该组的顺序是63,83,而收集的顺序也是63,83,这与队列的“先进先出”的原则相一致。这样,各组序列就以队列来描述。因为要进行多次的分配与收集,为节省存储空间及运算方便,我们采用链队列来存储各组序列。链队列的数量与基数一致,若基数为RAX,则令f[0]~f[RAX-1]分别指向RAX个链队列的队头结点,令r[0]~r[RAX-1]分别指向RAX个队列的队尾结点。每次分配前,将RAX个链队列置空:

```
for(i=0;i<=RAX-1;++i)
  f[i]=r[i]=NULL;
```

对各链队列所表示的序列进行收集时,应从链队列f[0]开始,当链队列f[$j+1$]不为NULL时,将链队列f[j]与其首尾相接:

```
i=0;
while(f[i]==NULL)
  i++;//查找第一个不空的链队列
for(j=i,k=i+1;k<=RAX-1;++k)
  if(f[k]!=NULL)
  {  r[j]->next=f[k];j=k;
  }
```

对于问题①,一个简单的方法是,在存储待排序记录时,就将关键字按分成子关键字来存储。为了运算方便,我们采用与链队列中结点一致的结点结构,以单链表来存储待排序的一组记录及收集后的记录序列。结点的类型可以定义为

```
#define M 3        //M为待排记录中子关键字的个数
typedef struct node
{  keytype key[M];
  struct node *next;
}Rnode;
```

若关键字为整型数据,则存放待排序记录的单链表可以这样构造:

```
#define N 8        //N为待排记录的个数
Rnode *L,*p;
L=NULL;        //链表L初始化为空
for(i=1;i<=N;++i)        //头插法建单链表L
{   p=(Rnode *)malloc(sizeof(Rnode));
    for(j=0;j<=M-1;++j)        //分别输入M个子关键字
        scanf("%d",&(p->key[j]));
    p->next=L;L=p;
}
```

4. 链表基数排序算法及其性能分析

综上所述,以链表来存储待排序记录,基数排序算法如下:

```
#define M 3        //M为待排记录中子关键字的个数
#define RAX 10        //RAX为基数
typedef struct node
```

```
{   keytype key[M];
  struct node * next;
}Rnode;
Rnode * f[RAX], * r[RAX];
Rnode * SetList()                    //建待排序记录组成的单链表 L
{ Rnode * L, * p;
  int i,j;
  L=NULL;          //链表 L 初始化为空
  for(i=1;i<=n;++i)                  //头插法建单链表 L,n 为待排序记录的个数
   { p=(Rnode *)malloc(sizeof(Rnode));
     for(j=0;j<=M-1;++j)             //分别输入 M 个子关键字
          scanf("%d",&(p->key[j]));
     p->next=L;L=p;
   }
  return L;
}
void Distribute(Rnode * L,int i)
     //扫描链表 L,按第 i 个关键字将各记录分配到相应的链队列中
{   Rnode * p;int i,j;
  for(i=0;i<=RAX-1;++i)              //将 RAX 个链队列初始化为空
   f[i]=r[i]=NULL;
  p=L;
  while(p! =NULL)
   { L=L->next;
     j=p->key[i];          //用记录中第 i 位关键字的值即为相应的队列号
     if(f[j]==NULL)f[j]=p;           //将结点 * p 分配到相应的链队列中 f[j]
     else r[j]->next=p;
     r[j]=p;r[j]->next=NULL;
     p=L;
   }
}
Rnode * Collect()          //从链队列 f[0]开始,依次收集各链队列中的结点
{     Rnode * L;
     int i=0,j;
      while(f[i]==NULL) i++;             //查找第一个不空的链队列
     L=f[i];
     for(j=i,k=i+1;k<=RAX-1;++k)
          if(f[k]! =NULL){
                r[j]->next=f[k];j=k;
          }
      return L;
}
Rnode * RadixSort(int n)             //对 n 个记录进行基数排序
{   Rnode * L;
```

```
    L = SetList();              //建待排序记录组成的单链表L
    for(i = M - 1;i >= 0; - - i)          //分别按 M 个子关键字对待排序列进行分配和收集
    {    Distribute(L,i);L = Collect();
    }
    return L;
}
```

从算法中容易看出,对 n 个待排记录(每个记录含 M 个子关键字,每个子关键字的取值范围为 RAX 个值)进行链式基数排序,每一次分配运算需要循环 n 次,每一次收集运算需要循环 RAX 次,且排序时分别按 M 个子关键字对待排序列进行分配和收集;这样,算法的时间复杂度为 $O(M(n+\text{RAX}))$。算法所需辅助空间为 $2\times\text{RAX}$ 个队列指针。另外,由于本算法采用链表作为存储结构,相对于其他以顺序结构存储记录的排序方法而言,还增加了 n 个指针域空间。

自主学习

本章介绍了查找、排序的基本概念,以及针对线性逻辑结构数据的查找、排序方法、算法思想、算法实现方法及算法性能分析。

学习本章内容的同时,可以参考相关资料,查询、了解其他相关知识,特别是关于排序问题的其他算法思路、在单链表中实现顺序查找等,并编写程序实现相关算法。

参考资料:

[1] 胡学钢. 数据结构:C语言版[M]. 北京:高等教育出版社,2008.

[2] 严蔚敏,李冬梅,吴伟民. 数据结构:C语言版[M]. 北京:人民邮电出版社,2011.

[3] 王昆仑,李红. 数据结构与算法[M]. 2版. 北京:中国铁道出版社,2012.

习　题

1. 填空题

(1) 直接插入排序需要__________个记录的辅助空间。

(2) 在插入和选择排序中,若初始数据基本正序,则选用__________;若初始数据基本反序,则选用__________。

(3) 索引顺序表上的查找分两个阶段:__________;__________。

(4) 最简单的交换排序方法是__________排序。

(5) 在有序表(12,24,36,48,60,72,84)中二分查找关键字72时所需进行的关键字比较次数为____________。

(6) 在顺序表(8,11,15,19,25,26,30,33,42,48,50)中,用二分查找关键字20,需做的关键字比较次数为__________。

(7) 在有序表A[1]~A[12]中,采用二分查找算法查找等于A[12]的元素,所比较的元素下标依次为__________。

(8) 设用希尔排序对数组{98,36,-9,0,47,23,1,8,10,7}进行排序,给出的步长(也称增量序列)依次是4,2,1,则排序需__________趟。第一趟结束后,数组中数据的排列次序__________。

(9) 快速排序在__________情况下最易发挥其长处。

2. 选择题

(1) 对线性表进行二分查找时,要求线性表必须(　　)。

A. 以顺序方式存储

B. 以链接方式存储

C. 以顺序方式存储,且结点按关键字有序排序

D. 以链接方式存储,且结点按关键字有序排序

(2) 快速排序算法在最好情况下的时间复杂度为(　　)。

A. $O(n)$　　B. $O(n\log_2 n)$　　C. $O(n^2)$　　D. $O(\log_2 n)$

(3) 用某种排序方法对关键字序列(25,84,21,47,15,27,68,35,20)进行排序时,序列的变化情况如下:

20,15,21,25,47,27,68,35,84

15,20,21,25,35,27,47,68,84

15,20,21,25,27,35,47,68,84

则所采用的排序方法是(　　)。

A. 选择排序　　B. 希尔排序　　C. 归并排序　　D. 快速排序

(4) 下列排序算法中不稳定的是(　　)。

A. 快速排序　　B. 归并排序

C. 冒泡排序　　D. 直接插入排序

(5) 一个有序表为(1,3,9,12,32,41,45,62,75,77,82,95,100),当采用折半查找方法查找值32时,查找成功需要的比较次数是(　　)。

A. 2　　B. 3　　C. 4　　D. 8

3. 应用题

(1) 若对大小均为 n 的有序的顺序表和无序的顺序表分别进行顺序查找,试在下列3种情况下分别讨论两者在等概率时的平均查找长度是否相同?

① 查找不成功,即表中没有关键字等于给定值 k 的记录。

② 查找成功且表中只有一个关键字等于给定值 k 的记录。

③ 查找成功且表中有若干个关键字等于给定值 k 的记录,一次查找要求找出所有记录。

(2) 给出一组关键字:29,18,25,47,58,12,51,10,分别写出按下列各种排序方法进行排序时的变化过程:

① 归并排序,每归并一次书写一个次序。

② 快速排序,每划分一次书写一个次序。

(3) 设记录的关键字集合 $K=\{23,9,39,5,68,12,62,48,33\}$,给定的增量序列 $D=\{4,2,1\}$,请写出对 K 按“希尔排序方法”排序时各趟排序结束时的结果;若每次以表的第一元素为基准(或枢轴),写出对 K 按“快速排序方法”排序时,各趟排序结束时的结果。

(4) 设待排序的记录共7个,排序码分别为8,3,2,5,9,1,6。

① 用直接插入排序算法。试以排序码序列的变化描述形式说明排序全过程(动态过程)要求按递减顺序排序。

② 用直接选择排序算法。试以排序码序列的变化描述形式说明排序全过程(动态过程)要求按递减顺序排序。

③ 直接插入排序算法和直接选择排序算法的稳定性如何?

(5) 已知序列{15,18,60,41,6,32,83,75,95}。请给出采用冒泡排序法对该序列作升序排序时的每一趟的结果。

(6) 有初始的无序序列为{98,65,38,40,12,51,100,77,26,88},给出对其进行归并排序(升序)的每一趟的结果。

4. 算法题

(1) 阅读下列函数 arrange( ):

```
    int arrange(int a[],int 1,int h,int x)
{               //1 和 h 分别为数据区的下界和上界
    int i,j,t;
     i=1;j=h;
       while(i<j){
          while(i<j && a[j]>=x)j--;
          while(i<j && a[i]<=x)i++;
          if(i<j)
             {  t=a[j];a[j]=a[i];a[i]=t;}
       }
          if(a[i]<x)   return i;
          else   return i-1;
}
```

① 写出该函数的功能;

② 写一个调用上述函数实现下列功能的算法:对一整型数组 $b[n]$ 中的元素进行重新排列,将所有负数均调整到数组的低下标端,将所有正数均调整到数组的高下标端,若有零值,则置于两者之间,并返回数组中零元素的个数。

(2) 序列的“中值记录”指的是:如果将此序列排序后,它是第 $n/2$ 个记录。试编写一个求中值记录的算法。

(3) 编写一个算法,利用二分查找算法在一个有序表中插入一个元素 x,并保持表的有序性。

(4) 编写一个双向冒泡的算法,即相邻两遍向相反方向冒泡。

(5) 编写测试程序来确定顺序查找和二分查找在查找成功时所需要的平均时间。假定数组中每个元素被查找的概率相同。用表格和图的形式给出结果。

(6) 有一种简单的排序算法,叫做计数排序(count Sorting)。这种排序算法对一个待排序的表(用数组表示)进行排序,并将排序结果放到另一个新的表中。必须注意的是,表中所有待排序的关键码互不相同。计数排序算法针对表中的每个记录,扫描待排序的表一趟,统计表中有多少个记录的关键码比该记录的关键码小。假设针对某一个记录,统计出的计数值为 c,那么,这个记录在新的有序表中的合适的存放位置即为 c。

① 给出适用于计数排序的数据表类型定义;

② 使用 C 语言编写实现计数排序的算法;

③ 对于有 n 个记录的表,关键码比较次数是多少?

第3部分　树形结构

第8章　二　叉　树

8.1　引　言

8.1.1　本章能力要素

本章介绍二叉树这种树形结构数据,以及它的两种存储方法、基本运算实现和一些应用实例分析。具体要求包括:

(1) 熟练掌握二叉树的定义、基本术语及性质;

(2) 掌握二叉树的两种存储结构模型;

(3) 熟练掌握二叉树的遍历思想;

(4) 设计二叉树的建立、遍历算法。

专业能力要素包括:

(1) 哈夫曼树的模型构建能力;

(2) 建立哈夫曼树算法思路描述及算法设计能力;

(3) 应用二叉树遍历算法思想解决实际问题的能力;

(4) 应用线索二叉树的思想解决实际问题的能力。

8.1.2　本章知识结构图

本章知识结构如图8.1所示。

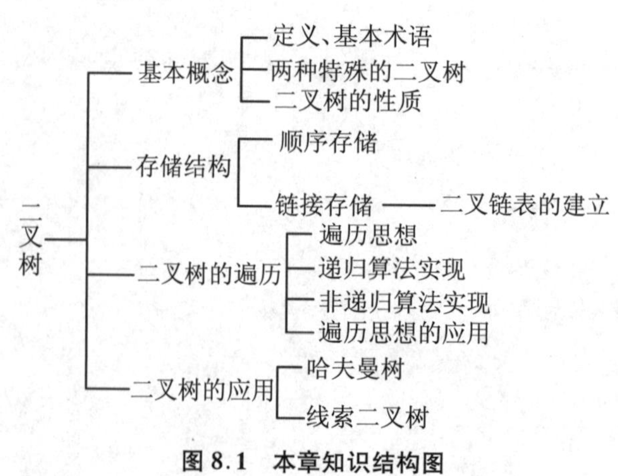

图8.1　本章知识结构图

8.1.3 本章课堂教学与实践教学的衔接

本章涉及的基本实践环节主要是二叉链表的建立、二叉树的遍历算法实现，以及二叉树遍历思想的应用等；在此基础上，要求学生能实现哈夫曼树生成算法、哈夫曼编码的相关应用算法、线索链表的相关应用算法。

8.2 二叉树的概念

8.2.1 二叉树的定义

定义：二叉树是由 $n(n\geqslant 0)$ 个结点组成的有限集合，其中：

① 当 $n=0$ 时，为空二叉树。

② 当 $n>0$ 时，有且仅有一个特定的结点，称为二叉树的根，其余结点可分为两个互不相交的子集，其中每一个子集本身又是一棵二叉树，分别称为左子树和右子树。

【例 8.1】 如图 8.2 所示为一棵二叉树，它是由 8 个结点组成的非空集，其中，结点 A 为该二叉树的根，子集{B,D,E,G}和{C,F,H}分别为根的左右子树；而左右子树也分别是一棵二叉树。

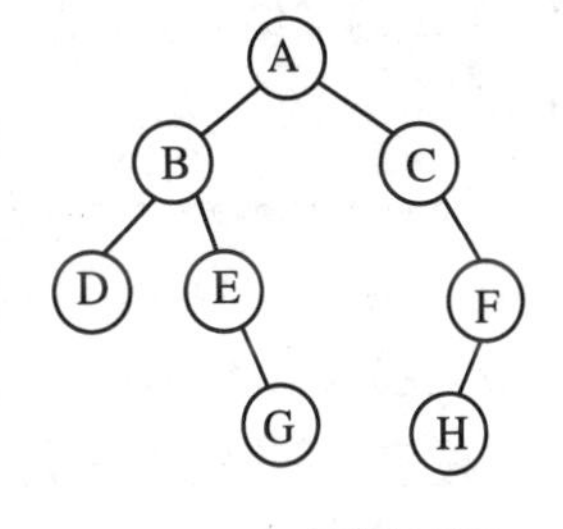

图 8.2 二叉树示例

二叉树定义是一个递归定义。由定义可以看出，可以有空二叉树；并且，若根的左右子树为空二叉树，则存在仅有一个根结点的单结点二叉树，或者存在只有左子树或右子树的二叉树。由此，二叉树可以有 5 种基本形态，如图 8.3 示。

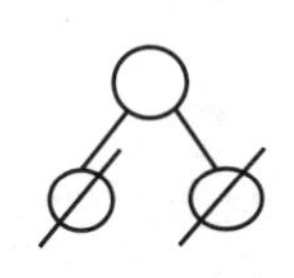

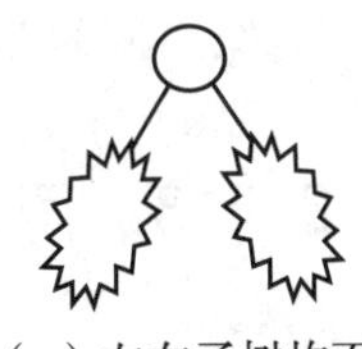

(a) 空二叉树　(b)单结点二叉树　(c) 右子树不空的二叉树　(d) 左子树不空的二叉树　(e) 左右子树均不空的二叉树

图 8.3 二叉树的 5 种基本形态

【例 8.2】 如图 8.4 所示是具有 3 个结点的二叉树的所有形态。

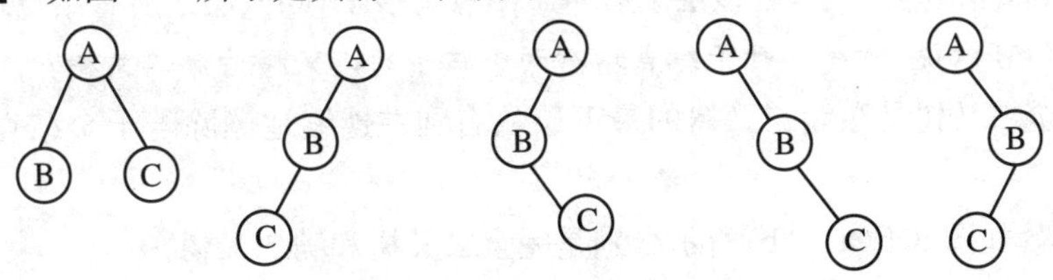

图 8.4 具有 3 个结点的二叉树

8.2.2 二叉树的基本术语

下面介绍在数据结构中关于二叉树的一些基本术语。

① 父结点：若一个结点有子树，则该结点为父结点（也称双亲结点）。

② 孩子结点：若某结点有左子树，则其左子树的根为该结点的左孩子；若其有右子树，则其右子树的根为该结点的右孩子。

③ 兄弟结点：同一个结点的孩子。延伸父子关系可得到祖先结点和后代结点关系。

④ 层次：根结点的层次为1，其余结点的层次是其父结点的层次加1。

⑤ 高度（深度）：二叉树中结点的最大层次数。

⑥ 度：一个结点的孩子数目是这个结点的度。

⑦ 叶子结点：度为0的结点。

⑧ 二叉树的度：二叉树中结点的最大的度。

【例8.3】 对于如图8.2所示的二叉树：根结点A是结点B，C的父结点，结点B是结点D，E的父结点，E是G的父结点；结点B，C为结点A的孩子结点，其中B为A的左孩子，C为A的右孩子。

这样，结点A的度为2；而结点B有两个孩子，结点C有一个右孩子，则B的度为2，C的度为1；结点D，G，H没有孩子，它们的度均为0，为叶子结点。该二叉树中，结点G，H具有最大层次数4，则该二叉树的高度为4。

注意：对于结点数大于1的二叉树，有且仅有一个结点为二叉树的根，其余结点均为孩子结点，且有左右之分——左孩子、右孩子。

由上述分析可以看出，二叉树的逻辑结构可以描述如下：

① 二叉树中任一结点（除根结点外）只有一个父结点。

② 二叉树中任一结点（除叶子结点外）最多有2个孩子结点。

③ 结点间为非线性关系。

8.2.3 两种特殊的二叉树

下面介绍两种特殊的二叉树：满二叉树和完全二叉树。

定义：满二叉树是满足如下条件的二叉树：

① 任一非叶子结点均有两个孩子。

② 对于二叉树的任一层，若该层上有一个结点有孩子，则该层上所有结点均有孩子。

思考：可不可以说，所有非叶子结点均有两个孩子的二叉树为满二叉树？

定义：完全二叉树是在满二叉树的最下层从右到左连续地删除若干个结点所得到的二叉树。

【例8.4】 如图8.5(a)、(b)所示分别是完全二叉树和满二叉树。

显然，满二叉树必为完全二叉树，而完全二叉树不一定是满二叉树。在完全二叉树中，若某个结点没有左孩子，则它一定没有右孩子，该结点必是叶子结点；而且，完全二叉树的叶子结点只可能在层次最大的两层上出现。

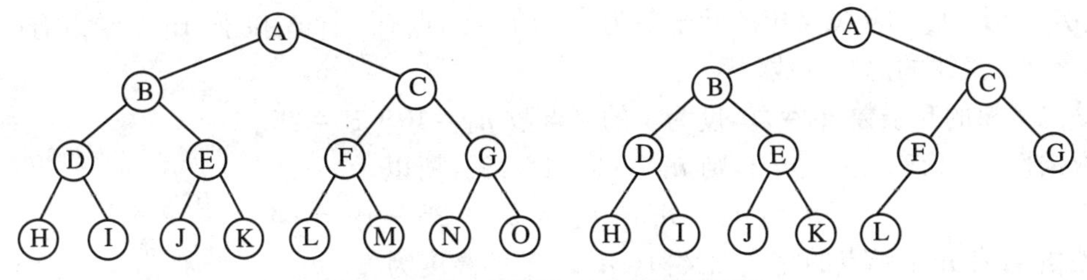

图 8.5　满二叉树和完全二叉树示例

8.2.4　二叉树的性质

性质 1:在二叉树的第 i 层上至多有 2^{i-1} 个结点($i>0$)。

证明:可用数学归纳法证明之。

归纳基础:当 $i=1$ 时,整个二叉树只有一根结点,此时 $2^{i-1}=2^0=1$,结论成立。

归纳假设:假设 $i=k$ 时结论成立,即第 k 层上结点总数最多为 2^{k-1} 个。

现证明当 $i=k+1$ 时,结论成立:

因为二叉树中每个结点的度最大为 2,则第 $k+1$ 层的结点总数最多为第 k 层上结点最大数的 2 倍,即 $2\times2^{k-1}=2^{(k+1)-1}$,故结论成立。

证毕。

性质 2:深度为 k 的二叉树至多有 2^k-1 个结点($k>0$)。

证明:因为深度为 k 的二叉树,其结点总数的最大值是将二叉树每层上结点的最大值相加,所以深度为 k 的二叉树的结点总数至多为

$$\sum_{i=1}^{k}\text{层上的最大结点个数} = \sum_{i=1}^{k}2^{i-1} = 2^k-1$$

故结论成立。

证毕。

注意:深度为 k 的满二叉树有 2^k-1 个结点;或者说,深度为 k 且有 2^k-1 个结点的二叉树为满二叉树。

性质 3:对任一棵非空的二叉树,如果其叶子数为 n_0,度为 2 的结点数为 n_2,则

$$n_0 = n_2+1$$

证明:设二叉树的总结点数为 n,度为 1 的结点数为 n_1,则

$$n = n_1+n_2+n_0$$

又因为度为 1 的结点有 1 个孩子,度为 2 的结点有 2 个孩子,故二叉树中孩子结点的总数为

$$n_1+2n_2$$

而二叉树中只有根结点不是任何结点的孩子,所以二叉树中总结点数

$$n = n_1+2n_2+1$$

即

$$n_1+2n_2+1 = n_1+n_2+n_0$$

$$n_0 = n_2+1$$

证毕。

【例 8.5】 已知某二叉树的叶子数为 20,10 个结点有一个左孩子,15 个结点有一个右孩子,求该二叉树的总结点数。

该二叉树的叶子数 $n_0=20$,度为 1 的结点数 $n_1=10+15=25$。

根据性质 3,有 $n_0=n_2+1$,则 $n_2=n_0-1=19$。所以

$$n = n_0 + n_1 + n_2 = 20 + 25 + 19 = 64$$

性质 4:有 n 个结点的完全二叉树($n>0$)的高度为

$$\lfloor \log_2 n \rfloor + 1$$

证明:假设一棵高度为 h 的二叉树有 n 个结点。

根据性质 2,有

$$n \leqslant 2^h - 1$$

从而

$$h \geqslant \log_2(n+1)$$

所以

$$h \geqslant \lfloor \log_2 n \rfloor + 1$$

证毕。

性质 5:若对满二叉树或完全二叉树按照"从上到下,每层从左到右,根结点编号为 1"的方式编号,则编号为 i 的结点,它的两个孩子结点的编号分别为 $2i$ 和 $2i+1$,它的父结点的编号为 $i/2$,如图 8.6 所示。

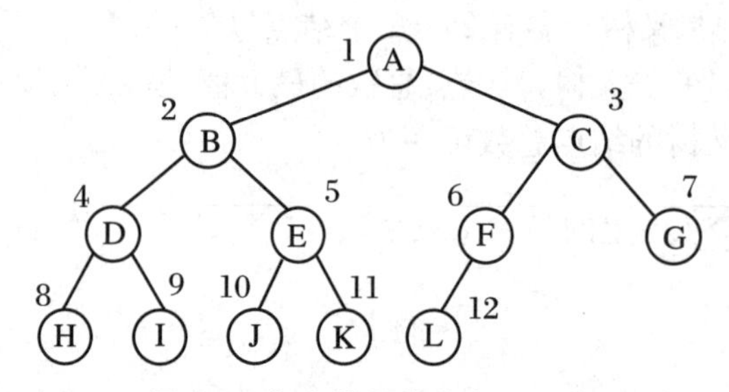

图 8.6　加上编号的完全二叉树

【例 8.6】 有 100 个结点的完全二叉树有多少个叶子结点?

第 100 个结点的编号为 100,其父结点的编号为 50,且其父结点的右兄弟(编号为 51)没有孩子,即为叶子;所以,叶子结点的编号从 51 至 100,叶子结点有 50 个。

8.3　二叉树的存储

二叉树的存储结构可以采用顺序存储和链式存储两种存储方式。

8.3.1　二叉树的顺序存储

将一棵二叉树中的结点按它们在完全二叉树模式中的编号顺序,依次存储在一维数组

bt[$n+1$]中;即编号为 i 的结点存储在数组中下标为 i 的数组元素空间中。

根据性质 5 可知,若编号为 i 的结点存放在数组的第 i 个分量 bt[i]中,则其左孩子存放在数组的第 $2i$ 个分量 bt[$2i$]中,其右孩子存放在数组的第 $2i+1$ 个分量 bt[$2i+1$]中,而其父结点存放在数组的第 $i/2$ 个分量 bt[$i/2$]($i\geqslant 2$)中。也就是说,二叉树中结点间关系蕴含在其存储位置中,无需附加任何信息就能在这种存储结构里找到每个结点的双亲和孩子。

【例 8.7】 二叉树的顺序存储结构如图 8.7 所示。

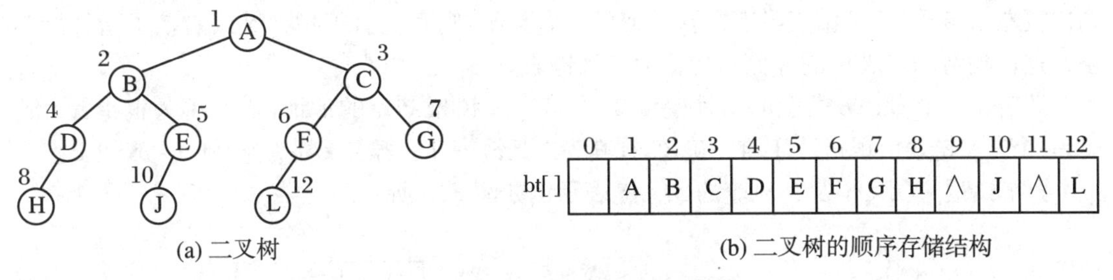

(a) 二叉树　　(b) 二叉树的顺序存储结构

图 8.7　二叉树与顺序存储结构

显然,这种存储方式非常适合完全二叉树的存储:既不浪费存储空间,又可以很方便地找到任一结点的父结点及左右孩子结点。

对于一般的二叉树,我们也按照完全二叉树的编号顺序来存储,这会造成空间浪费。极端的情况下,具有 n 个结点的二叉树却需要 $2n-1$ 个元素空间,如图 8.8 所示,造成存储空间的极大浪费。

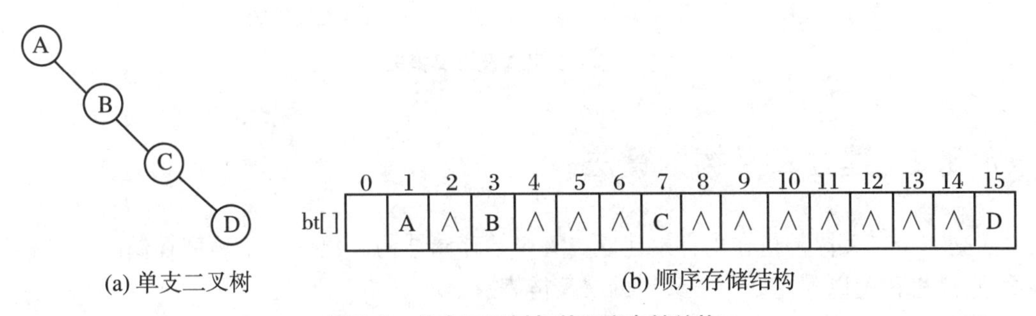

(a) 单支二叉树　　(b) 顺序存储结构

图 8.8　单支二叉树与其顺序存储结构

8.3.2　二叉树的链接存储

由于二叉树的顺序存储结构可能会造成存储空间的浪费,并且,若在二叉树中插入或删除结点,需大量地移动结点,这使得二叉树的顺序存储方式不利于其运算实现。可采用链式存储结构的方法。

对于任意的二叉树来说,每个结点最多有两个孩子。采用链式方式存储时,我们设计每个结点除了存储结点本身的数据外,还应至少包括两个指针域:左孩子指针域和右孩子指针域。结点结构如下:

lchild	data	rchild

其中,lchild 域记录该结点左孩子的地址,data 域存储该结点的信息,rchild 域记录该结

点右孩子的地址。

结点类型描述如下：

```
typedef struct node
{ datatype data;
   struct node *lchild, *rchild;
}Bitree;
```

若将一棵二叉树中的每一个结点按照这样的结点结构来存储，结点的两个指针域分别指向其左右孩子（若某结点没有左孩子或没有右孩子，则其左孩子指针域或右孩子指针域为空），这样构造的二叉树的存储结构称为二叉链表。

若定义一个 Bitree 类型的指针变量 T，存放二叉树根结点的地址，则称 T 为根指针。这时，一个二叉链表由根指针 T 唯一确定，称其为二叉链表 T。若二叉树为空，则 T = NULL。

【例 8.8】 二叉树及其对应的二叉链表示例如图 8.9 所示。

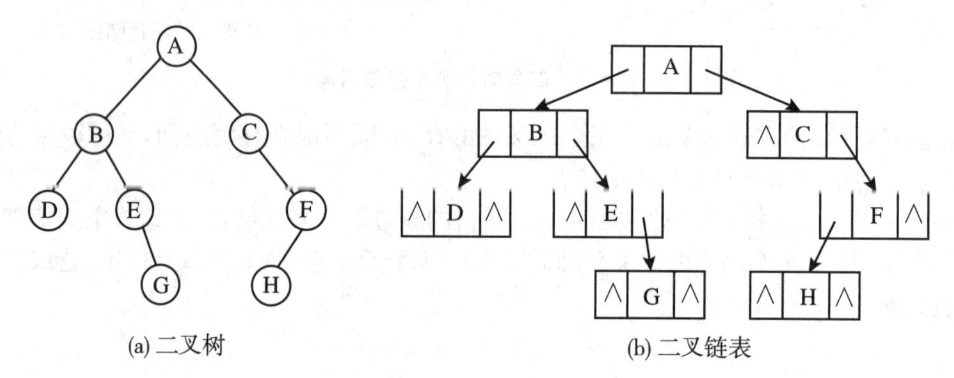

图 8.9 二叉树及二叉链表

8.3.3 建立二叉树的算法

建立一个二叉树是指在内存中建立二叉树的存储结构。建立一个顺序存储的二叉树较为简单，这里讨论以建立一个二叉树的二叉链表。

要建立一个二叉链表，需要按照某种顺序依次输入二叉树中的结点，且该输入顺序必须隐含结点间的逻辑结构信息。下面介绍按完全二叉树的层次顺序，依次输入结点信息建立二叉链表的过程。

对于一般的二叉树，必须添加一些虚结点，使其成为完全二叉树。例如，对于如图 8.9 所示的二叉树，按照完全二叉树的结点顺序输入的结点序列为：A，B，C，D，E，@，F，@，@，@，G，@，@，H，#。其中，@表示虚结点，#是输入结束的标志。

1. 算法思想

① 依次输入结点信息，若其不是虚结点，则建立一个新结点。

② 若新结点是第一个结点，则令其为根结点；否则将新结点作为孩子链接到它的父结点上。

③ 重复①、②，直至输入信息“#”时为止。

该算法实现的关键在于如何将新结点作为左孩子或右孩子链接到它的父结点上，为此，可设置一个队列，该队列是一个指针类型的数组，保存已输入的结点的地址。具体操作如下：

① 令队头指针 front 指向当前与其孩子结点建立链接的父结点，队尾指针 rear 指向当前输入的结点。初始时，front = 1，rear = 0。

② 若 rear 为偶数，则该结点为父结点的左孩子；若 rear 为奇数，则为父结点的右孩子。若父结点或孩子结点为虚结点，则无需链接。

③ 若父结点与其两个孩子结点链接完毕，则令 front = front + 1，使 front 指向下一个等待链接的父结点。

2. 建立二叉树算法

综上所述，算法描述如下：

```
#define maxsize 10
#define NULL 0
typedef struct node
{    char data;
     struct node *lchild, *rchild;
}Bitree;
Bitree *Q[maxsize];           //队列 Q 为指针类型
Bitree *creatree()          //建立二叉树，返回根指针
{    char ch;
     int front,rear;
     Bitree *T, *s;
     T=NULL;         //置空二叉树
     front=1;rear=0;          //置空队列
     ch=getchar();          //输入第一个字符
     while(ch!='#')          //不是结束符号时继续
     {    s=NULL;//如果输入的是虚结点，则无需为虚结点申请空间
          if(ch!='@')          //@表示虚结点，不是虚结点时建立新结点
          {  s=(Bitree *)malloc(sizeof(Bitree));
             s->data=ch;
             s->lchild=s->rchild=NULL;
          }
          rear++;Q[rear]=s;       //将虚结点指针 NULL 或新结点地址入队
          if(rear==1)
             T=s;          //输入的第一个结点为根结点
          else
          {   if(s!=NULL&&Q[front]!=NULL)          //孩子和双亲结点均不是虚结点
                  if(rear%2==0)
                     Q[front]->lchild=s;
                  else Q[front]->rchild=s;
              if(rear%2==1)front++;          //结点*Q[front]的两个孩子已处理完毕，front+1
          }
          ch=getchar();
     }
     return T;
}
```

8.4　二叉树的遍历

在二叉树的某些应用中，常常需要查找二叉树中的某些结点，或者是通过对二叉树中所有结点的逐一处理而达到某种运算的目的。这涉及对二叉树中结点进行的遍历操作。

8.4.1　二叉树遍历的概念

定义：对一个二叉树，按某种次序访问其中每个结点一次且仅一次的过程称为二叉树的遍历。

根据遍历的定义，我们知道，遍历一个线性结构非常容易，只需从开始结点出发顺序访问每个结点一次即可。但二叉树是非线性结构，要遍历它需要寻找一种规律来依次访问二叉树中的每一个结点。

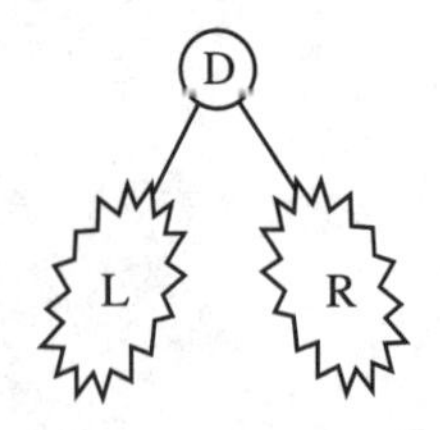

图 8.10　左右子树均不空的二叉树

从分析二叉树的结构着手。若一棵二叉树非空，则它由根、左子树、右子树这 3 个部分组成，如图 8.10 所示。我们可以按照某种顺序依次解决 3 个子问题：访问根、访问左子树、访问右子树。下面具体分析该过程的实现。

遍历过程的实现分析如下：

① 若二叉树为空，则遍历结束。

② 否则，假设二叉树的形态图 8.10 所示，且左右子树能分别遍历，则整个二叉树可按如下 6 种次序分别遍历出来：

a. 访问根，遍历左子树，遍历右子树（记做 DLR，称作根左右）。

b. 访问根，遍历右子树，遍历左子树（记做 DRL，称作根右左）。

c. 遍历左子树，访问根，遍历右子树（记做 LDR，称作左根右）。

d. 遍历右子树，访问根，遍历左子树（记做 RDL，称作右根左）。

e. 遍历左子树，遍历右子树，访问根（记做 LRD，称作左右根）。

f. 遍历右子树，遍历左子树，访问根（记做 RLD，称作右左根）。

关于左右子树的遍历，可采取与整个二叉树相同的方式来实现遍历。称 DLR 和 DRL 为先（根）序遍历，LDR 和 RDL 为中（根）序遍历，LRD 和 RLD 为后（根）序遍历。

通常，习惯按先左后右的顺序来遍历二叉树，这样，以上 6 种遍历方式只剩下 DLR，LDR，LRD 这 3 种了。

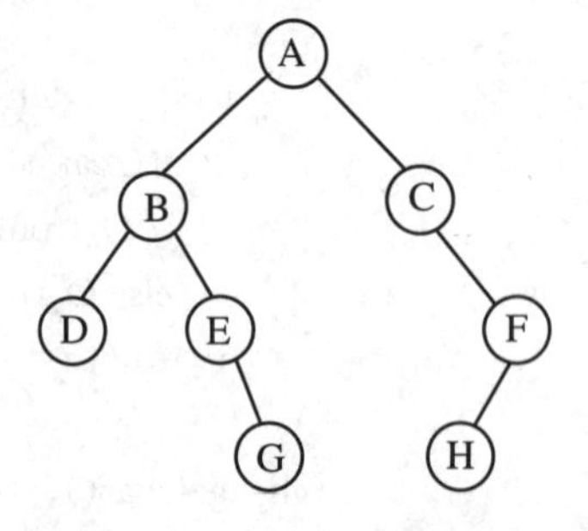

图 8.11　二叉树示例

【例 8.9】　分别写出如图 8.11 所示二叉树的先序、中序及后序遍历序列。

可以采用“分步填空”的方式。

对于先序遍历，先写出对整个二叉树的遍历顺序，即根结点、左子树、右子树：

A ______ ___
  AL   AR

然后对 A 的左右子树 AL 和 AR 分别应用同样的方法：

AB—— C——
  AL   AR

对于结点 B 和 C 的左右子树的遍历采取同样的方法：

A B D ——E—— C空F——

最终，将所有的空填满后，就得到了该二叉树的先序遍历序列：ABDEFCFH。

以同样的方式可以得到如图 8.11 所示二叉树的其他遍历序列：

中序遍历结果：DBEFACHF

后序遍历结果：DGEBHFCA

可见，对于一棵二叉树按照某种次序遍历的结果是一个结点的序列。

【例 8.10】 已知二叉树遍历的先序和中序序列如下，构造出相应的二叉树。

先序：ABCDEFGHIJ

中序：CDBFEAIHGJ

分析：由先序序列确定根；由中序序列确定左右子树。

首先由先序知根为 A，则由中序知左子树为 CDBFE，右子树为 IHGJ；对于左右子树，继续在先序序列中确定根，并在中序序列中划定其左右子树；如此往复，直至该二叉树构造完成，其过程如图 8.12 所示。

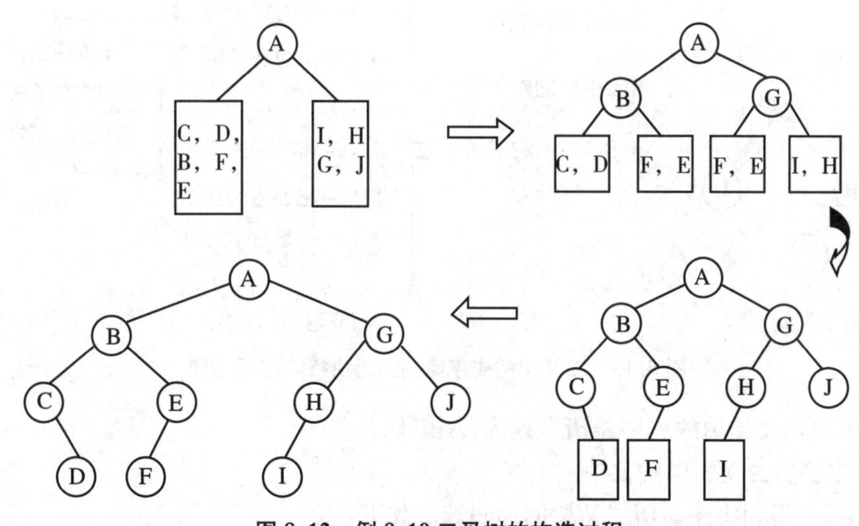

图 8.12 例 8.10 二叉树的构造过程

8.4.2 二叉树遍历递归算法

由上述对二叉树遍历的实现过程分析可知，对二叉树的遍历是在对各子树分别遍历的基础上进行的，而各子树的遍历与整个二叉树的遍历方法相同。这样，可借用对整个二叉树的遍历算法来实现对左右子树的遍历，即左右子树的遍历可递归调用整个二叉树的遍历算法。下面以二叉链表作为存储结构，分别讨论二叉树的 3 种遍历顺序的递归描述。

1．先序遍历二叉树递归算法

若二叉树为空，则操作结束，否则依次执行如下 3 个操作：

① 访问根结点。

② 先序遍历左子树。

③ 先序遍历右子树。

假设 T 为根指针，则遍历左右子树时，分别遍历以 T－＞lchild 和 T－＞rchild 为根指针的子树。算法如下：

```
void Preorder(Bitree  * T)
{    if(T)
     {    visite(T)；
          Preorder(T－＞lchild)；
          Preorder(T－＞rchild)；
     }
}
```

【例 8.11】 模拟先序遍历递归算法实现对如图 8.13(a)所示二叉树的遍历。

模拟运行先序递归算法遍历图 8.13 中二叉树图 8.13(a)的过程如图 8.13(b)所示。

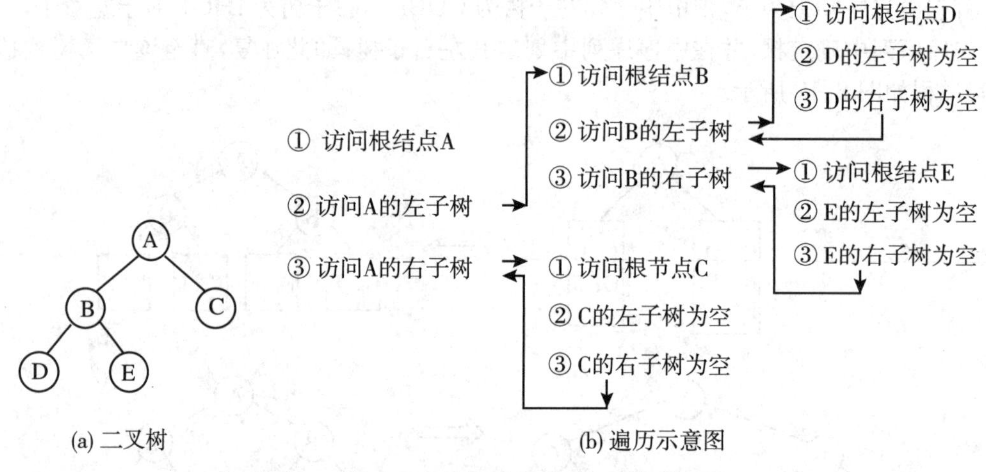

图 8.13　二叉树的先序递归遍历执行踪迹示意图

可得该二叉树的先序遍历序列为：ABDEC。

2．中序遍历二叉树递归算法

类似的，可得到中序遍历二叉树的递归算法如下：

```
void Inorder(Bitree  * T)
{    if(T)                //若二叉树不空
     {   Inorder(T－＞lchild)；       //中序遍历左子树
         visite(T)；//访问根
         Inorder(T－＞rchild)；       //中序遍历右子树
     }
}
```

仿照例 8.11，模拟中序递归遍历图 8.13(a)二叉树的过程。可得该二叉树的中序遍历序列为:DBEAC。

3. 后序遍历二叉树递归算法

类似的,可得到后序遍历二叉树的递归算法如下:

```
void Postorder(Bitree  * T)
{    if(T)              //若二叉树不空
     {    Postorder(T->lchild);        //后序遍历左子树
          Postorder(T->rchild);        //后序遍历右子树
          visite(T);        //访问根
     }
}
```

仿照例 8.11,模拟后序递归遍历图 8.13(a)二叉树的过程,可得该二叉树的后序遍历序列为:DEBCA。

可以看出,3 种遍历序列都是线性序列,在不同的遍历序列中,每一个结点有不同的前驱和后继。为区别二叉树中结点的前驱(父结点)、后继(孩子结点)的概念,对遍历序列中结点的前驱与后继冠以该遍历方式的名称。例如,对后序遍历序列 DEBCA 中的结点 E,其后序前驱是 D,后序后继是 B。

8.4.3 二叉树遍历的非递归算法

二叉树的遍历也可以采用非递归的算法来实现。

1. 先序遍历二叉树的非递归算法

先由一个实例讨论一下先序遍历二叉树的非递归过程。

【例 8.12】 假定对二叉树的遍历是为了打印各结点的值,试描述对图 8.13(a)所示二叉树 T 的先序遍历过程。

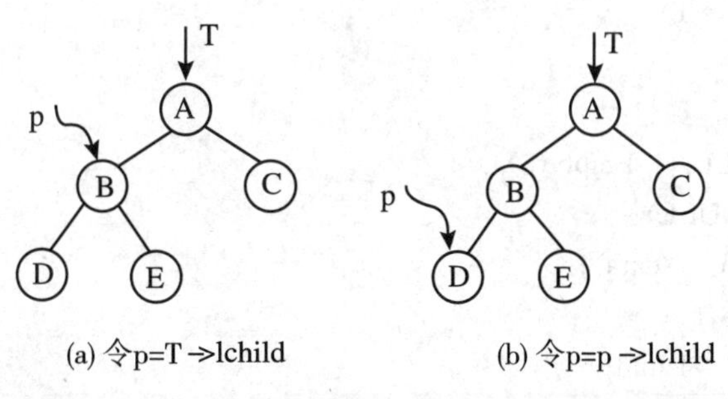

图 8.14 非递归先序遍历二叉树的指针移动示意图

先序遍历二叉树的过程如下:

① 首先访问根,输出 T->data,即输出 A;令 p=T->lchild(见图 8.14(a)),这样可以访问以 B 为根的子树,即二叉树 T 的左子树。

② 访问二叉树 T 的左子树,输出 p->data,即输出 B。

③ 访问 B 的左子树;令 p=p->lchild(见图 8.14(b)),使 p 指向 B 的左孩子 D,输出 p->data,即输出 D。

④ 访问 B 的右子树;首先访问 B 的右孩子。

这时存在一个问题:B的右孩子E的地址在哪儿?

若已知结点B的地址,则不难知道其右孩子的地址。在①中p的值为结点B的地址,但在③中进行p=p－>lchild赋值后,结点B的地址就丢失了。为了以后能顺利访问结点B的右孩子,应在③中进行p=p－>lchild赋值前保存结点B的地址。

其实,对每一个结点访问后都应该保存其地址,以便能顺利访问其右子树(右孩子)。对于如图8.13(a)所示的二叉树,在访问结点D之前,应依次保存结点A,B的地址;而后先取出结点B的地址,遍历其右子树;再取出结点A的地址。

这样,可以定义一个栈,将访问过的结点 x 的地址依次入栈,并同时访问 x(x 的地址为栈顶元素)的左孩子;当访问过栈顶的右孩子后,将其出栈。

图8.15描述了该二叉树的遍历过程。

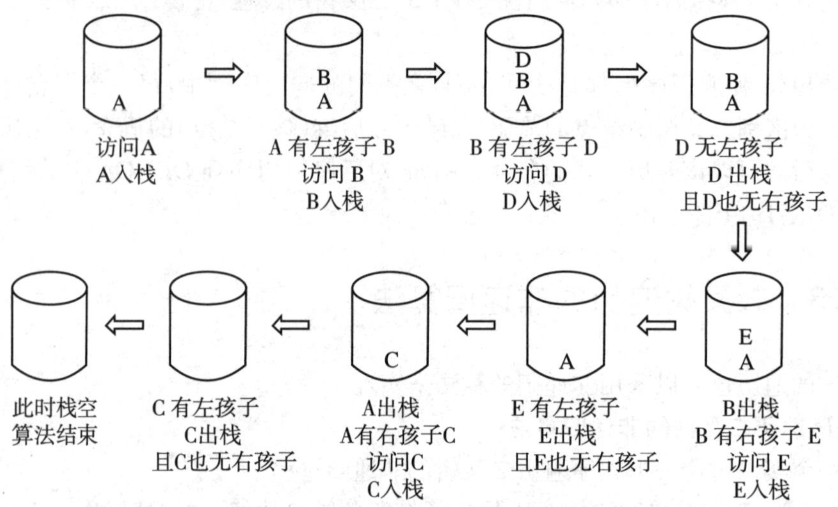

图8.15　图8.13(a)所示二叉树的非递归先序遍历过程

这样,二叉树的非递归先序遍历算法为

```
void preorder(Bitree *T)
{    Bitree *p=T;
    InitStack(S);
    while(p! =NULL||! Empty(S))
    {      if(p! =NULL)
           {  visit(p->data);
              Push(S,p);
              p=p->lchild;
           }
           else
           { p=Pop(S);
             p=p->rchild;
           }
    }
}
```

2. 中序遍历二叉树的非递归算法

在二叉树的先序遍历非递归算法中,我们利用栈存储已访问过的结点,以便能顺利访问其右子树。那么，对于二叉树的中序遍历，如何做到在搜索路线经过根时不访问根而先访问根的左子树呢？同样可以利用栈结构来实现。

算法思想如下：

① 首先将二叉树的根 T 入栈。

② 若 T 有左子树，令 T=T－>lchild，再将 T 入栈。

③ 重复②，直到 T 无左子树。

④ 栈顶元素 T 出栈，访问 T，若栈空，则遍历结束。

⑤ 若 T 有右子树，重复①、②、③、④、⑤；否则转④。

算法如下：

```
void inorder(Bitree *T)
{   Bitree *p=T;InitStack(S);
    while(p! =NULL||! Empty(S))
    {  if(p! =NULL)
       {  Push(S,p);
          p=p->lchild;
       }
       else
       {     p=Pop(S);
             visit(p->data);
          p=p->rchild;
       }
    }
}
```

3．后序遍历二叉树的非递归算法

后序遍历的非递归算法较为复杂，不仅在搜索路线第一次经过根结点时不访问它，并将其入栈，而且，在后根遍历它的左子树之后，搜索路线第二次经过根结点时也不能访问它。因此，在搜索线第二次经根结点时，不可以让栈顶元素（根）出栈，而应后序遍历其右子树，直到搜索路线第三次经过该结点时，才将其出栈，并且访问它。

为此，我们定义如下类型的顺序栈，使得数组 st[ ]的中每一个元素不仅记录入栈的结点地址，同时还记录搜索线经过该结点的次数。

```
# define StackSize 20
typedef struct
{   struct
     {  Bitree *elem;  //记录入栈的结点地址
        int n;          //记录搜索线经过该结点的次数
     }st[StackSize];
     int top;
}SeqStack;
```

后序遍历二叉树的非递归算法程序：

```
void Postorder(Bitree *T)
{   Bitree *p=T,*q;
```

```
    SeqStack * S;
    S=(SeqStack *)malloc(sizeof(SeqStack));
    S->top=-1;          //建空栈
    while(p! =NULL||S->top>=0)
  {   if(p! =NULL)
      {   S->top++;         //p入栈
          S->st[S->top].elem=p;
          S->st[S->top].n=1;        //搜索线第一次经过
          p=p->lchild;
      }
      else if(S->st[S->top].n==2)       //若搜索线第二次经过则访问该结点
          { q=S->st[S->top].elem;
            visit(q->data);
            S->top--;
          }
          else
          { p=S->st[S->top].elem;
          S->st[S->top].n++;        //搜索线第二次经过
           p=p->rchild;
           }
  }
  free(S);
}
```


8.4.4 二叉树遍历算法的应用

二叉树的遍历算法对一个二叉树按某种次序"访问"其中每个结点一次且仅一次，利用这一特点，适当修改"访问"操作，就可以得到许多实际问题的求解算法。

【例 8.13】 按先序遍历序列建立二叉树的二叉链表。

分析：按先序遍历的顺序，将每次访问根结点的操作改为新建一个结点，以此建立一个二叉链表。例如，按如下次序读入字符：

A B C ＃ ＃ D E C ＃ G ＃ ＃ F

则将 A 作为二叉树的根，第 2 个读入的字符 B 是 A 的左子树的根；若函数 crt_bt_pre( )用来返回结点 A(二叉树的根)的地址 bt，那么，读入字符 B 后可以调用该函数，返回左子树的根 bt->lchild；继续读入的字符又作为 B 的左子树的根……直到读入的字符为＃，下一个读入的字符就是父结点右子树的根。

算法如下：

```
Bitree * crt_bt_pre(Bitree * bt)
{   char ch;
    ch=getchar();
    if(ch=='#')
```

```
        bt = NULL;
    else
      {    bt = (Bitree  * )malloc(sizeof(Bitree));
           bt - >data = ch;
           bt - >lchild = crt_bt_pre(bt - >lchild);
           bt - >rchild = crt_bt_pre(bt - >rchild);
      }
    return(bt);
}
```

【例 8.14】 统计二叉树中叶子结点个数。

设该二叉树的存储形式是以 bt 为根指针的二叉链表，若函数 countleaf(bt)用来统计该二叉树中叶子结点数。该函数的实现分析如下：

① 若 bt = = NULL，则叶子数为 0。

② 否则，可能有两种情况：

a. 根结点 * bt 无左右孩子，其本身为叶子，则整个二叉树的叶子结点数为 1。

b. 根结点 * bt 的左右子树至少有一个不空，则以 * bt 为根的二叉树中叶子结点的数目是其左右子树中叶子数之和。

其左右子树中叶子数可通过调用函数：countleaf(bt - >lchild)和 countleaf(bt - >rchild)来求得。

算法如下：

```
int countleaf(Bitree  * bt)
{ if(bt = = NULL)
      return(0);
   else if((bt - >lchild = = NULL)&&(bt - >rchild = = NULL))
             return(1);
         else
            return(countleaf(bt - >lchild) + countleaf(bt - >rchild));
}
```

【例 8.15】 设计算法求二叉树的深度。

设该二叉树的存储形式是以 bt 为根指针的二叉链表，函数 treedepth(bt)用来计算该二叉树的深度。算法分析如下：

① 若二叉树 bt 为空，则其深度为 0，算法结束。

② 若 bt 不为空，则二叉树 bt 的深度应该是其左右子树的深度的最大值加 1；而其左、右子树的深度值分别由函数 treedepth(bt - >lchild)和 treedepth(bt - >rchild)计算得到。

算法如下：

```
int treedepth(Bitree  * bt)
{ if(bt = = NULL)
      return(0);
   else
      return(max(treedepth(bt - >lchild),treedepth(bt - >rchild)) + 1);
}
```

【例 8.16】 表达式树及其求值。

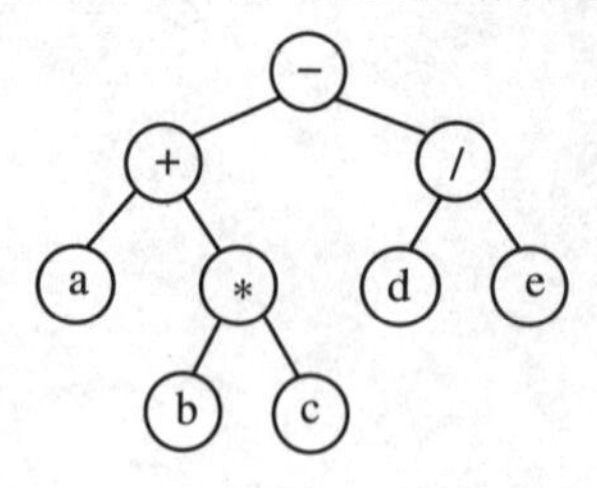

图 8.16 表达式的二叉树表示

形如(a+b∗c)-d/e 的表达式可以用二叉树表示为图 8.16,称这样的二叉树为表达式树。表达式树是二叉树的一种常见应用。

在表达式中,任何一个操作符的左、右均为操作数(表达式),即在使用该操作符之前,其左右表达式的值必须已经求出,这在表达式树的操作上表现为后序遍历过程。这样,关于对表达式树 T 求值的过程可以分析如下:

① 若该表达式树为空树,即 T= =NULL,则该表达式的值为 0。

② 若根结点是一个非操作符的数值,则该表达式树的值为 T->data。

③ 否则,应用根结点所描述的操作符,将其左右子树根结点的值作为运算对象进行运算;而其左右子树也是表达式树,其根结点值须首先依本算法求得。

假定表达式中的操作符为+,-,∗,/,操作数为整数,且表达式是合法的,表达式树的存储结构采用二叉链表,则表达式树的求值算法可以描述如下:

```
int evaluate( Bitree *T)
{   int a,b;
    if(T= =NULL)
       return(0);
     if((T->data! ='+')&&(T->data! ='-')&&(T->data! ='*')&&(T->data!
='/'))
       return(T->data);
    a=evaluate(T->lchild);
    b=evaluate(T->rchild);
    switch(T->data)
    {   case '+':return(a+b);break;
        case '-':return(a-b);break;
        case '*':return(a*b);break;
        case '/':return(a/b);break;
    }
}
```

8.5 二叉树的应用

8.5.1 哈夫曼树

在许多数据处理和软件设计中,常常需要压缩数据以节省存储空间。哈夫曼树就为数据压缩提供了一种基本方法。利用哈夫曼树,我们可以获得平均长度最短的数据编码,从而达到压缩数据的目的。

1．基本概念

在介绍哈夫曼树之前，我们先介绍几个基本概念。

(1) 路径和路径长度

在二叉树中，从一个结点可以达到的孩子或后辈结点之间的通路称为路径。通路中分支的数目称为路径长度。

若规定根结点的层次数为 1，则从根结点到第 l 层结点的路径长度为 $l-1$。

(2) 结点的权及结点的带权路径长度

若将二叉树中结点赋予一个有着某种实际意义的数值，则这个数值称为该结点的权。

在二叉树中，从根结点到某后辈结点之间的路径长度与该结点的权的乘积称为该结点的带权路径长度。

(3) 二叉树的带权路径长度

在二叉树中，所有叶子结点的带权路径长度之和被称为二叉树的带权路径长度，通常记为

$$\text{WPL} = \sum_{i=1}^{n} w_i \times l_i \tag{8.1}$$

其中，n 为叶子结点的数目，w_i 为第 i 个叶子结点的权值，l_i 为第 i 个叶子结点的路径长度。

【例 8.17】 分别计算如图 8.17 所示的 3 棵二叉树的带权路径长度。

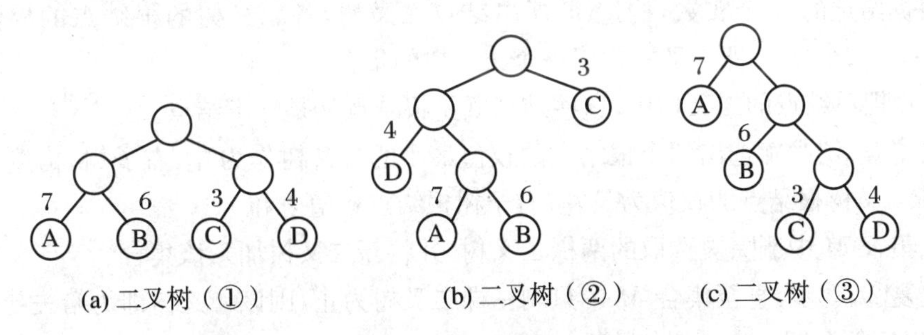

图 8.17 具有不同带权路径长度的二叉树

$$\text{WPL}_{①} = 7\times2+6\times2+3\times2+4\times2 = 40$$

$$\text{WPL}_{②} = 7\times3+6\times3+3\times1+4\times2 = 50$$

$$\text{WPL}_{③} = 7\times1+6\times2+3\times3+4\times3 = 30$$

思考：什么样的二叉树的带权路径长度较小？

由例 8.17 可以看出，权值较大的叶子离根越近，则二叉树的带权路径长度越小。

(4) 哈夫曼树定义

在具有 n 个叶子结点，且叶子结点的权值分别为 $w_1, w_2, \cdots, w_n$ 的所有二叉树中，带权路径长度 WPL 最小的二叉树被称为最优二叉树或哈夫曼树(Huffman tree)。

【例 8.18】 给定 4 个叶子结点 a，b，c，d，权值分别为 8，7，2，4。可以构造若干个二叉树，如图 8.18 所示为其中的 3 棵。它们的带权路径长度分别为

$$\text{WPL}_{a} = 8\times1+4\times2+7\times3+2\times3 = 43$$

$$\text{WPL}_{b} = 2\times1+4\times2+8\times3+7\times3 = 55$$

$$\text{WPL}_{c} = 8\times1+7\times2+2\times3+4\times3 = 40$$

其中,(c)树的带权路径长度 WPL 最小。可以验证,它就是最优二叉树,即哈夫曼树。

由例 8.18 可以看出,在叶子结点的数目及权值相同的二叉树中,完全二叉树不一定是最优二叉树。

注意:一般情况下,最优二叉树中,权值越大的叶子离根越近。

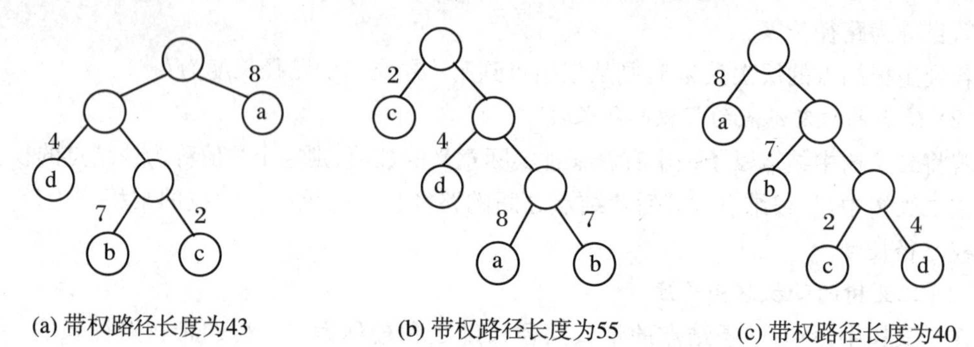

图 8.18　具有不同带权路径长度的二叉树

2. 哈夫曼树的构造过程

假设给定 n 个实数 $w_1, w_2, \cdots, w_n$,构造拥有 n 个叶子结点的哈夫曼树,且这 n 个叶子结点的权值分别为给定的实数,则哈夫曼树的构造方法如下:

① 根据给定的 n 个实数,构造 n 棵单结点二叉树,各二叉树的根结点的权值分别为 $w_1, w_2, \cdots, w_n$;令这 n 棵二叉树构成一个二叉树的集合 M。

在这 n 棵单结点的二叉树中,这些结点既是根结点又是叶子结点。

② 在集合 M 中筛选出两个根结点的权值最小的二叉树作为左、右子树,构造一棵新二叉树,且新二叉树根结点的权值为其左、右子树根结点权值之和。

③ 从集合 M 中删除被选取的两棵二叉树,并将新二叉树加入该集合。

④ 重复②、③步,直至集合 M 中只剩一棵二叉树为止,则该二叉树即为哈夫曼树。

下面以实例介绍哈夫曼树的构造过程。

【例 8.19】 假设给定的实数分别为 1,5,7,3,则构造哈夫曼树的过程如图 8.19 所示。

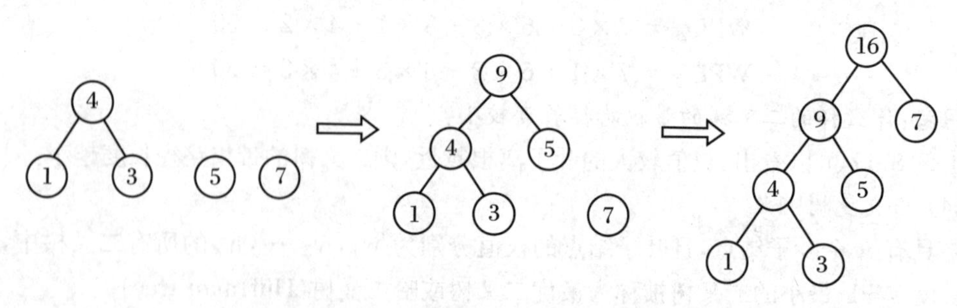

图 8.19　哈夫曼树的构造过程示例

总结:

① 给定 n 个权值,需经过 $n-1$ 次合并最终形成哈夫曼树。

② 经过 $n-1$ 次合并产生 $n-1$ 个新结点,且这 $n-1$ 个新结点都是具有两个孩子的分支结点。

③ 哈夫曼树中共有 $n+n-1=2n-1$ 个结点，且其所有的分支结点的度均不为 1。

3．哈夫曼树的存储及哈夫曼算法

由以上分析可知，一棵有 n 个叶子结点的哈夫曼树上共有 $2n-1$ 个结点，可以采用长度为 $2n-1$ 的数组顺序存储结点信息。每一个结点应包括 4 个域：存放该结点权值的 weight 域、分别存放其左右孩子结点在数组中下标的 lchild 域和 rchild 域，以及记录该结点的父结点信息的 parent 域。

这样，结点的类型描述如下：

```
typedef struct
{   float weight;
    int parent,lchild,rchild;
}hufmtree;
```

若给定 n 个权值，则可定义数组 tree[ ]存储哈夫曼树上的结点：

```
hufmtree tree[2*n-1];
```

基于上述存储结构的哈夫曼算法分析如下：

① 初始化数组 tree[$2\times n-1$]；读入给定的 n 个权值，分别放入数组的前 n 个分量的 weight 域中，并将数组中所有分量的 lchild 域、rchild 域和 parent 域置 0。

② 从数组的前 n 个分量中选择权值最小和次小的两个结点(假设下标分别为 p1 和 p2)合并，产生新结点，将新结点的信息存放在第 $n+1$ 个分量中；新结点的权值 weight 为这两个结点的权值之和，左右孩子域中的值分别修改为 p1 和 p2；同时，改变下标为 p1 和 p2 结点的 parent 域中的值，使其等于 $n+1$。

③ 重复②，每次均从 parent 域的值为 0 的所有结点中选择权值最小和次小的两个结点合并，产生的新结点顺次存放在 weight 域值为 0 的分量中，同时修改该分量的左右孩子域值和被合并的两个结点的 parent 域值，直到数组的第 $2n-1$ 个分量的 weight 域、lchild 域和 rchild 域中的值被修改为止。

算法描述如下：

```
#define n 7
#define m 2*n-1
#define maxval 100.0    //令 maxval 为最大值
Huffman(hufmtree tree[])
{   int i,j,p1,p2;
   float small1,small2,f;
    for(i=0;i<m;i++)   //初始化数组
    {   ree[i].parent=0;
        tree[i].lchild=0;
        tree[i].rchild=0;
        tree[i].weight=0.0;
    }
    for(i=0;i<n;i++)    //读入前 n 个结点的权值
    {  scanf("%f",&f);
       tree[i].weight=f;
```

```
    }
    for(i=n;i<m;i++)    //进行 n-1 次合并,产生 n-1 个新结点
    { p1=p2=0;
      small1=small2=maxval;
     for(j=0;j<=i-1;j++) //选出两个权值最小的根结点
      { if(tree[j].parent==0)
            if(tree[j].weight<small1) //查找最小权,并用 p1 记录其下标
            {  small2=small1;
               small1=tree[j].weight;
               p2=p1;
               p1=j;
            }
            else if(tree[j].weight<small2)//查找次小权,并用 p2 记录其下标
                { small2=tree[j].weight;
                  p2=j;
                }
            tree[p1].parent=tree[p2].parent=i;
            tree[i].weight=tree[p1].weight+tree[p2].weight;
            tree[i].lchild=p1;
            tree[i].rchild=p2;
      }
   }
}
```


4. 哈夫曼编码

哈夫曼树被广泛应用于各种技术中,这里介绍的哈夫曼编码是其在编码技术上的应用。

在通信及数据传输中多采用二进制编码。为了使电文尽可能缩短,可以让那些出现频率较高的字符的二进制码短些,而让那些很少在电文中出现的字符的二进制码长一些。这样,就需要对这些字符进行不等长编码。但不等长编码很容易导致短码与长码的开始部分相同。例如,假设字符 E 的编码为 00,字符 F 的编码为 01,字符 T 的编码为 0001,当接收到信息串 0001 时,将其理解为 EF 还是 T 呢?因此,若对字符集进行不等长编码,则要求任一字符的编码不可以是其他字符编码的前缀。这种编码称为前缀码。

那么,什么样的前缀码可以使得电文总长最短呢?

假设电文中共有 n 个不同的字符,每个字符在电文中出现的次数为 w_i,其编码长度为 l_i,则该电文的编码总长为 $\sum_{i=1}^{n} w_i l_i$ 。若存在以 w_i 为叶子结点权值的二叉树,则该式即为二叉树的带权路径长度。而哈夫曼树的带权路径长度最小,若以 w_i 为给定权值构造哈夫曼树,以叶子结点的路径长度 l_i 作为编码长度来设计哈夫曼编码,则哈夫曼编码可以使得电文总长最短;而二叉树中没有一片树叶是另一片树叶的祖先,所以每个叶子结点的编码不可能是其他叶子结点编码的前缀,这样,哈夫曼编码就是一种可以使得电文总长最短的前缀码。

【例 8.20】 假设组成电文的字符集 $D=\{A,B,C,D,E,F,G\}$,其概率分布 $W=\{0.40,$

0.30,0.15, 0.05,0.04,0.03,0.03},设计最优前缀码。

分析:① 首先,以每个字符的概率值作为给定的权值,构造哈夫曼树。这样,哈夫曼树上的每个叶子结点分别代表字符集 D 中的不同字符。

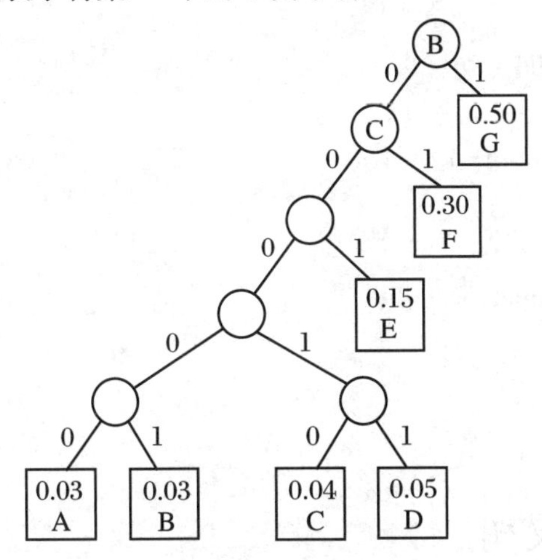

图 8.20 哈夫曼树及哈夫曼编码示例

② 约定哈夫曼树的所有左分支标记为 1,所有右分支标记为 0;则从根结点到叶子结点的路径上所有分支标记将组成一个代码序列,该序列就是该叶子结点所对应的字符的编码。

所构造的哈夫曼树如图 8.20 所示,其左右分支上分别标记了 0 和 1。

这样,可得字符集 D 中每个字符的前缀码如下:

A:00000 B:00001 C:00010 D:00011 E:001 F:01 G:1

在哈夫曼树的存储结构中,由于每个结点都有相应的域记录其父结点及左右孩子结点的位置。这样,我们可以由叶子结点 tree[i]的 parent 域找到其父结点 tree[p](令 p= tree[i]. parent),并由 tree[p]. lchild 及 tree [p]. rchild 是否为 i 来判断 tree[i]是 tree[p]的左孩子还是右孩子,以便记录对应于左右分支的字符"0"或"1",并将该字符存放在字符数组 bits[ ]中;按这种方法向上回溯到根结点,数组 bits[ ]中将记录下叶子结点 tree[i]的编码。由于生成编码的序列与所要求的编码次序相反,我们可以将依次得到的字符"0"或"1"从后往前依次存放在数组 bits[ ]中。

这样,我们需要一个整型变量 start 记录编码在数组 bits[ ]中的起始位置。可以定义编码的存储结构如下:

```
typedef struct
{   char bits[n];          //n 为哈夫曼树中叶子结点的数目,编码的长度不可能超过 n
    int  start;
    char ch;          //与编码对应的字符
}Codetype;
```

综合以上分析,哈夫曼编码的生成算法可以描述如下:

```
Codetype code[n];          //有 n 个字符的编码
HuffmanCode(hufmtree tree[])
{   int i,j,p;
    for(i=0;i<n;i++)
```

```
    {  code[i].start=n-1;
       j=i;
       p=tree[i].parent;
       while(p! =0)
       {  if(tree[p].lchild= =j)
              code[i].bits[n-1]='0';
          else code[i].bits[n-1]='1';
          code[i].start--;
          j=p;
          p=tree[p].parent;
       }
    }
}
```


8.5.2 线索二叉树

当用二叉链表作为二叉树的存储结构时，可以很方便地找到某个结点的左右孩子，但一般情况下，无法直接找到该结点在某种遍历序列中的直接前驱和直接后继结点。为解决这个问题，我们提出了线索二叉树的概念。

1. 线索二叉树的概念

保存二叉树遍历过程中任一结点的直接前驱和直接后继信息的一个简单方法是，对二叉链表中的每一个结点增设前驱、后继指针域，分别指示该结点在某种遍历次序中的前驱和后继信息。显然，这样做会大大降低存储空间的利用率。

那么，是否可以利用二叉链表中的空指针域呢？

对于具有 n 个结点的二叉链表，共有 $2n$ 个孩子指针域，但该二叉树仅有 $n-1$ 个孩子。也就是说，这 $2n$ 个孩子指针域中，仅有 $n-1$ 个用来指示结点的左右孩子，其余 $n+1$ 个指针域为空。这样，我们可以充分利用这些空指针域。

若利用二叉链表中的空指针域将空的左孩子指针域改为指向其前驱，空的右孩子指针域改为指向其后继，我们称这种改变指向的指针为线索；称加上了线索的二叉链表为线索链表；而相应的二叉树称为线索二叉树。

为区分孩子指针和线索，对二叉链表中每个结点增设两个标志域 ltag 和 rtag，并约定：

```
ltag=0  //表示 lchild 域记录该结点的左孩子结点地址
ltag=1  //表示 lchild 域记录该结点的前驱结点地址
rtag=0  //表示 rchild 域记录该结点的右孩子结点地址
rtag=1  //表示 rchild 域记录该结点的后继结点地址
```

结点的结构如下：

<table>
<tr><td>ltag</td><td rowspan="2">data</td><td>rtag</td></tr>
<tr><td>lchild</td><td>rchild</td></tr>
</table>

【例 8.21】 二叉树图 8.21(a)的先序、中序和后序的线索链表如图 8.21(b)～(d)所示。

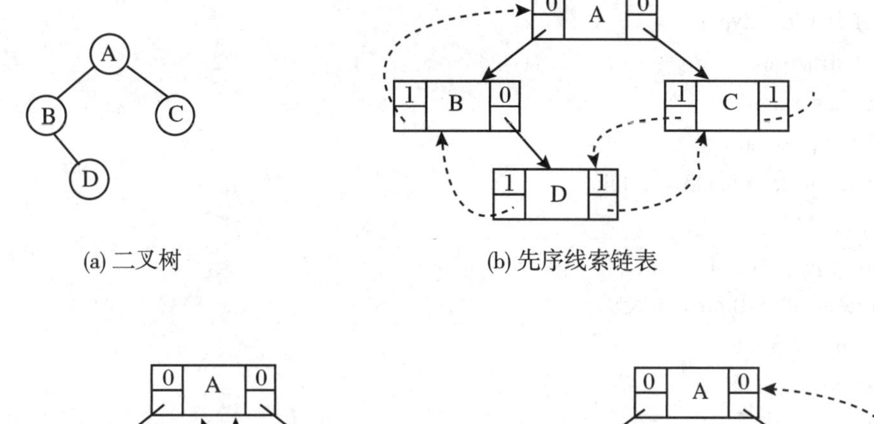

(a) 二叉树　　(b) 先序线索链表

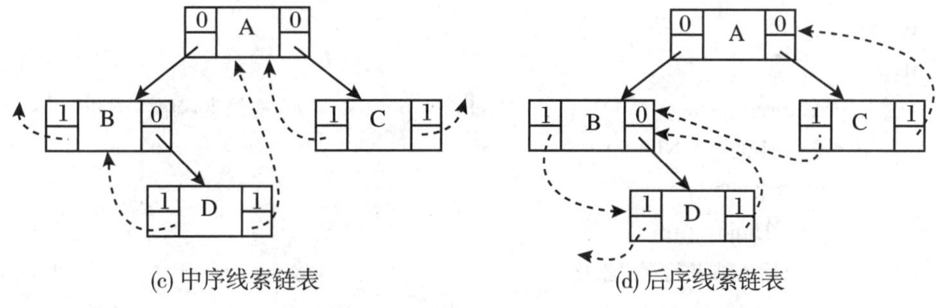

(c) 中序线索链表　　(d) 后序线索链表

图 8.21　线索链表与线索二叉树示例

2. 二叉树的线索化

将二叉树转换成线索二叉树的过程称为线索化。

按某种遍历顺序将二叉树线索化，只需在遍历过程中将二叉树中每个结点的空的左右孩子指针域分别修改为指向其前驱和后继结点。

这样，每个结点的线索化操作包括以下内容：

① 若其左子树为空，则将其左孩子域线索化，使左孩子指针 lchild 指向其前驱，ltag 置 1。

② 若其右子树为空，则将其右孩子域线索化，使右孩子指针 rchild 指向其后继，rtag 置 1。

这样，若对结点 * p 线索化，应知道其前驱和后继结点的地址。为此，附设一个指针 pre，当遍历到结点 * p 时，用 pre 记录刚刚访问过的 * p 的前驱结点的地址，但此时还不知道 * p 的后继结点的地址，所以只能对 * p 结点前驱线索化，不能对其后继线索化。

可以看出，结点 * pre 是结点 * p 的前驱，而 * p 是 * pre 的后继。这样，当遍历到结点 * p 时，可以进行以下 3 步操作：

① 若 * p 有空指针域，则将相应的标志域值置 1。

② 若 * p 的左线索标志已经建立(p－>ltag＝＝1)，则可使其前驱线索化，令 p－>lchild＝pre。

③ 若 * pre 的右线索标志已经建立(pre－>rtag＝＝1)，则可使其后继线索化，令pre－> rchild＝p。

如此，二叉树的线索化可以在二叉树的遍历过程完成，该算法应为遍历算法的一种变化形式。

下面给出线索链表中结点的类型说明以及先序线索化算法。

```
typedef char datatype;
typedef struct node
{   int ltag,rtag;
    datatype data;
    struct node *lchild, *rchild;
}Bithptr;
Bithptr *pre=NULL;
void prethread(Bithptr *root)
{   Bithrtr *p;
    p=root;
    if(p)
    {   if(pre&&pre->rtag==1)  pre->rchild=p;        //前驱结点后继线索化
        if(p->lchild==NULL)
        {   p->ltag=1;
            p->lchild=pre;
        }       //后继结点前驱线索化
        if(p->rchild==NULL)
            p->rtag=1;
        pre=p;
        prethread(p->lchild);
        prethread(p->rchild);
    }
}
```

类似的,可以给出二叉树的中序线索化算法和后序线索化算法。

3. 线索二叉树的查找算法

这里介绍在线索二叉树上查找二叉树中某结点的前驱、后继结点的操作,共有 3 组 6 个问题:

① 先序线索二叉树中查找先序前驱和后继结点。

② 中序线索二叉树中查找中序前驱和后继结点。

③ 后序线索二叉树中查找后序前驱和后继结点。

下面,我们重点讨论先序后继、先序前驱及中序后继结点的查找。

(1) 先序线索二叉树中的查找先序后继结点

在先序线索二叉树中查找结点 *p 的后继结点分以下 3 种情形:

① 若 *p 的左子树不空,根据先序遍历的顺序,其左子树的根为 *p 的后继,即 p->lchild 指向其后继。

② 若 *p 的左子树为空,而右子树不空,则根据先序遍历的顺序,其右子树的根为 *p 的后继,即 p->rchild 指向其后继。

③ 若 *p 的左右子树均为空,则 p->rchild 为右线索,指向 *p 的后继结点。

算法描述如下：

```
Bithptr *presuc(Bithptr *p){
    if(p->ltag==0)
        return(p->lchild);
    else
        return(p->rchild);
}
```

(2) 先序线索二叉树中的前驱查找算法

在先序线索二叉树中查找结点 *p 的前驱结点的方法分析如下。

若结点 *p 无左孩子，则 p->lchild 为左线索，指向 *p 的前驱结点；否则，有以下几种情况：

① 若结点 *p 为二叉树的根，根据先序遍历的顺序，根没有前驱结点。

② 若结点 *p 为父结点的左孩子，根据先序遍历的顺序，其前驱为父结点。

③ 若结点 *p 为父结点的右孩子，而其无左兄弟，则 *p 的前驱为父结点；若结点 *p 有左兄弟，则 *p 的前驱为其左兄弟子树中最右下的叶子结点。

由上述分析可知，要查找先序前驱必须知道结点 *p 的父结点，当线索链表中结点未设双亲指针时，要进行从根开始的先序遍历才能找到结点 *p 的先序前驱。由此可以看出，线索对查找指定结点的先序前驱并无多大帮助。

(3) 中序线索二叉树中的后继查找算法

在中序线索二叉树中查找结点 *p 的后继结点分两种情形：

① 若 *p 的右子树为空，则 p->rchild 为右线索，指向 *p 的后继结点。

② 若 *p 的右子树非空，根据中序遍历的顺序，*p 的后继结点为其右子树中最左下的结点 X，如图 8.22 所示。

基于以上分析，不难给出中序后继结点的查找算法：

```
Bithptr *insuc(Bithptr *p){
    Bithptr *q;
    if(p->rtag==1)
        return(p->rchild);
    else{
        q=p->rchild;
        while(q->ltag==0)
            q=p->lchild;
        return(q);
    }
}
```

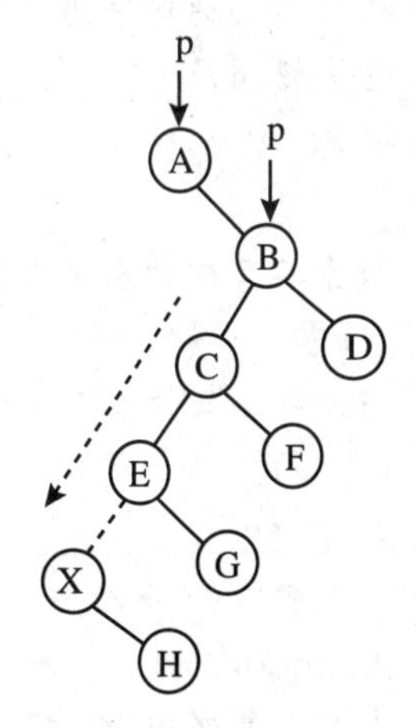

图 8.22　中序后继是结点

关于中序前驱、后序后继和后序前驱结点的查找可以应用类似的方法，建议读者自行分析。

自主学习

本章介绍了二叉树的基本概念、存储方法和遍历思想，以及哈夫曼树、线索二叉树的相关知识，要求重点掌握二叉树的遍历思想及应用。

学习本章内容的同时，可以参考相关资料，查询、了解其他相关知识，并编写程序实现相关算法，包括：

(1) 二叉树遍历思想的其他相关应用；

(2) 哈夫曼树、哈夫曼编码的应用问题；

(3) 线索二叉树的相关算法及应用问题。

参考资料：

[1] 胡学钢. 数据结构:C语言版[M]. 北京:高等教育出版社,2008.

[2] 严蔚敏,李冬梅,吴伟民. 数据结构:C语言版[M]. 北京:人民邮电出版社,2011.

[3] 王昆仑,李红. 数据结构与算法[M]. 2版. 北京:中国铁道出版社,2012.

习　题

1. 填空题

(1) 二叉树由________、________、________三个基本单元组成。

(2) 如某二叉树有20个叶子结点，有30个结点仅有一个孩子，则该二叉树的总结点数为________。

(3) 已知一棵二叉树的前序序列为abdecfhg，中序序列为dbeahfcg，则该二叉树的根为________。

(4) 已知二叉树前序为ABDEGCF，中序为DBGEACF，则后序一定是________。

(5) 哈夫曼树是________。

(6) 若以{4,5,6,7,8}作为叶子结点的权值构造哈夫曼树，则其带权路径长度是________。

(7) 线索二叉树的左线索指向其________，右线索指向其________。

2. 选择题

(1) 若一棵二叉树具有10个度为2的结点，5个度为1的结点，则度为0的结点个数是(　　)。

A. 9　　B. 11　　C. 15　　D. 不确定

(2) 一棵具有 n 个结点的完全二叉树的树高度(深度)是(　　)。

A. $\log n+1$　　B. $\log(n+1)$　　C. $\log n$　　D. $\log(n-1)$

(3) 在完全二叉树中，若一个结点是叶结点，则它没(　　)。

A. 左子结点　　B. 右子结点

C. 左子结点和右子结点　　D. 左子结点，右子结点

(4) 当一棵有 n 个结点的二叉树按层次从上到下，同层次从左到右将数据存放在一维数组A[1…n]中时，数组中第 i 个结点的左孩子为(　　)。

A. A[$2i$]($2i\leqslant n$)　　B. A[$2i+1$]($2i+1\leqslant n$)

C. A[$i/2$]　　D. 无法确定

(5) 二叉树的先序遍历和中序遍历如下：先序遍历：EFHIGJK；中序遍历：HFIEJKG。该二叉树根的右子树的根是(　　)。

A. E　　B. F　　C. G　　D. H

(6) 一棵非空的二叉树的先序遍历序列与后序遍历序列正好相反，则该二叉树一定满足(　　)。

A. 所有的结点均无左孩子　　B. 所有的结点均无右孩子

C. 只有一个叶子结点　　D. 是任意一棵二叉树

(7) 在二叉树结点的先序序列，中序序列和后序序列中，所有叶子结点的先后顺序(　　)。

A. 都不相同

B. 完全相同

C. 先序和中序相同，而与后序不同

D. 中序和后序相同，而与先序不同

(8) 设给定权值总数有 n 个，其哈夫曼树的结点总数为(　　)。

A. 不确定　　B. $2n$

C. $2n+1$　　D. $2n-1$

(9) 有 n 个叶子的哈夫曼树的结点总数为(　　)。

A. 不确定　　B. $2n$

C. $2n+1$　　D. $2n-1$

(10) 引入二叉线索树的目的是(　　)。

A. 加快查找结点的前驱或后继的速度

B. 为了能在二叉树中方便地进行插入与删除

C. 为了能方便地找到双亲

D. 使二叉树的遍历结果唯一

3. 判断题

(1) 二叉树是度为 2 的有序树。(　　)

(2) 对于有 n 个结点的二叉树，其高度为 $\log_2 n$。(　　)

(3) 深度为 k 的二叉树中结点总数$\leqslant 2k-1$。(　　)

(4) 完全二叉树中，若一个结点没有左孩子，则它必是树叶。(　　)

(5) 二叉树只能用二叉链表表示。(　　)

(6) 在二叉树的第 i 层上至少有 $2i-1$ 个结点($i\geqslant 1$)。(　　)

(7) 在二叉树中插入结点，则此二叉树便不再是二叉树了。(　　)

(8) 由一棵二叉树的前序序列和后序序列可以唯一确定它。(　　)

(9) 当一棵具有 n 个叶子结点的二叉树的 WPL 值为最小时，称其树为 Huffman 树，且其二叉树的形状必是唯一的。(　　)

4. 应用题

(1) 试找出满足下列条件的二叉树：

① 先序序列与后序序列相同；

② 中序序列与后序序列相同；

③ 先序序列与中序序列相同；

④ 中序序列与层次遍历序列相同。

(2) 已知二叉树的中序和后序序列分别为 CBEDAFIGH 和 CEDBIFHGA，请构造出此二叉树。

(3) 已知某字符串 S 中共有 8 种字符[A,B,C,D,E,F,G,H]，分别出现 2 次、1 次、4 次、5 次、7 次、3 次、4 次和 9 次。

① 试构造出哈夫曼编码树，并对每个字符进行编码。

② 问该字符串的编码至少有多少位？

(4) 设 T 是一棵二叉树，除叶子结点外，其他结点的度数皆为 2，若 T 中有 6 个叶子结点。

① T 的最大深度 K_{max} 是多少，最小可能深度 K_{min} 是多少？

② T 中共有多少个非叶子结点？

③ 若叶子结点的权值分别为 1,2,3,4,5,6。构造一棵哈曼夫树，并计算该哈曼夫树的带权路径长度 WPL。

5. 程序设计题

(1) 将二叉树 bt 中每一个结点的左右子树互换的算法如下，其中 ADDQ(Q, bt)，DELQ(Q)，EMPTY(Q)分别为进队、出队，判别队列是否为空的函数，填写算法中的空格，完成其功能。

```
typedef struct node{
    int data;
    struct node *lchild, *rchild;
}btnode;
void EXCHANGE(btnode *bt){
    btnode *p, *q;
    if(bt){ADDQ(Q,bt);
        while(! EMPTY(Q)){
            p=DELQ(Q);q=________;
            p->rchild=________ ;  ________=q;
            if(p->lchild);
            if(p->rchild);
        }
    }
```

(2) 将下面求二叉树高度的递归算法补充完整。说明：二叉树的两指针域为 lchild 与 rchild，算法中 p 为二叉树的根，lh 和 rh 分别为以 p 为根的二叉树的左子树和右子树的高，hi 为以 p 为根的二叉树的高，hi 最后返回。

```
height(p){
    if(________(1)________){
        if(p->lchild==NULL)lh=________(2)________;
        else lh=________(3)________;
        if(p->rchild==NULL)rh=________(4)________;
        else rh=________(5)________;
        if( lh>rh)hi=________(6)________;
```

```
        else hi = ________(7)________;
    }
    else hi = ________(8)________;
    return hi;
}
```

(3) 设计算法求二叉树的结点个数。

(4) 编写算法交换二叉树中所有结点的左右子树。

(5) 编写一算法，求出一棵二叉树中所有结点数和叶子结点，假定分别用变参 C1 和 C2 统计所有结点数和叶子结点数，初值均为 0。

(6) 写出判断给定的二叉树是否是完全二叉树的算法。

第9章　树和森林

9.1　引　　言

9.1.1　本章能力要素

本章介绍树这种非线性结构数据，森林是树的集合。介绍它们的3种存储方法和遍历运算，以及与二叉树之间的转换方法。在实际应用中，很多时候我们可以把树、森林转换为二叉树来实现它们的相关运算。具体要求包括：

(1) 掌握树和森林的逻辑结构；

(2) 掌握树和森林存储结构模型。

专业能力要素包括：

(1) 构建合适的数据结构模型，实现对树和森林的遍历算法的设计能力；

(2) 构建合适的数据结构模型，实现对树和森林与二叉树之间的转换算法的设计能力。

9.1.2　本章知识结构图

本章知识结构如图9.1所示。

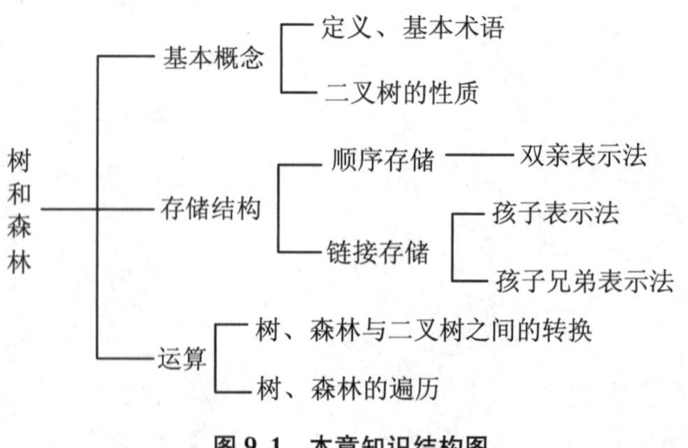

图9.1　本章知识结构图

9.1.3 本章课堂教学与实践教学的衔接

本章涉及的实践环节主要是树的存储、建立、遍历、树与二叉树之间的转换算法，以及应用树完成的相关运算。

需要完成的基本实践部分是以不同的存储结构建立一棵树或森林。

9.2 树和森林的基本概念

家族关系、机构设置结构图等都是一个树形结构的数据。

定义：树是由 $n(n\geqslant 0)$ 个结点组成的有限集合，其中：

① 当 $n=0$ 时为空树。

② 当 $n>0$ 时，有且仅有一个特定的结点，称为树的根，其余结点可分为 $m(m>0)$ 个互不相交的子集，其中每一个子集本身又是一棵树，并且称为根的子树。

可见，树的定义也是递归定义。

【例 9.1】 图 9.2 表示一个由 11 个结点构成的树，其中结点 A 是树的根，它有 3 棵子树，分别为{B,E,F}，{C,G}，{D,H,I,J,K}，而它们本身又都是树。

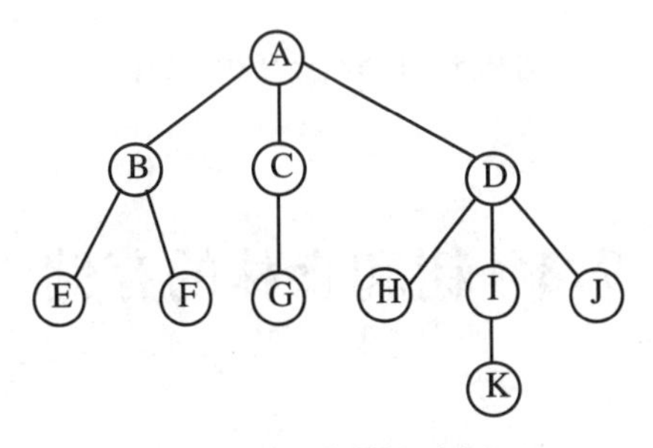

图 9.2 树的示例

【例 9.2】 根据定义，树有 3 种基本形态，如图 9.3 所示。其中(a)表示一棵空树，不包含任何结点；(b)表示仅包含一个结点的树，该结点就是树的根；(c)表示包含子树的树。

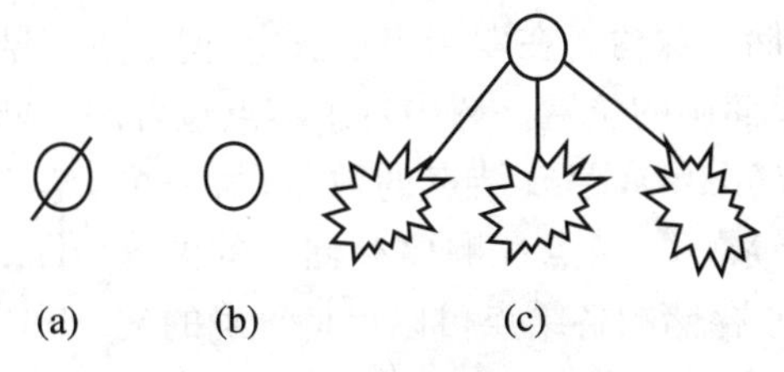

图 9.3 树的 3 种基本形态

在第 8 章“二叉树”中的各类术语均可应用于树，如父结点、度等。除此以外，下面介绍两个只能应用于树中的基本术语。

① 有序树：树中所有结点的各子树从左至右是有次序的，不能互换。

② 无序树:树中所有结点的子树没有次序,可以互换。

定义:森林是 $m(m\geqslant0)$棵互不相交的树的集合。也就是说,森林是多棵树。

【例 9.3】 图 9.4 表示了一个由 3 棵树组成的森林,其中第 2 棵树是空树。

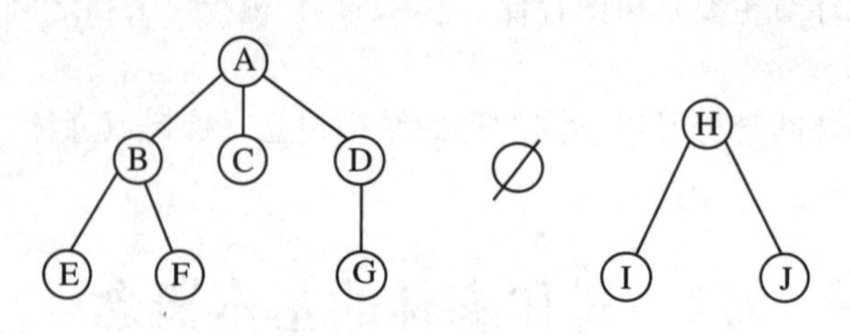

图 9.4　森林

注意:虽然树结构的图形表示形式和二叉树的图形表示形式有相似之处,但两者从本质上说是不同的,二叉树中每个结点的孩子都有左右之分,分别称为左孩子、右孩子;而树中结点的孩子没有左右之分,只有第一、第二之分。

【例 9.4】 3 个结点所构成的树只有两种形态,如图 9.5 所示。当树中结点只有一个孩子时,该孩子没有左右之分。

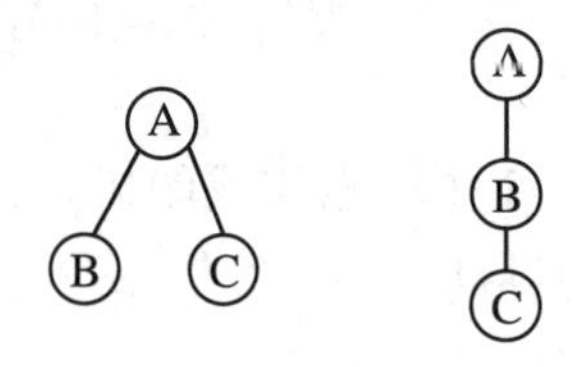

图 9.5　3 个结点所构成的树

9.3　树和森林的存储

树的存储可以采用顺序存储和链接存储,这里介绍常用的 3 种存储方式。

9.3.1　双亲表示法

双亲表示法是顺序存储一棵树。在双亲表示法中,树中所有结点从上到下、从左至右依次编号,作为结点在顺序存储中的位置。树中每个结点包含两个域,如图 9.6 所示。

其中第一个是数据域(data),存放结点的数据;另一个是双亲域(parent),存放双亲(父)结点在顺序存储中的位置编号。通过 parent 域,顺序存储的各结点可以保持正确的父子关系。

data	parent

图 9.6　双亲表示法的树结点

【例 9.5】 如图 9.7 所示是采用双亲表示法顺序存储一棵树。

每个结点按从上到下、从左至右的次序依次编号,作为其位置编号。每个结点的 data 域存放数据,parent 域存放它的父结点的编号。

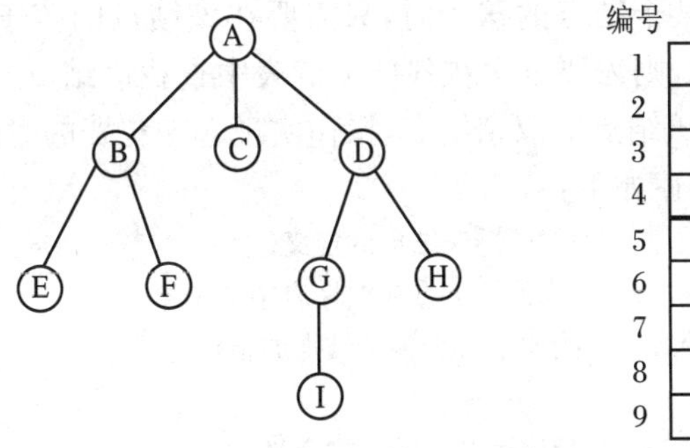

编号	data	parent
1	A	0
2	B	1
3	C	1
4	D	1
5	E	2
6	F	2
7	G	4
8	H	4
9	I	7

图 9.7　双亲表示法顺序存储树

这里，由于根结点没有父结点，因此其 parent 域值为 0。可以看出，当用双亲表示法来存储一棵树时，查找双亲结点的操作容易实现，而查找孩子结点的操作实现起来花费的时间较多。

双亲表示法的存储结构描述如下：

```
# define MAX_NODE_NUM 100                    //最大结点数
typedef struct                               //树结点类型
{ char data;                                 //数据域，采用 char 类型
  int parent;                                //双亲域，父结点的编号
}STreeNode;
  typedef struct                             //双亲表示法的树类型
{   STreeNode nodes[MAX_NODE_NUM];           //一维数组，顺序存储树中所有结点
  int nodeNum;                               //树中的结点数
}STree;
```

9.3.2　孩子表示法

孩子表示法存储一棵树的方法是：先把每个结点的孩子结点排列起来，构成一个单链表，称为孩子链表，n 个结点共有 n 个孩子链表（叶子结点的孩子链表为空表）；然后 n 个结点的值和 n 个孩子链表的头指针组成一个顺序表。

【例 9.6】 如图 9.8 所示是采用孩子表示法存储一棵树。

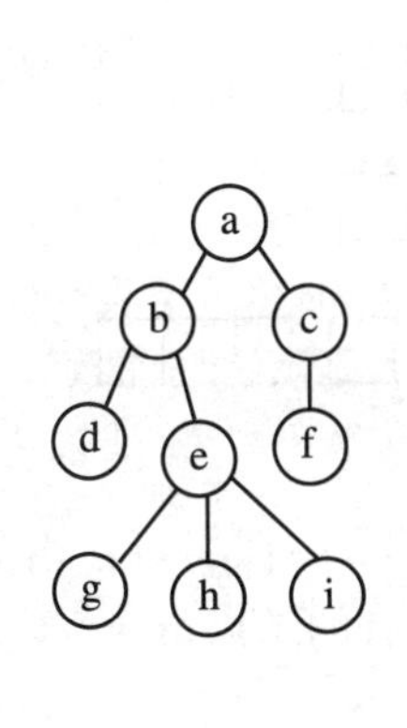

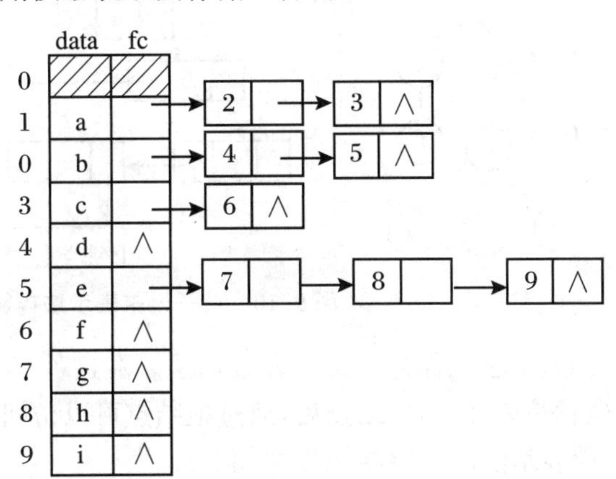

图 9.8　孩子表示法存储树

在这种存储方式下，查找某个结点的孩子时，只需要在该结点的孩子链表中查找；而如果需要查找某结点的双亲结点，则需要依次在各孩子链表中查找该结点，若它存在于结点 x 的孩子链表中，则结点 x 就是该结点的双亲结点，操作实现起来花费的时间较多。

孩子表示法的存储结构描述如下：

```
typeset struct Childnode              // 孩子链表结点的定义
{  int      Child;                    // 该孩子结点在线性表中的位置
    struct Childnode      * next;     //指向下一个孩子结点的指针
}Childnode;
typedef    struct                     //顺序表结点的结构定义
{   datatype data;                    // 结点的信息
   Childnode      * Firstchild ;      // 指向孩子链表的头指针
}Datanode;
typedef struct                        //孩子表示法的树类型
{ Datanode    nodes[MAX];
   int   root, num;                   // 该树的根结点在线性表中的位置和该树的结点个数
} Childtree;
```


9.3.3 孩子兄弟表示法

孩子兄弟表示法是采用二叉链表作树的存储结构，链表中每个结点的两个指针域分别指向其第一个孩子结点和下一个兄弟结点。该存储结构的树结点由 3 个域组成，如图 9.9 所示。

firstChild	data	nextSibling

图 9.9　孩子兄弟表示法的树结点

其中第一个是长子域(firstChild)，存放指向长子结点的指针；第二个是数据域(data)，存放结点的数据；第三个是兄弟域(nextSibling)，存放指向第一个兄弟结点的指针。

【例 9.7】 图 9.10 表示了采用孩子兄弟表示法存储一棵树。

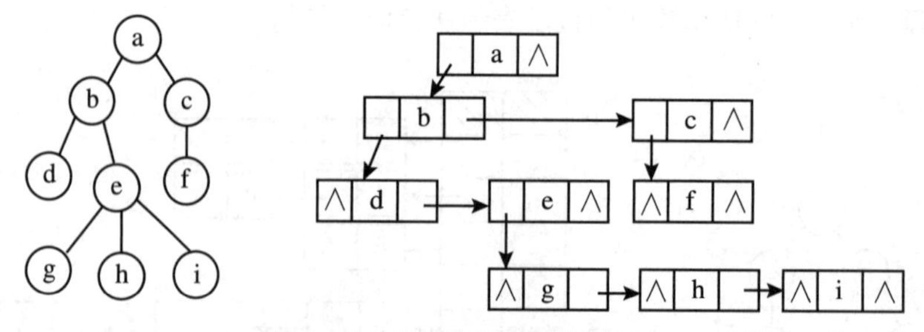

图 9.10　孩子兄弟表示法存储树

孩子兄弟表示法也称为二叉链表表示法。在这种存储方式下，一棵树可以由其根结点唯一确定；也就是说，已知根结点后，通过根结点可以访问树中所有的结点。

孩子兄弟表示法的存储结构描述如下：

```
typedef struct                        //树结点的类型
```

```
{   char data;                          //数据域,采用 char 类型
    CSTreeNode * firstChild;            //指向长子结点的指针域
    CSTreeNode * nextSibling;           //指向下一个兄弟结点的指针域
}CSTreeNode;
```

这种存储结构类似于二叉树的二叉链表存储,便于实现树的各种操作。例如,如果要访问结点 x 的第 i 个孩子,则只要先从 firstChild 域找到第一个孩子结点,然后沿着这个孩子结点的 nextSibling 域连续走 $i-1$ 步,便可找到 x 的第 i 个孩子。另外。如果在这种结构中为每个结点增设一个 Parent 域,则同样可以方便地实现查找双亲的操作。

9.4 树、森林与二叉树的转换

一棵树(森林)的孩子兄弟链表存储结构其实就是一个二叉链表,该二叉链表必定对应唯一的一棵二叉树,也就是说,一棵树或森林必定对应唯一的一个二叉树。这个一一对应的关系说明树或森林与二叉树之间可以相互转换。

9.4.1 树转换成二叉树

若树非空,则依次进行如下操作转换成二叉树:

① 将树的根结点转换为二叉树的根结点;

② 将根的子树森林转换为二叉树的左子树:对于树中每个结点 x,如果它有孩子结点,则它的第一个孩子就是结点 x 在二叉树中的左孩子;如果结点 x 有右兄弟,则它的右兄弟结点就是结点 x 在二叉树中的右孩子。

【例 9.8】 图 9.11 表示了一棵树转换成对应的二叉树。其中根结点 A 转换成二叉树中的根结点;A 的第一个孩子转换成它在二叉树中的左孩子,A 没有右兄弟;结点 B 的第一个孩子 E 转换成它在二叉树中的左孩子,B 的右兄弟结点 C 转换成它在二叉树中的右孩子;结点 C 没有孩子,C 的右兄弟结点 D 转换成它在二叉树中的右孩子;结点 D 的第一个孩子 G 转换成它在二叉树中的左孩子,D 没有右兄弟,……以此类推,由于 A 没有右兄弟,最后转换成的二叉树没有右子树。

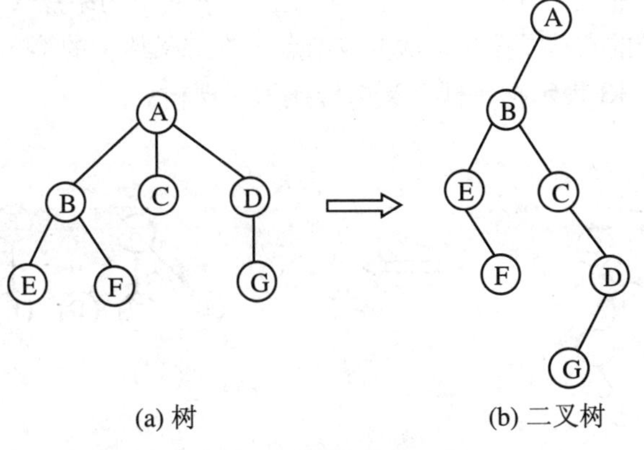

图 9.11 树转换成二叉树

9.4.2 森林转换成二叉树

把一个森林转换成二叉树的方法如下：

① 首先将森林中第一棵树的根转换成对应的二叉树的根；

② 将第一棵树的子树森林转换为该二叉树的左子树，将森林中第二到第 n 棵树转换为二叉树的右子树。

【例 9.9】 图 9.12 表示了将一个森林转换成二叉树。首先将森林中第一棵树的根 A 作为二叉树的根；将 A 的子树森林转换为 A 的左子树：A 的子树森林中第一棵树的根 B 作为 A 的左子树的根，B 的子树森林为空，所以 B 在二叉树中没有左子树，A 的其他两棵子树(C,D)转换为 B 在二叉树中的右子树(第一棵树的根 C 成为该右子树的根，第二棵树 D 成为该右子树的右子树)，……以此类推。

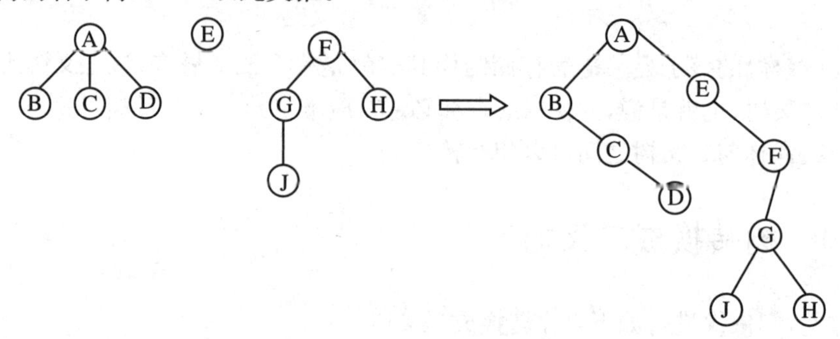

图 9.12 森林转换成二叉树

9.4.3 二叉树转换成树或森林

相应地，可以按如下方法将一棵二叉树转换为树或森林：

① 将二叉树的根转换为森林中第一棵树的根；

② 将根的左子树转换为第一棵树的子树森林，将根的右子树转换为森林中第二到第 n 棵树。

具体地，将根结点的右孩子、右孩子的右孩子……依次转换森林中第二、第三……棵树的根；而对二叉树中的其他每一个结点 x，将 x 其左孩子 y 转换为结点 x 在树中的第一个孩子，将 y 的右孩子、右孩子的右孩子……依次变成结点 x 在二叉树中的第二、第三……个孩子。

【例 9.10】 图 9.13 表示把一棵二叉树转换为一棵树。

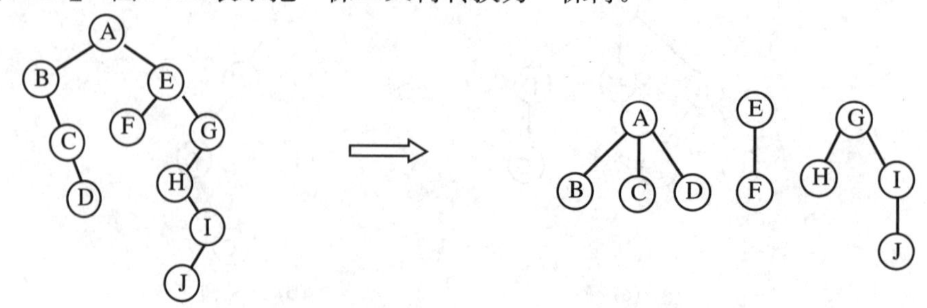

图 9.13 二叉树转换成森林

9.5 树和森林的遍历

9.5.1 树的遍历

对一棵树,按某种次序访问其中每个结点一次且仅一次的过程称为树的遍历。

树有两种遍历方法:

① 先序遍历:先访问树的根结点,然后依次(一般是从左至右)先序遍历根结点的每棵子树。

② 后序遍历:先依次后序遍历每棵子树,然后访问根结点。

【例 9.11】 对如图 9.14 所示的树,采用先序遍历得到的序列为 A B E F C D G;采用后序遍历得到的序列为 E F B C G D A。

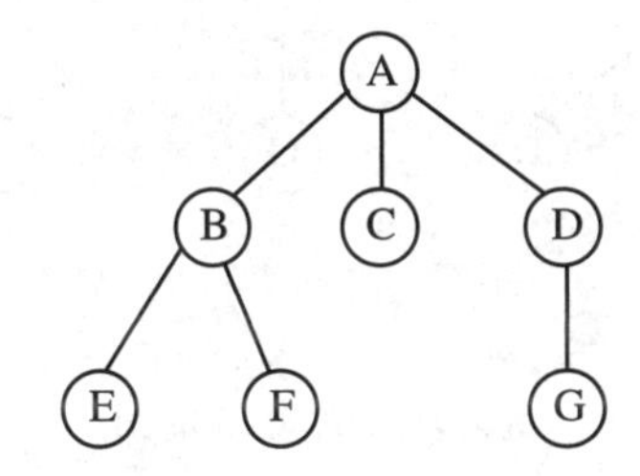

图 9.14 例 9.11 图

讨论:若将树转换为二叉树,遍历结果是否相同呢?

【例 9.12】 先将图 9.15(a)所示树转换为对应的二叉树(图 9.15(b)),再分别对树、二叉树进行遍历。

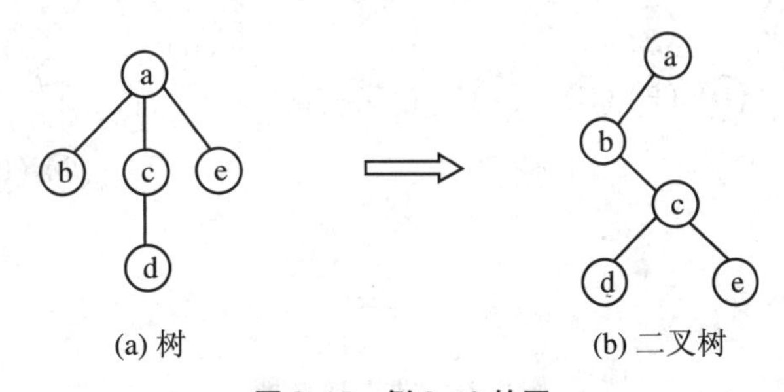

图 9.15 例 9.12 的图

对图 9.15(a)所示树进行先序遍历的结果是 abcde,后序遍历的结果是 bdcea;对图 9.15(b)所示的二叉树进行先序遍历的结果是 abcde,中序遍历的结果是 bdcea,后序遍历的结果是 decba。

可以看出:① 树的先序遍历与其对应的二叉树的先序遍历结果相同;② 树的后序遍历相当于对应二叉树的中序遍历。

9.5.2 森林的遍历

对一个森林,按某种次序访问其中所有树的每个结点一次且仅一次的过程称为森林的遍历。

森林的**先序遍历**方法如下:

若森林为空,返回;否则,① 访问森林中第一棵树的根结点;② 先序遍历第一棵树中根结点的子树森林;③ 先序遍历除去第一棵树之后剩余的树构成的森林。

森林的**中序遍历**方法如下:

若森林为空,返回;否则,① 中序遍历森林中第一棵树的根结点的子树森林;② 访问第一棵树的根结点;③ 中序遍历除去第一棵树之后剩余的树构成的森林。

【例 9.13】 对如图 9.16 所示的森林,采用先序遍历得到的序列为 A B C E D F G H I J K;采用中序遍历得到的序列为 B E C D A G F I K J H。

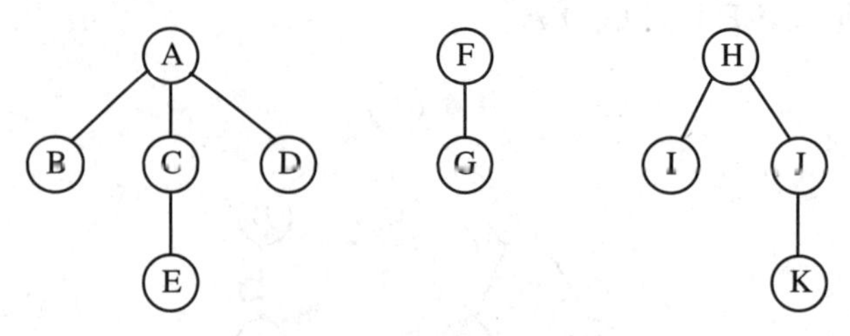

图 9.16 例 9.13 的图

讨论:对森林也采用"先转换,后遍历",看一下结果有什么相同和不同。

【例 9.14】 先对图 9.17(a)所示森林转换为对应的二叉树图 9.17(b),再分别对树、二叉树进行遍历。

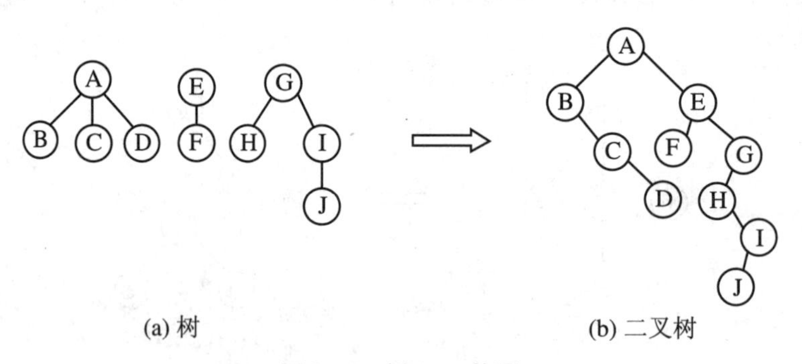

图 9.17 例 9.14 的图

对图 9.17(a)所示森林进行先序遍历的结果是 ABCDEFGHIJ,中序遍历的结果是 BCDAFEHJIG;对图 9.17(b)所示的二叉树进行先序遍历的结果是 ABCDEFGHIJ,中序遍历的结果是 BCDAFEHJIG。

可以看出,森林的先序遍历和中序遍历与其对应的二叉树的先序遍历和中序遍历结果相同。

自主学习

本章介绍了树和森林的基本概念、存储，以及遍历、与二叉树之间的转换等基本运算实现。要求重点掌握树的存储方式，以及树、森林与二叉树之间的转换方法。

学习本章内容的同时，可以参考相关资料，查询、了解其他相关知识，并编写程序实现相关算法，包括：

(1) 建立不同存储结构的树或森林；

(2) 实现树或森林的不同遍历方法；

(3) 实现树或森林与二叉树之间的转换算法；

(4) 应用树或森林解决实际问题。

参考资料：

[1] 胡学钢. 数据结构：C语言版[M]. 北京：高等教育出版社，2008.

[2] 严蔚敏，李冬梅，吴伟民. 数据结构：C语言版[M]. 北京：人民邮电出版社，2011.

[3] 王昆仑，李红. 数据结构与算法[M]. 2版. 北京：中国铁道出版社，2012.

习 题

1. 填空题

(1) 在树结构里，有且仅有一个结点没有前驱，称为根。非根结点有且仅有一个__________，且存在一条从根到该结点的__________。

(2) 在一棵根树中，树根是________为零的结点，而________为零的结点是__________结点。

(3) 假定一棵树的广义表表示为A(B(C, D(E, F,G), H(I, J)))，则结点H的双亲结点为________。

(4) 树的双亲表示法便于实现涉及________的操作，孩子表示法便于实现涉及孩子的__________操作。

(5) 树的存储结构有“双亲表示法”以及“__________表示法”。

(6) 已知一棵度为3的树有2个度为1的结点，3个度为2的结点，4个度为3的结点，则该树有________个叶子结点。

(7) 一棵树T中，包括1个度为1的结点，2个度为2的结点，3个度为3的结点，4个度为4的结点和若干叶子结点，则T的叶结点数为________。

2. 选择题

(1) 下面描述根树转换成二叉树的特性中，正确的是(　　)。

A. 根树转换成的二叉树是唯一的，二叉树的根结点有左、右孩子

B. 根树转换成的二叉树是不唯一的，二叉树的根结点只有左孩子

C. 根树转换成的二叉树是唯一的，二叉树的根结点只有左孩子

D. 根树转换成的二叉树是不唯一的，二叉树的根结点有左、右孩子

(2) 设树T的度为4，其中度为1,2,3,4的结点个数分别为4,2,1,1，则T中的叶子数

为(　　)。

A. 5　　B. 6　　C. 7　　D. 8

(3) 树最适合用来表示(　　)。

A. 有序数据元素　　B. 无序数据元素

C. 元素之间具有分支层次关系的数据　　D. 元素之间无联系的数据

(4) 树的基本遍历策略可分为先根遍历和后根遍历；二叉树的基本遍历策略可分为先序遍历、中序遍历和后序遍历。这里，我们把由树转化得到的二叉树叫做这棵数对应的二叉树。结论(　　)是正确的。

A. 树的先根遍历序列与其对应的二叉树的先序遍历序列相同

B. 树的后根遍历序列与其对应的二叉树的后序遍历序列相同

C. 树的先根遍历序列与其对应的二叉树的中序遍历序列相同

(5) 一棵树的广义表表示为 a(b(c), d(e(g(h)), f))，则该二叉树的高度为(　　)，度为(　　)，度为 2 的结点数为(　　)。

A. 2　　B. 3　　C. 4　　D. 5

(6) 在一棵树中，每个结点最多有(　　)个直接前驱结点。

A. 0　　B. 1　　C. 2　　D. 任意多个

(7) 树中所有结点的度数之和等于结点总数加(　　)。

A. 0　　B. 1　　C. −1　　D. 2

3. 判断题

(1) 树形结构中元素之间存在一个对多个的关系。(　　)

(2) 树的带权路径长度最小的二叉树中必定没有度为 1 的结点。(　　)

(3) 设与一棵树 T 所对应的二叉树为 BT，则与 T 中的叶子结点所对应的 BT 中的结点也一定是叶子结点。(　　)

(4) 将一棵树转换成二叉树后，根结点没有左子树。(　　)

(5) 用树的前序遍历和中序遍历可以导出树的后序遍历。(　　)

(6) 二叉树是一般树的特殊情形。(　　)

(7) 树与二叉树是两种不同的树型结构。(　　)

4. 应用题

(1) 一棵度为 2 的树与一棵二叉树有何区别？树与二叉树之间有何区别？

(2) 已知一棵度为 k 的树中有 n_1 个度为 1 的结点，n_2 个度为 2 的结点，……n_k 个度为 k 的结点，问该树有多少个叶子结点？

(3) 试分别画出具有 3 个结点的树和 3 个结点的二叉树的所有不同形态。

(4) 画出和图 9.18 所示树对应的二叉树。

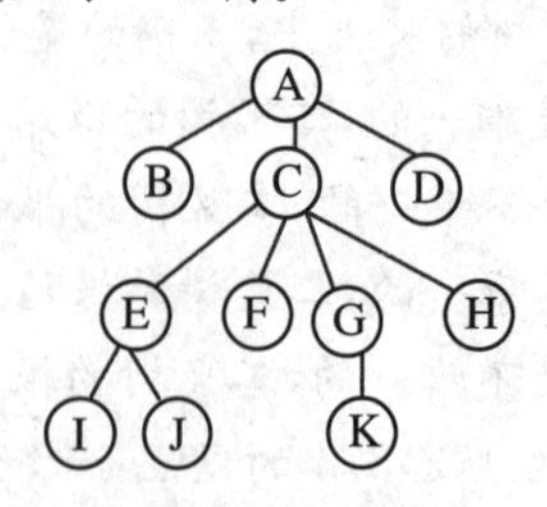

图 9.18　第(4)题图

(5) 画出和图 9.19 所示二叉树对应的森林。

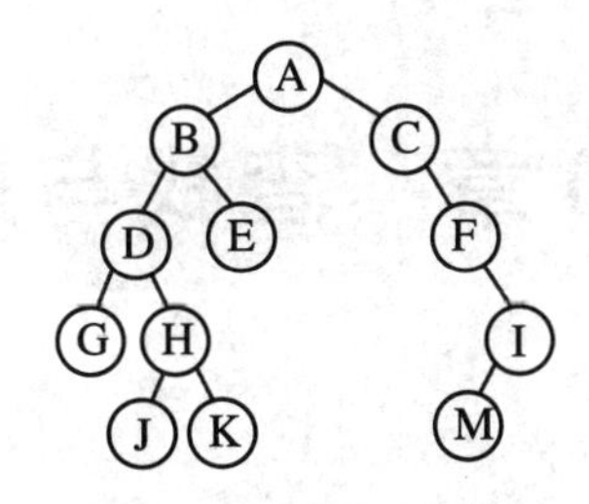

图 9.19 第(5)题图

5. 程序设计题

(1) 设计算法计算树的深度。

(2) 设计算法计算树中叶子结点数。

第10章　查找与排序

10.1　引　　言

10.1.1　本章能力要素

在本书的第二部分，我们介绍了将待查找和待排序的数据元素组织为线性结构时的查找和排序的方法。其实，我们也可以将待查找和待排序的数据元素组织为二叉树、树这样的非线性结构，然后完成查找和排序运算。在这样非线性结构中实现的查找和排序算法，其时间性能可能会更好。

本章介绍将待查找的数据元素组织为树形结构时的查找方法，主要介绍在二叉排序树中的动态查找算法，以及平衡二叉树、B-树的相关概念；介绍将待排序的数据元素组织为二叉树形态时的一种选择排序方法——堆排序。具体要求包括：

(1) 掌握二叉排序树数据结构模型；

(2) 基于二叉排序树结构模型，设计查找算法；

(3) 掌握平衡二叉树数据结构模型；

(4) 掌握B-树数据结构模型；

(5) 掌握堆结构模型。

专业能力要素包括：

(1) 构建二叉排序树结构模型，实现二叉树生成、插入算法的能力；

(2) 构建平衡二叉树结构模型，实现平衡二叉树建立算法的能力；

(3) 构建B-树结构模型的能力；

(4) 构建堆结构模型，实现堆排序算法及进行算法性能分析的能力。

10.1.2　本章知识结构图

本章知识结构如图10.1所示。

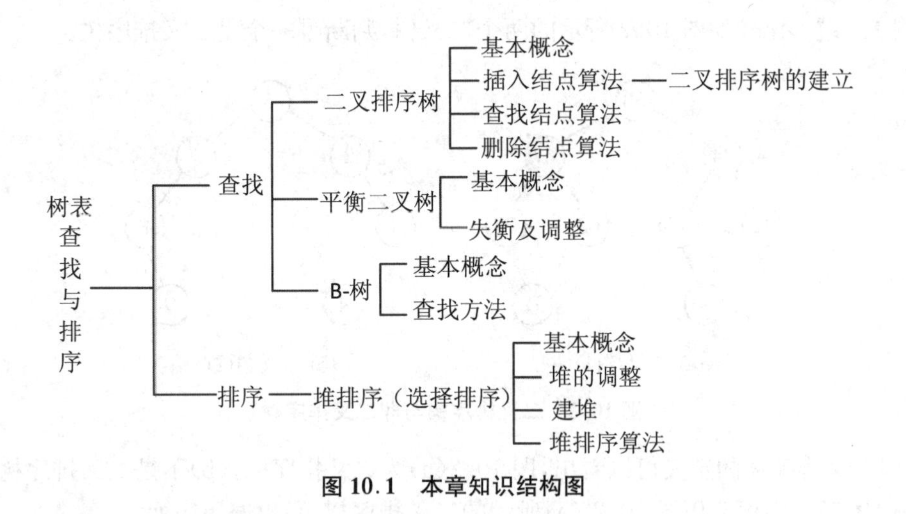

图 10.1　本章知识结构图

10.1.3　本章课堂教学与实践教学的衔接

本章涉及的基本实践环节主要是二叉排序树的建立与应用、堆排序的算法实现及应用。要求实现二叉排序树的建立、查找等算法，实现堆排序的建堆、排序算法。在此基础上，了解平衡二叉树的建立算法、B-树的建立及查找算法。

在应用二叉排序树实现查找、应用堆排序实现排序算法时，需要考虑应用这些算法所带来的查找、排序时间性能、空间性能分析。

10.2　查　　找

第 2 部分的第 7 章查找与排序介绍了以线性表来组织待查数据元素的查找表，使用顺序查找、二分查找以及分块查找等方法，在数据元素的集合中查找特定元素。在查找过程中，如果存在数据元素频繁地插入或删除，将会引起额外的时间开销，降低相应算法的效率。在本节中，我们以二叉树作为一组数据元素的组织方式，介绍以树表作为查找表时的查找方法。

10.2.1　二叉排序树

1. 二叉排序树的相关概念

定义：二叉排序树又称二叉查找树。它或者是一棵空二叉树，或者是具有如下性质的二叉树：

① 若其左子树非空，则左子树上所有结点的值均小于根结点的值。

② 若其右子树非空，则右子树上所有结点的值均大于根结点的值。

③ 其左右子树也分别为二叉排序树。

【例 10.1】 比较如图 10.2 所示的两个二叉树,判断哪一个是二叉排序树。

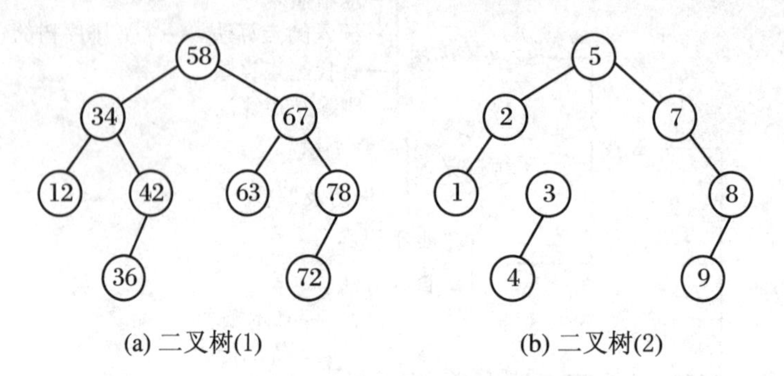

图 10.2 二叉排序树与非二叉排序树

根据二叉排序树的定义可以看出,图 10.2(a)为二叉排序树,(b)不是二叉排序树。

【例 10.2】 中序遍历图 10.2 (a)所示的二叉排序树,写出遍历序列。

该二叉排序树的中序遍历序列为:12,34,36,42,58,63,67,72,78。

可以看出,该中序遍历序列是一个按关键字排列的递增有序序列。由此可以得出二叉排序树的一个重要**性质**:

中序遍历非空的二叉排序树所得到的数据元素序列是一个按关键字排列的递增有序序列。

本节我们讨论在二叉排序树中如何实现数据元素的查找、插入及删除,在这些操作中,使用二叉链表作为存储结构。其结点结构说明如下:

```
typedef struct node
{   keytype key;                      //关键字项
  datatype other;                     //其他数据项
  struct node *lchild, *rchild;       //左右孩子指针
}Bstnode;
```

2. 二叉排序树的查找

根据二叉排序树的特点,在二叉排序树中的查找思想描述如下:

① 若二叉排序树为空,则查找失败。

② 否则,将根结点的关键字值与待查关键字进行比较,若相等,则查找成功;若根结点关键字值大于待查值,则进入左子树重复此步骤,否则,进入右子树重复此步骤;若在查找过程中遇到二叉排序树的叶子结点时,还没有找到待查结点,则查找不成功。

上述查找过程的描述是一种递归描述,很容易写出递归算法;

```
Bstnode *Bsearch(Bstnode *t,keytype x)
{     if(t==NULL)
        return(NULL);
  else
  {     if(t->key==x)
          return(t);
      if(x<(t->key)
          return(Bsearch(t->lchild,x));
      else
```

```
            return(Bsearch(t->rchild,x));
    }
}
```

另外,由于查找过程是从根结点开始逐层向下进行的,因此,也容易写出该过程的非递归算法:

```
    Bstnode  *Bsearch(Bstnode  *t,keytype x)
  {    Bstnode  *p;int flag=0;
     p=t;
     while(p! =NULL)
     {   if(p->key= =x)
         {     flag=1;return(p);break;
         }
         if(x<p->key)p=p->lchild;
         else p=p->rchlid;
     }
     if(flag= =0)
     {     printf("找不到值为%x 的结点!",x);
           return(NULL);
     }
  }
```

3. 二叉排序树的结点查找算法性能分析

由于二叉排序树的中序遍历序列为一个递增的有序序列,这样可以将二叉排序树看作是一个有序表。可以看出,在二叉排序树上的查找与二分查找类似,也是一个逐步缩小查找范围的过程。

其查找过程可以描述为:若查找成功,则是从根结点出发走了一条从根到某个结点的路径;若查找不成功,则是从根结点出发走了一条从根到某个叶子结点的路径。无论怎样,和关键字比较次数都不超过该二叉排序树的深度。

对于深度为 d 的二叉排序树,若设第 i 层有 n_i 个结点($1 \leqslant i \leqslant d$),则在同等查找概率的情况下,其平均查找长度为

$$ASL = \frac{1}{n}\sum_{i=1}^{d} i \times n_i \tag{10.1}$$

其中,$n = 1 + n_2 + \cdots + n_d$为二叉排序树的结点数。

【例 10.3】 如图 10.3 所示的两棵二叉排序树,它们对应同一元素集合。假定每个元素的查找概率相同,则它们的平均查找长度分别是:

$$ASL_1 = (1+2+2+3+3+3)/6 = 14/6$$

$$ASL_2 = (1+2+3+4+5+6)/6 = 21/6$$

由此可见,在二叉排序树上进行查找时的平均查找长度与二叉排序树的形态有关。在最坏的情况下,具有 n 个结点的二叉排序树是一棵深度为 n 的单支树,其平均查找长度与顺序查找相同为$(n+1)/2$;即平均查找长度的数量级为 $O(n)$。在最好的情况下,二叉排序树的形态均匀,它的平均查找长度与二分查找相似,大约是 $\log_2 n$,其平均查找长度的数量级为 $O(\log_2 n)$。

可见,二叉排序树上的查找与二分查找算法性能相差不大。二分查找是在顺序表上实

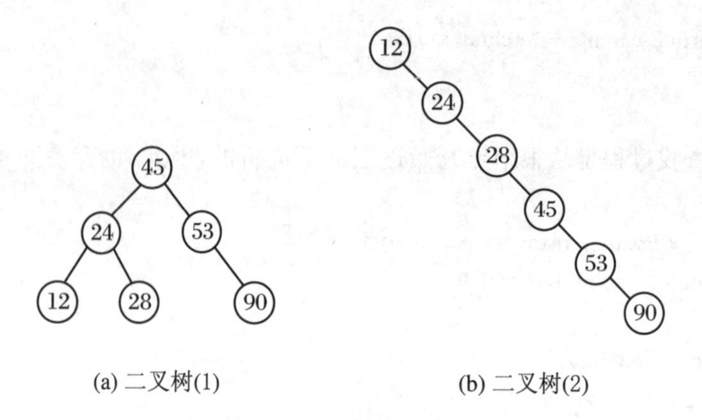

(a) 二叉树(1)　　(b) 二叉树(2)

图 10.3　由同一组关键字构成的两棵形态不同的二叉排序树

现的查找运算,需要先将数据元素按关键字有序排列,这在顺序表上实现时需要大量移动元素,导致一定的时间开销;而二叉排序树无需移动元素,只需修改指针即可完成对结点的插入与删除操作。因此,对需要频繁插入、删除、查找的数据表,采用二叉排序树较好。

4. 二叉排序树的插入

在二叉排序树中插入结点是在查找过程中进行的,若二叉排序树中不存在关键字等于 x 的结点,则插入。

【例 10.4】 在如图 10.4(a)所示的二叉排序树中查找并插入关键字值分别为 11 和 53 的数据元素。

查找关键字为 11 的结点,首先将 11 与根结点的关键字比较,确定需要在左子树中继续查找;直至与左子树的最左下的叶子结点的关键字比较后,仍找不到关键字为 11 的结点,这时可以将该结点插入到二叉排序树中。查找过程及插入的位置如图 10.4(b)所示。

同样的方法可以用来查找关键字为 53 的结点。图 10.4(c)描述了其查找路线及插入位置。

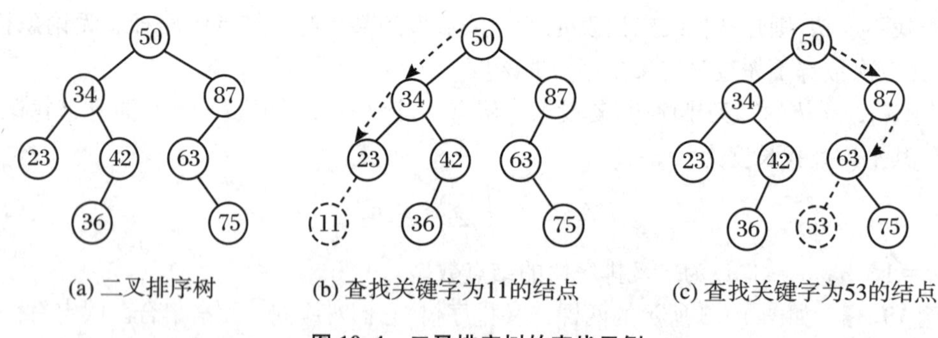

(a) 二叉排序树　　(b) 查找关键字为11的结点　　(c) 查找关键字为53的结点

图 10.4　二叉排序树的查找示例

可以看出,新插入的结点一定是一个新添加的叶子结点,并且是查找不成功时查找路径上访问的最后一个结点的左孩子或右孩子。插入操作完成后,该二叉树仍是一棵二叉排序树。

综上所述,将一个关键字值为 x 的结点 s 插入到二叉排序树中,**算法思想**为:

① 若二叉排序树为空,则关键字值为 x 的结点 s 成为二叉排序树的根。

② 若二叉排序树非空,则将 x 与二叉排序树的根进行比较,如果 x 的值等于根结点关键字的值,则停止插入;如果 x 的值小于根结点关键字的值,则将 x 插入左子树;如果 x 的值大于根结点关键字的值,则将 x 插入右子树。在左右子树中的插入方法与整个二叉排序树相同。

为此，插入算法可在上述查找算法上修改得到。下面给出插入过程的非递归算法：

```
Bstnode *InsertBST(Bstnode *t,keytype x)
//若在二叉排序树中不存在关键字等于 x 的元素，插入该元素
{     Bstnode *s, *p, *f;
p=t;
while(p! =NULL)
{    f=p;                        //查找过程中，f 指向 *p 的父结点
      if(x= =p->key)
          return t;              //二叉排序树中已有关键字值为 x 的元素，无需插入
      if(x<p->key)
             p=p->lchild;
      else p=p->rchild;
}
s=(Bstnode *)malloc(sizeof(Bstnode));
s->key=x;
s->lchild=NULL;s->rchild=NULL;
if(t= =NULL)return s;            //原树为空，新结点成为二叉排序树的根
if(x<f->key)f->lchild=s;        //新结点作为 *f 的左孩子
else f->rchild=s;            //新结点作为 *f 的右孩子
return t;
}
```

5．二叉排序树的生成

可以看出，在空二叉排序树中进行上述插入操作可以生成一个二叉排序树。

若给定一个元素序列，利用上述二叉排序树的插入算法创建一棵二叉排序树的方法是：首先建一棵空二叉排序树，然后逐个读入元素，每读入一个元素，就建立一个新的结点，并调用上述二叉排序树的插入算法，将新结点插入到当前已生成的二叉排序树中，最终生成一棵二叉排序树。

【例 10.5】 设关键字的输入序列为 45，24，53，12，28，90，按上述算法生成一棵二叉排序树。图 10.5 描述了该二叉排序树的生成过程。

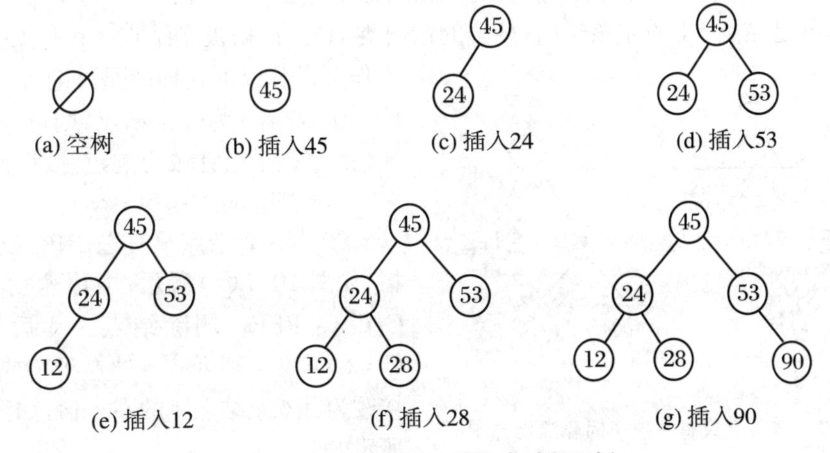

图 10.5　二叉排序树的生成过程示例

对于这组关键字，若输入序列改为24,12,45,53,90,28,则生成的二叉排序树如图10.6所示。

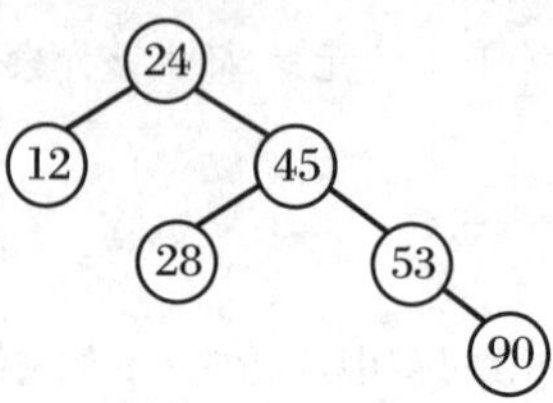

图10.6 改变输入序列生成的二叉排序树

由此可见，关键字的输入顺序不同，可建立不同的二叉排序树。

二叉排序树生成算法描述如下：

```
#define endflag -1        //定义 endflag 为关键字输入结束的标志
Bstnode *CreateBST()
{    Bstnode *t;
int key;
t=NULL;          //设置二叉排序树的初态为空树
scanf("%d",&key);      //读入第一个结点的关键字
while(key! =endflag)
{   t=InsertBST(t,key);
  scanf("%d",&key);
}
return t;
}
```

6. 二叉排序树的删除

由二叉排序树的性质可知，中序遍历二叉排序树可以得到一个递增有序的序列。从二叉排序树中删除一个结点，相当于在这个有序序列中删去一个结点，不但要保证该序列的有序性，还要保证该二叉排序树的完整性。也就是说，不能把以该结点为根的子树都删去，只能删掉该结点，并且还应保证删除后所得的二叉树仍然是一棵二叉排序树。

在二叉排序树中删除结点，首先要进行查找操作，以确定被删结点是否在二叉排序树中。若不在，则不做任何操作；否则，假设要删除的结点为 *p，结点 *p 的父结点为 *f，并假设结点 *p 是结点 *f 的左孩子(右孩子的情况类似)。根据被删结点 *p 有无孩子，删除操作可以分以下3种情况讨论：

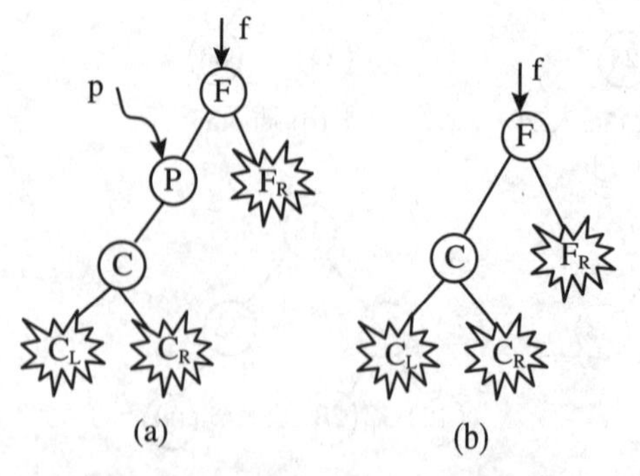

图10.7 结点P只有左孩子时删除结点P

① 若 *p 为叶子结点，则可令其父结点 *f 的左孩子指针域为空，直接将其删除。

f->lchild=NULL;free(p);

② 若 *p 结点只有左子树，或只有右子树，如图10.7(a)所示；中序遍历的序列为 $C_L C C_R P F F_R$，删除结点 *p 后的序列为 $C_L C C_R F F_R$。则可将 p 的左子树或右子树直接改为其双亲结点 *f* 的左子树，如图10.7(b)所示，即

f->lchild=p->lchild;   //或 f->lchild=p->rchild)

free(p);

③ 若 * p 既有左子树,又有右子树;如图 10.8(a)所示,其中序遍历的序列为 $C_LC\cdots Q_LQS_LSPP_RFF_R$。这里,结点 * s 为 * p 的中序前驱。删除结点 * p 后的序列为 $C_LC\cdots Q_LQS_LSP_RFF_R$。

此时,删除 * p 结点有以下两种做法。

方法一(见图 10.8(b)):

首先找到 * p 的中序前驱结点 * s,然后将 * p 的左子树改为 * f 的左子树,而将 * p 的右子树改为 * s 的右子树:

```
f->lchild=p->lchild;
s->rchild=p->rchild;
free(p);
```

方法二(见图 10.8(c)):

首先找到 * p 的中序前驱结点 * s,然后用结点 * s 的值替代结点 * p 的值,再将结点 * s 删除,结点 * s 的原左子树改为 * s 的双亲结点 * q 的右子树:

```
p->data=s->data;
q->rchild=s->lchild;
free(s);
```

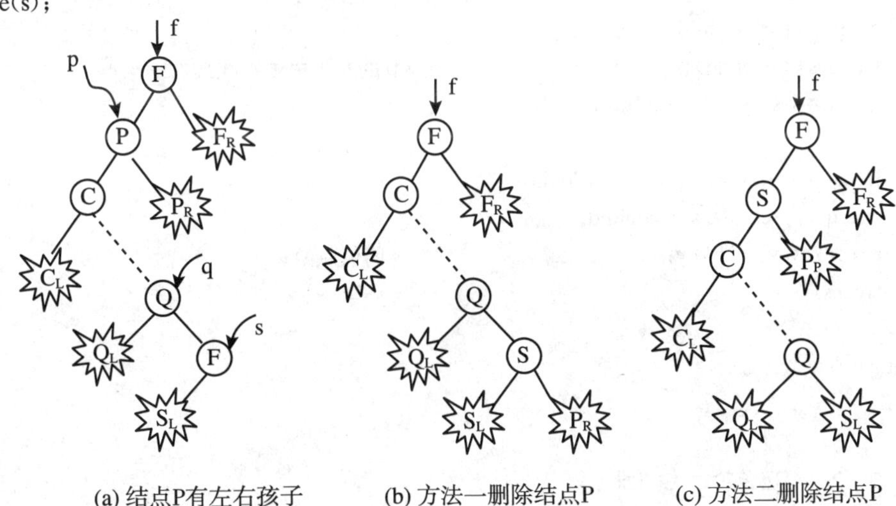

(a) 结点P有左右孩子　　(b) 方法一删除结点P　　(c) 方法二删除结点P

图 10.8　结点 P 有左右孩子时删除结点 P

综合以上分析,可以得到二叉排序树的删除算法。下面的算法描述的是采用方法二来实现在二叉排序树中删除一个结点。

```
Bstnode *DeleteBST(Bstnode *t,keytype k)
//在二叉排序树 t 中删去关键字为 k 的结点
{  Bstnode *p, *f, *s, *q;
   p=t;f=NULL;
   while(p)                        //查找关键字为 k 的待删结点 *p
   {  if(p->key==k)break;          //若找到,则退出循环
      f=p;                         //结点 *f 为结点 *p 的父结点
      if(p->key>k)p=p->lchild;
      else p=p->rchild;
```

```
    }
    if(p= =NULL)return t;        ///若找不到,则返回原二叉排序树的根指针
    if(p->lchild= =NULL||p->rchild= =NULL)    //若*p无左子树或无右子树
    {  if(f= =NULL)              //若*p是原二叉排序树的根
         if(p->lchild= =NULL)t=p->rchild;
       else t=p->lchild;
      elseif(p->lchild= =NULL)              //若*p无左子树
        if(f->lchild= =p)                   //p是*f的左孩子
           f->lchild=p->rchild;
      else f->rchild=p->rchild;             //p是*f的右孩子
      else                                  //若*p无右子树
        if(f->lchild= =p)                   //p是*f的左孩子
           f->lchild=p->lchild;
       else f->rchild=p->lchild;            //p是*f的右孩子

       free(p);
  }
else{                                       //若*p有左右子树
       q=p;s=p->lchild;
       while(s->rchild){                    //在*p的左子树中查找最右下结点
            q=s;s=s->rchild;
       }
       if(q= =p)q->lchild=s->lchild;
       else q->rchild=s->lchild;
       p->key=s->key;                       //将*s的值赋给*p
       free(s);
   }
   return t;
}
```

10.2.2 平衡二叉树

1. 平衡二叉树定义

通过对二叉排序树的查找性能分析发现,若二叉排序树的形态均匀,则其查找效率较高。而二叉排序树的形态取决于结点的插入次序,但结点的插入次序往往是固定的。这样,就需要找到一种动态平衡的方法,使得对于任意给定的关键字序列都能构造出一棵形态均匀的二叉排序树。平衡的二叉树就是一棵形态均匀的二叉排序树。

定义:平衡二叉树又称AVL树,它或者是一棵空二叉树,或者是具有如下性质的二叉排序树:

① 其左子树与右子树的高度之差的绝对值小于等于1。

② 其左子树和右子树也是平衡的二叉树。

为了方便起见,为二叉排序树上每个结点标注一个整数,表明该结点左子树与右子树的高度差,这个整数称为结点的平衡因子。

根据平衡二叉树的定义,平衡二叉树上所有结点的平衡因子只能是-1,0或1。当我们在一个平衡二叉树上插入一个结点时,有可能导致失衡,出现绝对值大于1的平衡因子,如2,-2。

【例10.6】 如图10.9(a)和(b)所示分别为标注了平衡因子的平衡二叉树和失衡的二叉树。

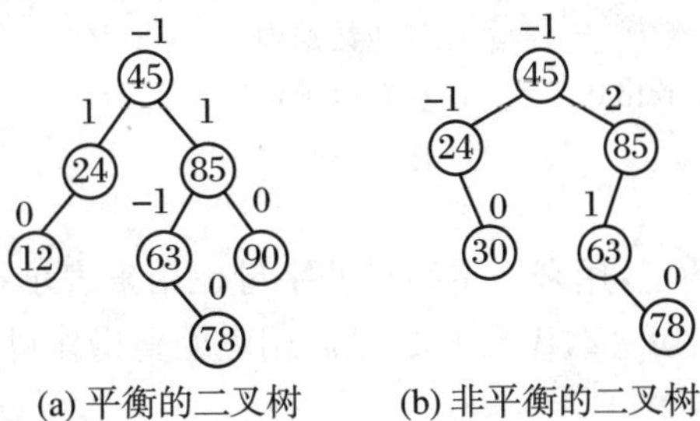

(a) 平衡的二叉树　　(b) 非平衡的二叉树

图10.9　平衡和非平衡的二叉排序树示例

如果在一棵平衡二叉树中插入一个新结点,就有可能造成失衡,此时必须重新调整二叉树的结构,使之恢复平衡。失衡情况归纳起来有4种,下面分别以示例说明并讨论这4种失衡情况以及相应的调整方法。

2. 平衡二叉树失衡及调整

(1) LL型失衡及调整

【例10.7】 如图10.10(a)所示为一棵平衡的二叉排序树,在A的左子树的左子树上插入关键字为10的结点后,A的平衡因子从1增加至2,导致失衡(见图10.10(b)),称这种失衡为LL型失衡。

为恢复平衡并保持二叉排序树的特性,可将A改为B的右孩子,而B的右孩子成为A的左孩子(见图10.10(c))。这相当于以B为轴,对A做了一次顺时针旋转。

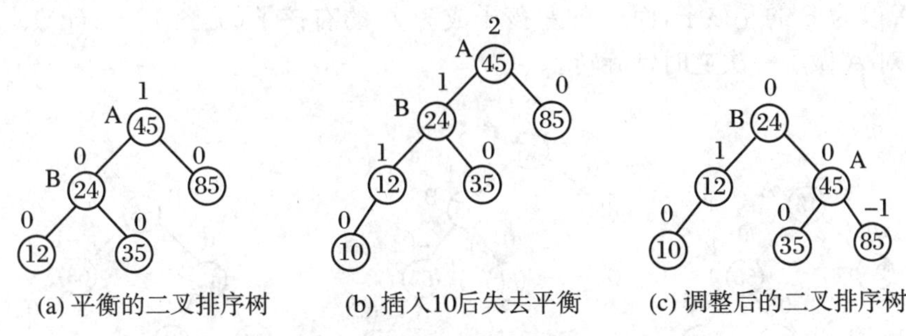

(a) 平衡的二叉排序树　　(b) 插入10后失去平衡　　(c) 调整后的二叉排序树

图10.10　失衡二叉排序树的调整示例(1)

我们将这种失衡以及调整平衡的过程描述为如图10.11所示的一般性过程。

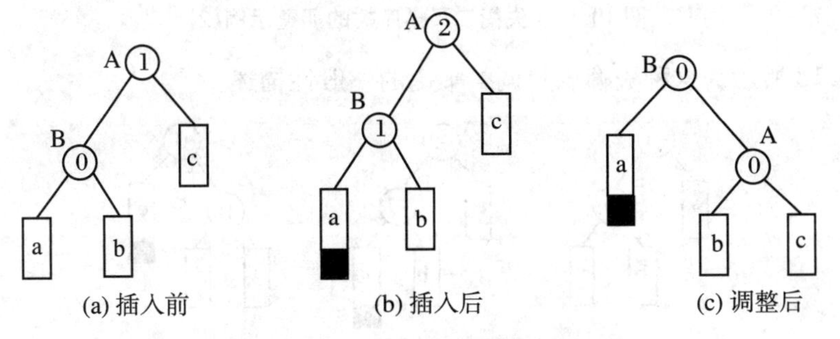

(a) 插入前　　(b) 插入后　　(c) 调整后

图10.11　LL型失衡调整操作示意图

为实现平衡二叉排序树的失衡调整操作，我们在二叉排序树的结点结构中增加一个存放平衡因子的域 bf，其结点结构说明如下：

```
typedef struct node
{   keytype key;                        //关键字项
    datatype other;                     //其他数据项
    struct node *lchild, *rchild;       //左右孩子指针
    int bf;                             //存放平衡因子
}AVLtnode;
```

在以后的描述中我们约定：用来表示结点的字母也用来表示指向该结点的指针。因此，LL 型失衡的特点是：A->bf=2，B->bf=1。相应调整操作可用如下语句完成：

```
A->lchild=B->rchild;
B->rchild=A;
A->bf=0;
B->bf=0;
```

设 A 原来的父指针为 FA，如果 FA 非空，则用 B 代替 A 做 FA 的左孩子或右孩子；否则，若原来 A 就是根结点，此时应令根指针 T 指向 B：

```
if(FA==NULL) T=B;
elseif(A==FA->lchild) FA->lchild=B;
else FA->rchild=B;
```


(2) RR 型失衡及调整

【例 10.8】 如图 10.12(a)所示为一棵平衡的二叉排序树，在 A 的右子树的右子树上插入关键字为 68 的结点后，A 的平衡因子从 -1 增加至 -2，导致失衡(见图 10.12(b))，称这种失衡为 RR 型失衡。

可将 A 改为 B 的左孩子，而 B 的左孩子成为 A 的右孩子(见图 10.12(c))。这相当于以 B 为轴，对 A 做了一次逆时针旋转。

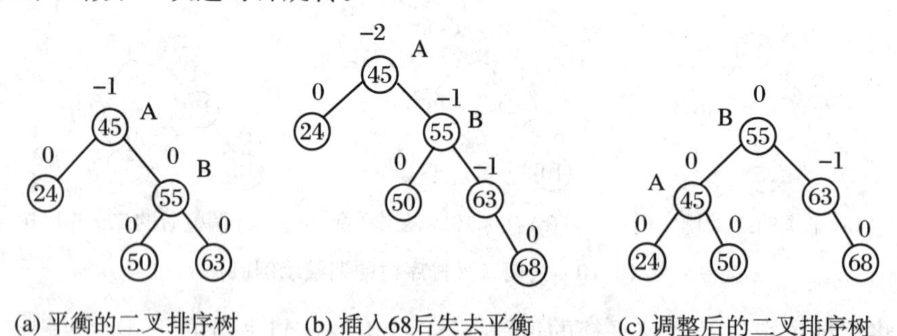

图 10.12 失衡二叉排序树的调整示例(2)

如图 10.13 所示为这种失衡以及调整平衡的一般性描述。

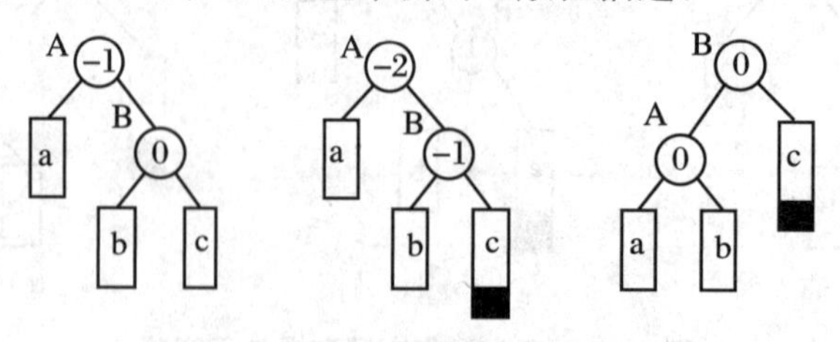

图 10.13 RR 型失衡调整操作示意图

RR 型失衡的特点是：A－＞bf＝－2，B－＞bf＝－1。相应调整操作可用如下语句完成：

A－＞rchild＝B－＞lchild；

B－＞lchild＝A；

A－＞bf＝0；

B－＞bf＝0；

若 A 原来的父指针 FA 非空，则用 B 代替 A 做 FA 的左孩子或右孩子；否则，若原来 A 就是根结点，此时应令根指针 T 指向 B：

if(FA＝＝NULL)T＝B；

elseif(A＝＝FA－＞lchild) FA－＞lchild＝B；

else FA－＞rchild＝B；

(3) LR 型失衡及调整

【例 10.9】 如图 10.14(a)所示为一棵平衡二叉排序树，在 A 的左子树的右子树上插入关键字为 32 的结点后，A 的平衡因子从 1 增加至 2，导致失衡(见图10.14(b))，称这种失衡为 LR 型失衡。

为恢复平衡并保持二叉排序树的特性，可先将 B 改为 C 的左孩子，C 原先的左孩子改为 B 的右孩子；然后将 A 改为 C 的右孩子，C 原先的右孩子改为 A 的左孩子(见图 10.14(c))。这相当于以插入的结点 C 为旋转轴，对 B 做了一次逆时针旋转，对 A 做了一次顺时针旋转。

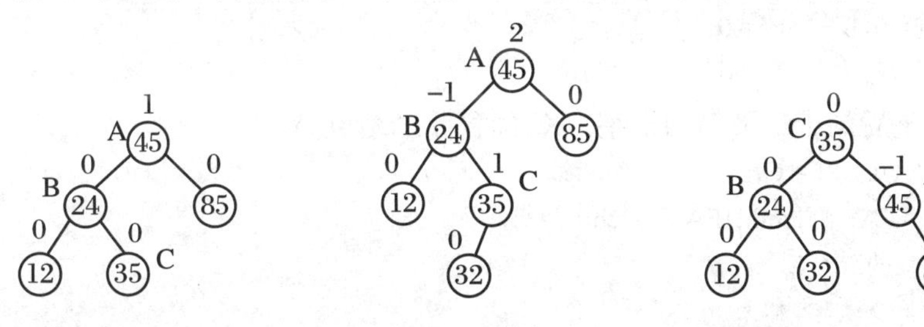

(a) 平衡的二叉排序树　(b) 插入32后失去平衡　(c) 调整后的二叉排序树

图 10.14　失衡二叉排序树的调整示例(3)

图 10.15 描述了这种失衡以及调整平衡的一般性过程。

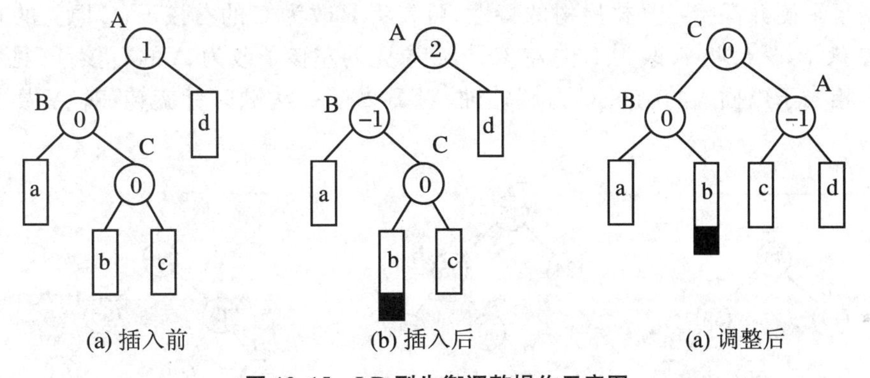

(a) 插入前　(b) 插入后　(a) 调整后

图 10.15　LR 型失衡调整操作示意图

LR 型失衡的特点是：A－＞bf＝2，B－＞bf＝－1。相应调整操作可用如下语句完成：

B－＞rchild＝C－＞lchild；

A－＞lchild＝C－＞rchild；

```
C->lchild=B;
C->rchild=A;
```

在A的左子树的右子树上插入结点可分3种情况：① 在C_L下插入结点S；② 在C_R下插入结点S；③ C本身就是新插入的结点，此时C_L，C_R，B_L，A_R均为空。可以针对不同情况，修改A,B,C的平衡因子。

① 如果是在C_L下插入结点S，则失衡时A->bf = 2,B->bf = -1,C->bf = 1；调整平衡后的平衡因子为A->bf = -1,B->bf = 0,C->bf = 0。即

```
if(S->key<C->key)
{    A->bf=-1,B->bf=0,C->bf=0;
}
```

② 如果是在C_R下插入结点S，则失衡时A->bf=2,B->bf=-1,C->bf=-1；调整平衡后的平衡因子为A->bf=0,B->bf=1,C->bf=0。即

```
if(S->key>C->key)
{    A->bf=0,B->bf=1,C->bf=0;
}
```

③ 若C本身就是新插入的结点，则失衡时A->bf=2,B->bf=-1；调整平衡后的平衡因子为A->bf=0,B->bf=0。即

```
if(S->key==C->key)
{    A->bf=0,B->bf=0;
}
```

最后，将调整后的子二叉树的根结点C代替原来结点A。

```
if(FA==NULL)T=C;
elseif(A==FA->lchild)FA->lchild=C;
else FA->rchild=C;
```

(4) RL型失衡及调整

【例10.10】 如图10.16(a)所示为一棵平衡的二叉排序树，在A的右子树的左子树上插入关键字为48的结点后，A的平衡因子从-1增加至-2，导致失衡(见图10.16(b))。我们称这种失衡为RL型失衡。

为恢复平衡并保持二叉排序树的特性，可先将B改为C的右孩子，C原先的右孩子改为B的左孩子；然后将A改为C的左孩子，C原先的左孩子改为A的右孩子(见图10.16(c))。这相当于以插入的结点C为旋转轴，对B做了一次顺时针旋转，对A做了一次逆时针旋转。

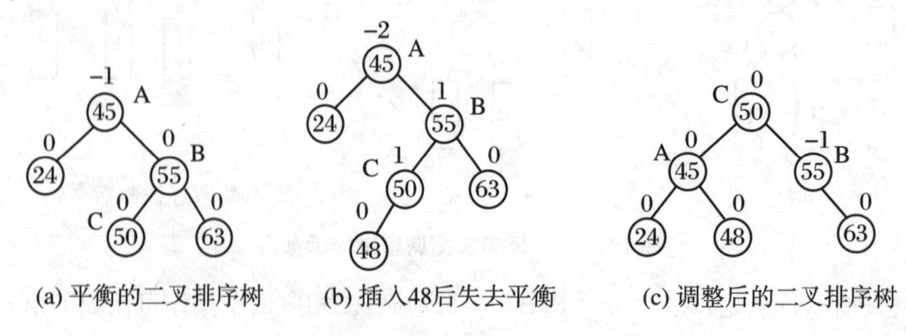

(a) 平衡的二叉排序树 (b) 插入48后失去平衡 (c) 调整后的二叉排序树

图10.16 失衡二叉排序树的调整示例(4)

图 10.17 描述了这种失衡以及调整平衡的一般性过程。

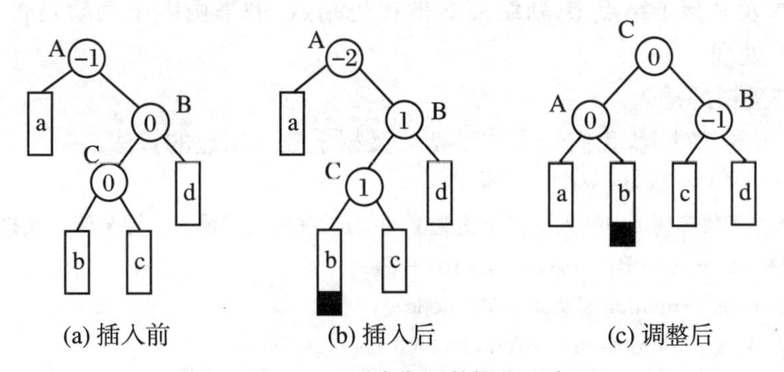

(a) 插入前　(b) 插入后　(c) 调整后

图 10.17　RL 型失衡调整操作示意图

RL 型失衡的特点是：A->bf=-2，B->bf=1。相应调整操作可用如下语句完成：

```
B->lchild=C->rchild;
A->rchild=C->lchild;
C->lchild=A;
C->rchild=B;
```

在 A 的右子树的左子树上插入结点也分为在 C_L 下插入结点 S、在 C_R 下插入结点 S，以及 C 本身就是新插入的结点这 3 种情况。此时 C_L，C_R，A_L，B_R 均为空。下面针对不同情况，修改 A，B，C 的平衡因子：

① 如果是在 C_L 下插入结点 S，则失衡时 A->bf = -2，B->bf=1，C->bf=1；调整平衡后的平衡因子为 A->bf=0，B->bf=-1，C->bf=0。即

```
if(S->key<C->key)
{    A->bf=0,B->bf=-1,C->bf=0;
}
```

② 如果是在 C_R 下插入结点 S，则失衡时 A->bf=-2，B->bf=1，C->bf=-1；调整平衡后的平衡因子为 A->bf=1，B->bf=0，C->bf=0。即

```
if(S->key>C->key)
{   A->bf=1,B->bf=0,C->bf=0;
}
```

③ 若 C 本身就是新插入的结点，则失衡时 A->bf=-2，B->bf=1；调整平衡后的平衡因子为 A->bf=0，B->bf=0。即

```
if(S->key==C->key)
{   A->bf=0,B->bf=0;
}
```

最后，将调整后的子二叉树的根结点 C 代替原来结点 A。

```
if(FA==NULL)T=C;
elseif(A==FA->lchild) FA->lchild=C;
else FA->rchild=C;
```

综上所述，在一个平衡的二叉排序树上插入一个新结点 S 时，应包括以下操作：

① 查找插入位置，同时记录离插入结点 S 最近的、可能失衡的祖先结点 A（插入新结点前，A 的平衡因子不等于 0）。

② 插入新结点S,并修改从祖先结点A到新结点S路径上各结点的平衡因子。

③ 根据A及其孩子结点B(新结点S的祖先结点)的平衡因了判断是否失衡以及失衡类型,并做相应处理。

3. 平衡二叉树的插入

在以上分析的基础上,我们给出在平衡二叉树上插入结点的算法:

```
void InsertAVL(AVLtnode *t,keytype k)
   //在平衡二叉排序树t中插入关键字值为k的结点,并使其仍成为一棵平衡二叉排序树
{ AVLtnode *S, *A, *B, *FA, *p, *fp, *C,
  S=(AVLtnode *)malloc(sizeof(AVLtnode));
  S->key=k;S->lchild=S->rchild=NULL;
  S->bf=0;
  if(t==NULL)t=S;
  else
//查找S的插入位置fp,同时记录距S的插入位置最近且平衡因子不等于0(等于-1或1)的结点A
{    A=t;FA=NULL;p=t;fp=NULL;
     while(p!=NULL)
     {   if(p->bf!=0){A=p;FA=fp;}
         fp=p;
         if(k<p->key)p=p->lchild;
         else p=p->rchild;
     }                                        //插入结点S
     if(k<fp->key)fp->lchild=S;
     else fp->rchild=S;                       //确定结点B,并修改A的平衡因子
     if(k<A->key){B=A->lchild;A->bf=A->bf+1;}
     else{B=A->rchild;A->bf=A->bf-1;}
         //修改B到S路径上各结点的平衡因子
     p=B;
     while(p!=S)
     if(k<p->key){p->bf=1;p=p->lchild;}
     else{p->bf=-1;p=p->rchild;}
          //判断失衡类型并做相应处理
     if(A->bf==2&&B->bf==1)                   //LL型
      {    B=A->lchild;A->lchild=B->rchild;
           B->rchild=A;A->bf=0;B->bf=0;
                 if(FA==NULL)t=B;
              elseif(A==FA->lchild)FA->lchild=B;
              else FA->rchild=B;
      }
     elseif(A->bf==2&&B->bf==-1)              //LR型
        {  B=A->lchild;C=B->rchild;B->rchild=C->lchild;
              A->lchild=C->rchild;C->lchild=B;C->rchild=A;
           if(S->key <C->key){A->bf=-1;B->bf=0;C->bf=0;}
           elseif(S->key>C->key){A->bf=0;B->bf=1;C->bf=0;}
```

```
    else{A->bf=0;B->bf=0;}
      if(FA==NULL)t=C;
      elseif(A==FA->lchild)FA->lchild=C;
    else FA->rchild=C;
  }
  elseif(A->bf==-2&&B->bf==1)   // RL 型
   { B=A->rchild;C=B->lchild;B->lchild=C->rchild;
      A->rchild=C->lchild;C->lchild=A;C->rchild=B;
       if(S->key<C->key){A->bf=0;B->bf=-1;C->bf=0;}
       elseif(S->key>C->key){A->bf=1;B->bf=0;C->bf=0;}
     else{A->bf=0;B->bf=0;}
       if(FA==NULL)t=C;
         elseif(A==FA->lchild)FA->lchild=C;
        else FA->rchild=C;
    }
    elseif((A->bf==-2)&&(B->bf==-1))       //RR 型
        { B=A->rchild;A->rchild=B->lchild;
            B->lchild=A;A->bf=0;B->bf=0;
           if(FA==NULL)t=B;
          elseif(A==FA->lchild)FA->lchild=B;
        else FA->rchild=B;
          }
  }
}
```

【例 10.11】 用关键字序列(13,24,37,90,53)构造一棵平衡二叉排序树。

构造过程如图 10.18 所示。

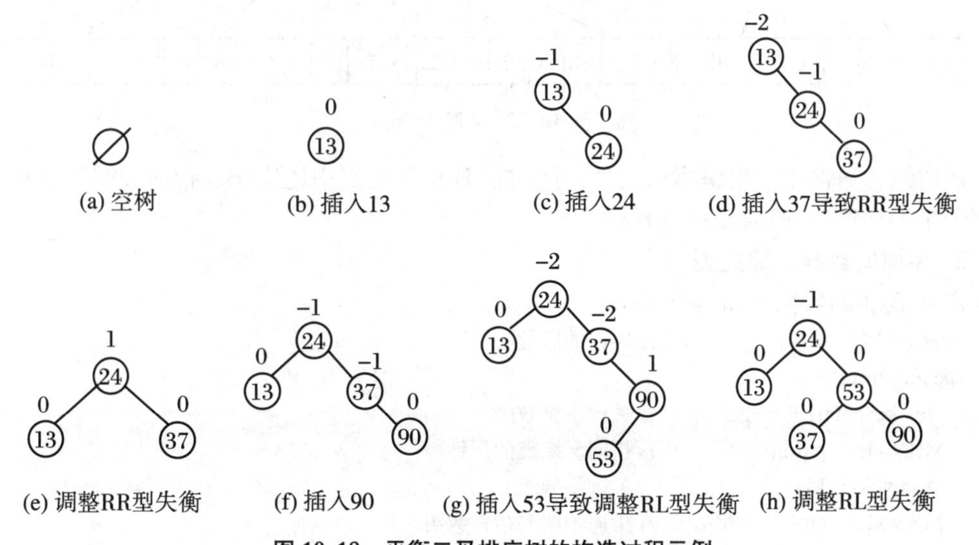

图 10.18 平衡二叉排序树的构造过程示例

10.2.3　B-树

1. B-树的概念

B-树是一种平衡的多路查找树。

定义：一棵 m 阶的B-树，或为空树，或为满足下列条件的 m 叉树：

① 树中每个结点最多有 m 棵子树。

② 若根结点不是叶子结点，则最少有2棵子树。

③ 除根结点之外的所有非终端结点最少有 $\lceil m/2 \rceil$ 棵子树。

④ 所有叶子结点在同一层。

B-树中的结点结构如图10.19所示。

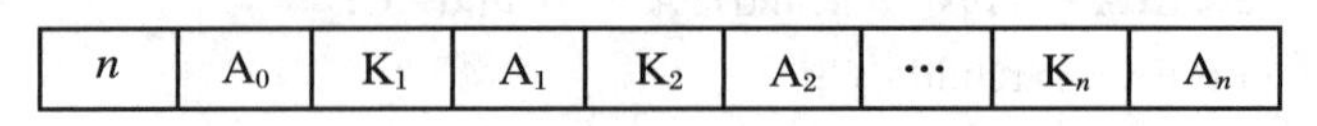

n	A_0	K_1	A_1	K_2	A_2	…	K_n	A_n

图10.19　B-树的结点结构

图10.19其中，n 为结点中的关键字个数；K_i（$i=1,2,\cdots,n$）为关键字，且 $K_i<K_{i+1}$；A_i（$i=1,2,\cdots,n$）为指向子树根结点的指针，且 A_{i-1} 所指向的子树中所有结点的关键字均介于 K_{i-1} 和 K_i 之间，A_0 所指向子树的所有关键字均小于 K_1，A_n 所指向子树的所有关键字均大于 K_n。

【例10.12】　如图10.20所示为一棵4阶B-树。

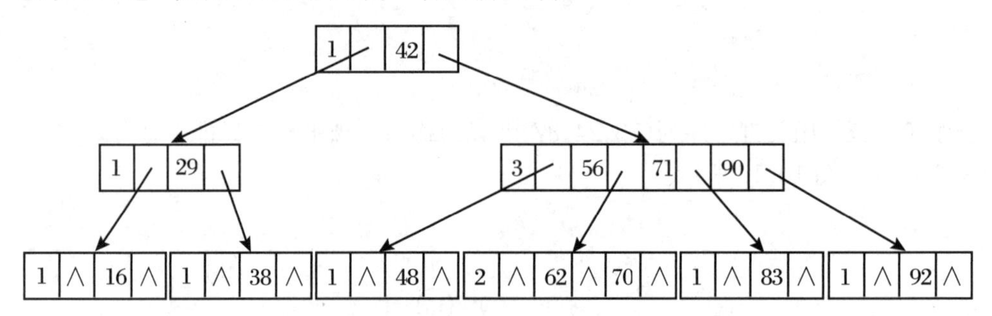

图10.20　4阶B-树

B-树结构通常用于组织索引文件。此时在B-树的结点中还应添加指向关键字所对应的数据记录的指针(平衡的多路查找树)。

2. B-树的数据存储类型

定义B-树的数据存储类型如下：

```
#define M 5                    //B-树的阶数
typedef struct
{   int keyNum;                //关键字个数
   MBNode *parent;             //指向父结点的指针
  int key[M-1];                //关键字数组
   MBNode *children[M];        //指向子树的指针数组
}MBNode;
```

3. B-树的查找

由B-树的定义可知，在B-树中查找指定关键字K的过程如下：

① 从 B-树的根结点开始，在结点中查找 K。如果找到则查找结束；否则找到一个子树的指针 A_i，使得 $K_i<K<K_{i+1}$；

② 在 A_i 所指的结点中重复①；

③ 如果 $A_i=NULL$，则 B-树中不存在 K，查找失败。

【例 10.13】 在图 10.21 中查找关键字 62。

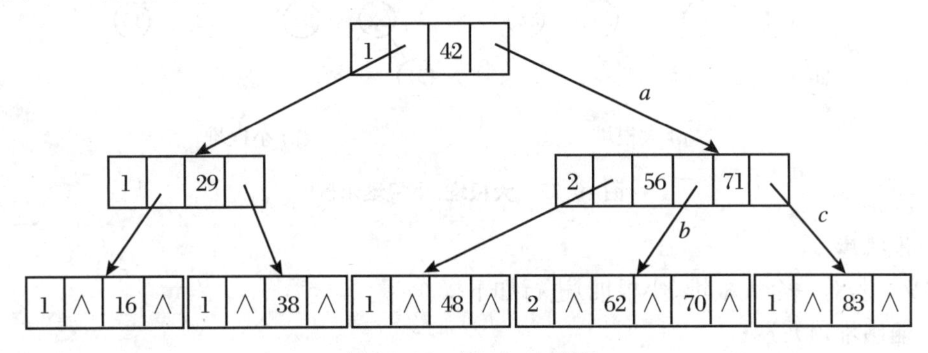

图 10.21 例 10.13 的图

首先从根结点开始，由于 $62>K_1(42)$，所以选择指针 $A_1(a)$ 所指的结点继续查找。在 a 所指结点中，因为 $K_1(56)<62<K_2(71)$，因此选择 b 所指结点继续查找。在 b 所指结点中查找到关键字 62，查找成功。

如果查找关键字 73，则其过程从根结点开始，依次沿着指针 a、c 查找。在 c 所指向的结点中，因为 $73<K_1(83)$，因此选择结点中的指针 A_0，但 $A_0=NULL$，查找失败。

由此可见，在 B-树中查找指定关键字的过程就是一个沿指针查找结点和在结点的关键字中查找交叉进行的过程。

10.3 堆 排 序

10.3.1 堆和堆排序的概念

1. 堆的定义

定义： n 个关键字序列 $(k_1,k_2,\cdots,k_n)$ 称为堆，当且仅当该序列满足如下特性：

$$\begin{cases}k_i\leqslant k_{2i}\\ k_i\leqslant k_{2i+1}\end{cases} \quad 或 \quad \begin{cases}k_i\geqslant k_{2i}\\ k_i\geqslant k_{2i+1}\end{cases} \quad (1\leqslant i\leqslant \lfloor n/2 \rfloor) \tag{10.2}$$

并分别称其为小根堆和大根堆。

从堆的定义可以看出，堆实质是满足如下性质的完全二叉树：二叉树中任一非叶子结点关键字的值均小于(大于)它的孩子结点的关键字。在小根堆中，第一个元素(完全二叉树的根结点)的关键字最小；大根堆中，第一个元素(完全二叉树的根结点)的关键字最大。显然，堆中任一子树仍是一个堆。

【例 10.14】 关键字序列(98,77,35,62,55,14,35,48)为堆，对应的完全二叉树如图

10.22(a)所示，该序列为一个大根堆；关键字序列(14,48,35,62,55,98,35,77)也是一个堆，其对应的完全二叉树如图10.22(b)所示，该序列为一个小根堆。

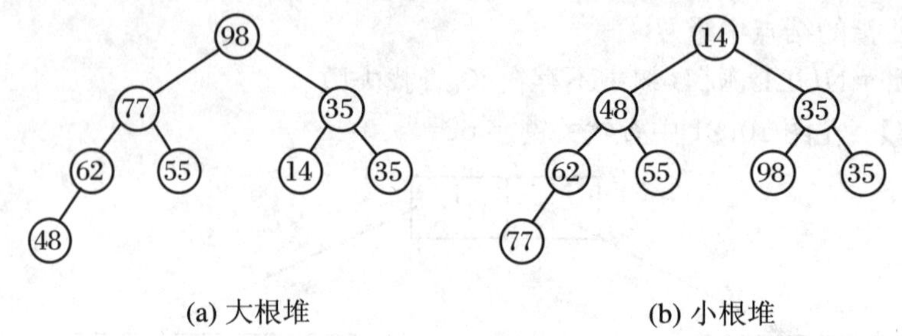

(a) 大根堆　　(b) 小根堆

图10.22　大根堆、小根堆示例

2. 堆排序

定义：若对一个大根堆(小根堆)进行如下操作：

① 输出堆顶元素；

② 将剩余元素按关键字大小重新排列又建成一个大根堆(小根堆)；

③ 重复①和②。

则当该序列中所有元素均已输出后，便能得到一个有序序列。这个过程称为堆排序。

由堆排序的过程可以看出，实现堆排序需要解决两个问题：

① 如何将一个无序序列建成一个堆？

② 如何在输出堆顶元素后，调整剩余元素为一个新的堆？

下面分别讨论这两个问题。

10.3.2　堆的调整

如何在输出堆顶元素后，调整剩余元素为一个新的堆？

解决方法如下：

① 输出堆顶元素之后，以堆中最后一个元素替代；若以完全二叉树来描述一个堆，即将二叉树中的最后一个叶子结点移至根结点位置，作为二叉树的根。

② 将根结点关键字的值与其左、右子树的根结点关键字进行比较，并与其中较大者进行交换(当该堆为大根堆时；若为小根堆，应与其中较小者交换)。

③ 由上至下、从左至右，对每一棵子树重复②；当叶子结点所在的子树也被调整完毕，则完成了一次堆的调整过程，得到新的堆。我们称这个从根结点至叶子结点的调整过程为“筛选”。

【例10.15】　对于大根堆(98,77,35,62,55,14,35,48)，将其堆顶元素输出后，将其余元素仍调整为一个大根堆。

调整过程如图10.23所示。

由于一个堆实质上是一个完全二叉树，则在实际操作中，我们通常用一维数组存储一个堆。该数组的类型定义如下：

```
typedef struct
{   Keytype key;                    //key为关键字
    Othertype otherdata;
```

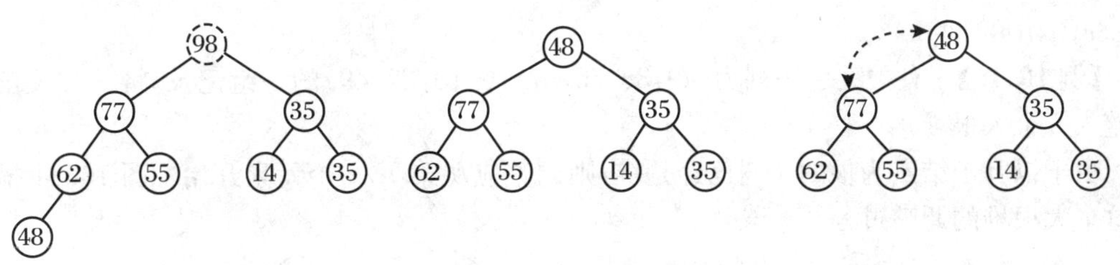

(a) 输出堆顶元素98　　(b) 将堆中最后一个元素48作为根　　(c) 比较48的两个孩子结点

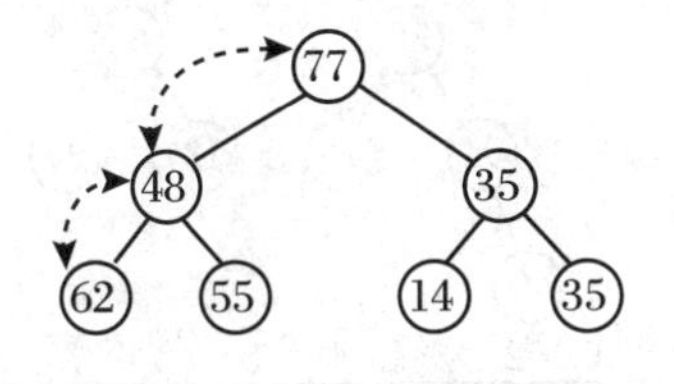

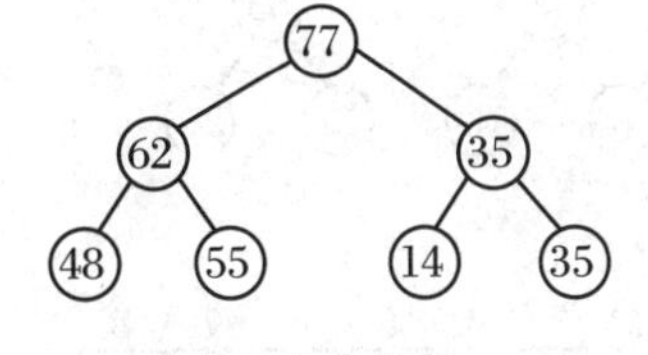

(d) 继续比较两个孩子结点将较大者与48交换　　(e) 形成一个大根堆

图 10.23　大根堆的调整过程示例

```
}Recordtype;
```

假设下标从 k 到 m 的数组元素序列描述的是以 r[k] 为根的完全二叉树，且以 r[$2k$] 和 r[$2k+1$]为根的子树均为大根堆，这样，将下标从 k 到 m 的数组元素序列调整为一个大根堆的“筛选”算法可以描述如下：

```
void Sift(Recordtype r[],int k,int m)
{    int j,i;i=k;j=2*i;
     while(j<=m)                    //若 j≤m,r[2×i]是 r[i]的左孩子
   {   if(j<m&&r[j].key<r[j+1].key)j++;
        //比较左右孩子的大小,使 j 为较大的孩子的下标
       if(r[i].key<r[j].key)
        {   r[i]<->r[j];             //将较大的孩子与根交换
              i=j;j=2*i;
        }       //上述交换可能使以该孩子结点为根的子树不再为堆,则需重新调整
        else break;
     }
}
```

10.3.3　建堆

可以看出，上述“筛选”过程是从关键字序列中选出最大(最小)者。若对一个无序序列反复应用“筛选”算法，就可以得到一个堆。那么，怎样判断一个序列是一个堆？或者说，建堆操作从哪儿着手？

显然，单结点的二叉树是堆；在完全二叉树中，所有以叶子结点(编号 $i>n/2$)为根的子树都是堆。

这样，只需应用“筛选”算法，自底向上逐层把所有以非叶子结点为根的子树调整为堆，直至整个完全二叉树为堆。也就是说，只需依次将以序号为 $n/2, n/2-1, \cdots, 1$ 的结点为根的子树均调整为堆即可。那么，将初始无序的 r[1]到 r[n]建成一个大根堆可用以下语句实现：

```
for(i=n/2;i>=1;i--)
```

```
Sift(r,i,n);
```

【例 10.16】 有关键字序列为(49,38,65,97,76,13,27,49)的一组记录,将其按关键字调整为一个大根堆。

由于以叶子结点为根的子树已经是堆,则调整应从第 $n/2$ 个元素开始。图 10.24 描述了这个大根堆的调整过程。

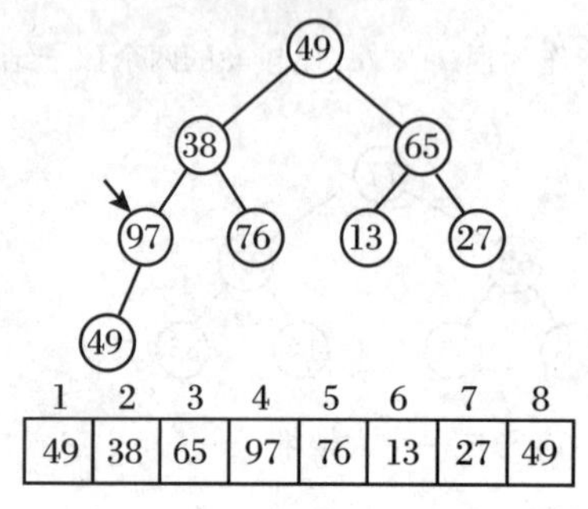

(a) 从i=8/2=4的结点开始

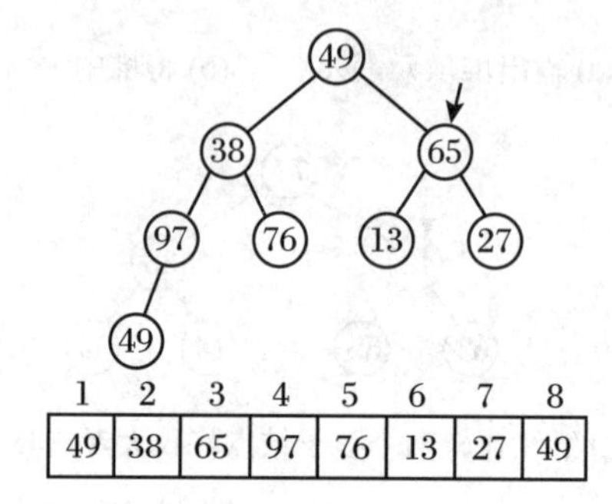

(b) 筛选i=4−1=3的结点

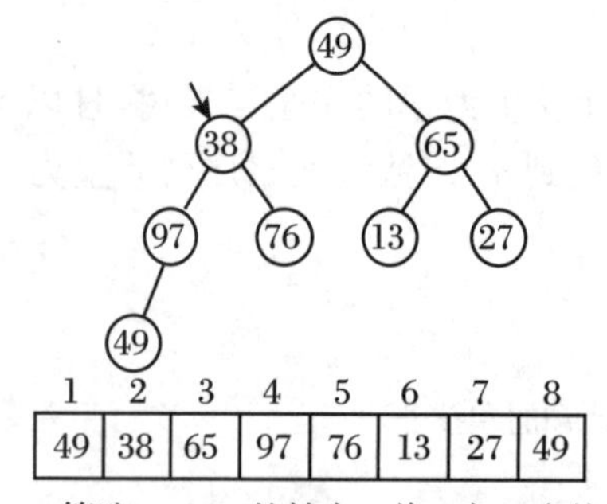

(c) 筛选i=3−1=2的结点，将38与97交换

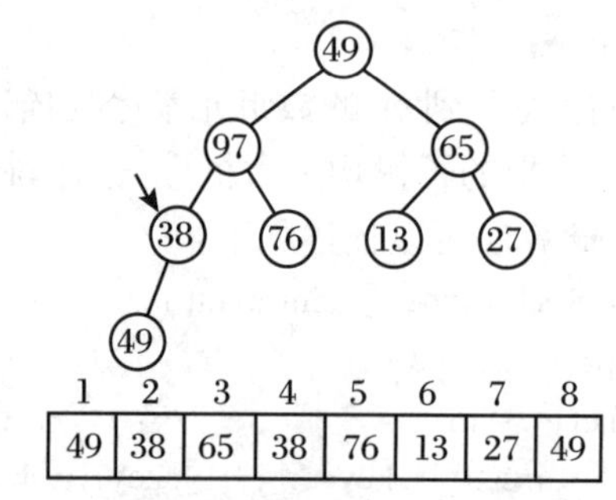

(d) 38作为新子树的根比49小，将38与49交换

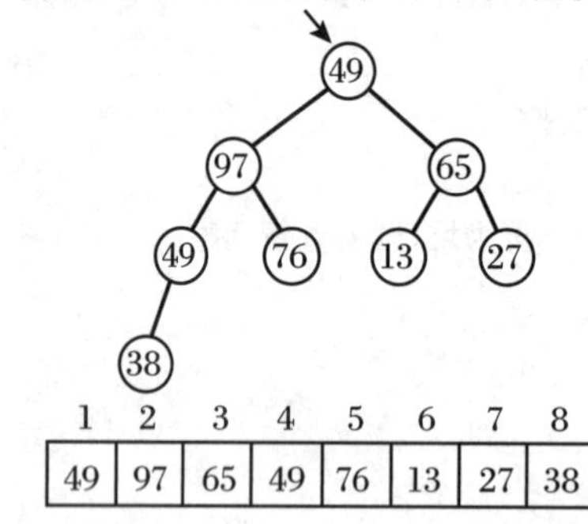

(e) 筛选i=2−1=1的结点，将49与97交换

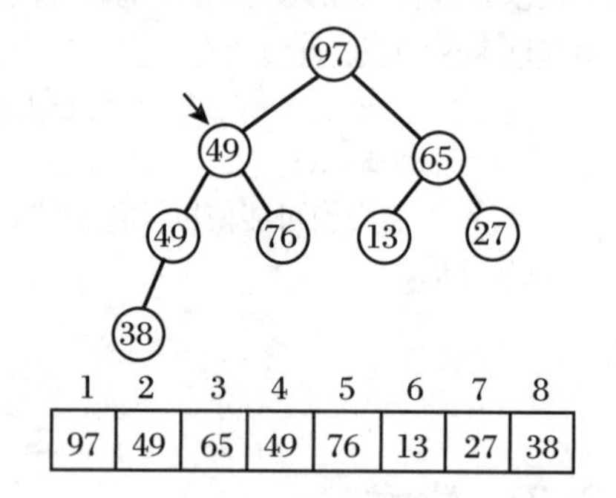

(f) 49作为新子树的根比76小，将49与76交换

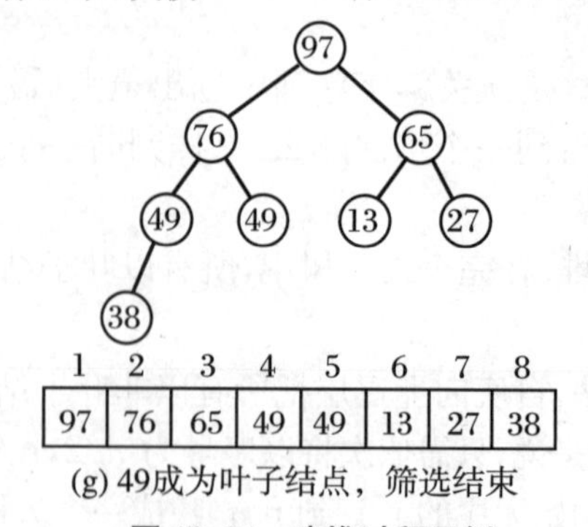

(g) 49成为叶子结点，筛选结束

图 10.24 建堆过程示例

综合以上分析，对存储在数组 r[]中的元素序列建堆的算法描述如下：

```
void Creatheap(Recordtype r[],int n)
//对记录数组 r[ ]建堆，n 为数组的长度
{     for(i=n/2;i>=1;--i)                    //自第 n/2 个元素开始进行筛选建堆
         Sift(r,i,n);
}
```

10.3.4 堆排序算法及性能分析

由堆排序的定义可知，堆排序的过程是一个建初始堆以及不断进行堆调整的过程。

若进行按关键字递增排序，则建初始堆的结果是把 r[1]～r[n]中关键字最大的记录选到堆顶 r[1]的位置上。因此，将 r[1]与 r[n]交换后就得到了第一趟排序的结果。

第二趟排序首先应将 r[1]到 r[$n-1$]重新调整为大根堆，然后再将 r[1]与 r[$n-1$]交换。

第三趟排序应先将 r[1]到 r[$n-2$]重新调整为大根堆，然后再将 r[1]与 r[$n-2$]交换。

……

重复该过程 $n-2$ 次后，就得到一个按关键字递增有序的序列 r[1]～r[n]。

堆排序算法如下：

```
void HeapSort(Recordtype r[],int n)           //对 r[1]～r[n]进行堆排序
{     int i;
      for(i=n/2;i>=1;i--)Sift(r,i,n);         //建初始堆
      for(i=n;i>1;i--){                       //进行 n-1 趟排序
         r[1]<->r[i];                         //将根与最后一个元素交换
         Sift(r,1,i-1);                       //对 r[1]到 r[i-1]重新建堆
   }
}
```

堆排序的时间主要耗费在建初始堆和调整建新堆时进行的反复“筛选”上。对应于深度为 k 的完全二叉树，筛选算法中进行的关键字的比较次数至多为 $2(k-1)$次；而具有 n 个结点的完全二叉树的深度为$\lfloor \log_2 n \rfloor+1$，则调整建新堆时调用 Sift 算法 $n-1$ 次总共进行的比较次数不超过：

$$2(\lfloor \log_2(n-1)\rfloor+\lfloor \log_2(n-2)\rfloor+\cdots+\lfloor \log_2 2\rfloor)<2n\lfloor \log_2 n \rfloor$$

而建初始堆所进行的比较次数不超过 $4n$。因此，堆排序在最坏情况下，其时间复杂度也为 $O(n\log_2 n)$。这是堆排序的最大优点。

另外，堆排序仅需一个记录大小供交换用的辅助存储空间，其空间性能较好。

然而，堆排序是一种不稳定的排序方法，它不适用于待排序记录个数 n 较少的情况，但对于 n 较大的文件还是很有效的。

自主学习

本章介绍了二叉排序树、平衡二叉树、堆、B-树等结构的基本概念，以及应用二叉排序树、B-树等树表的动态查找方法、应用堆来实现的选择排序方法。要求重点掌握二叉排序树的相关概念、动态查找方法、堆的建立与调整、堆排序方法。

学习本章内容的同时，可以参考相关资料，查询、了解其他相关知识，并编写程序实现相关算法，包括：

(1) 二叉排序树的结点删除算法；

(2) 平衡二叉树的建立方法；

(3) B-树的建立、查找、删除算法。

参考资料：

[1] 胡学钢. 数据结构：C语言版[M]. 北京：高等教育出版社，2008.

[2] 严蔚敏，李冬梅，吴伟民. 数据结构：C语言版[M]. 北京：人民邮电出版社，2011.

[3] 王昆仑，李红. 数据结构与算法[M].2版. 北京：中国铁道出版社，2012.

习　题

1. 填空题

(1) 二叉排序树的左右子树是____________。

(2) 二叉排序树中某一结点左子树的深度减去右子树的深度称为该结点的____________。

(3) 在平衡二叉树上进行查找的时间复杂度____________。

2. 选择题

(1) 在下述结论中，正确的是(　　)。

① 只有一个结点的二叉树的度为0

② 二叉树的度为2

③ 二叉树的左右子树可任意交换

④ 深度为 K 的完全二叉树的结点个数小于或等于深度相同的满二叉树

A. ①②③　　B. ②③④　　C. ②④　　D. ①④

(2) 对二叉树的结点从1开始进行连续编号，要求每个结点的编号大于其左、右孩子的编号，同一结点的左右孩子中，其左孩子的编号小于其右孩子的编号，可采用(　　)遍历实现编号。

A. 先序　　B. 中序　　C. 后序　　D. 从根开始按层次

(3) 分别以下列序列构造二叉排序树，与用其他3个序列所构造的结果不同的是(　　)。

A. (100,80,90,60,120,110,130)　　B. (100,120,110,130,80,60,90)

C. (100,60,80,90,120,110,130)　　D. (100,80,60,90,120,130,110)

(4) 以下序列不是堆的是(　　)。

A. (100,85,98,77,80,60,82,40,20,10,66)

B. (100,98,85,82,80,77,66,60,40,20,10)

C. (10,20,40,60,66,77,80,82,85,98,100)

D. (100,85,40,77,80,60,66,98,82,10,20)

(5) 在平衡二叉树中插入一个结点后造成了不平衡,设最低的不平衡结点为A,并已知A的左孩子的平衡因子为0右孩子的平衡因子为1,则应作(　　)型调整以使其平衡。

A. LL　　B. LR　　C. RL　　D. RR

3. 判断题

(1) 在二叉树排序树中插入一个新结点,总是插入到叶子结点下面。(　　)

(2) 完全二叉树肯定是平衡二叉树。(　　)

(3) 对一棵二叉排序树按前序方法遍历得出的结点序列是从小到大的序列。(　　)

(4) 二叉树中除叶子结点外,任一结点X,其左子树根结点的值小于该结点的值;其右子树根结点的值大于等于该结点X的值,则此二叉树一定是二叉排序树。(　　)

(5) N个结点的二叉排序树有多种,其中树高最小的二叉排序树是平衡二叉排序树。(　　)

(6) 堆肯定是一棵平衡二叉树。(　　)

(7) 堆是满二叉树。(　　)

4. 应用题

(1) 由于元素插入的次序不同,所构成的二叉排序树也有不同的状态,请画出一棵含有1,2,3,4,5,6六个结点且以1为根,深度为4的二叉排序树。

(2) 设有一个关键码的输入序列:

{55,31,11,37,46,73,63,02,07}

① 从空树开始构造平衡二叉搜索树,画出每加入一个新结点时二叉树的形态。若发生不平衡,指明需做的平衡旋转的类型及平衡旋转的结果。

② 计算该平衡二叉搜索树在等概率下的查找成功的平均查找长度和查找不成功的平均查找长度。

(3) 一棵二叉排序树结构如图10.25所示,各结点的值从小到大依次为1~9,标出各结点的值。

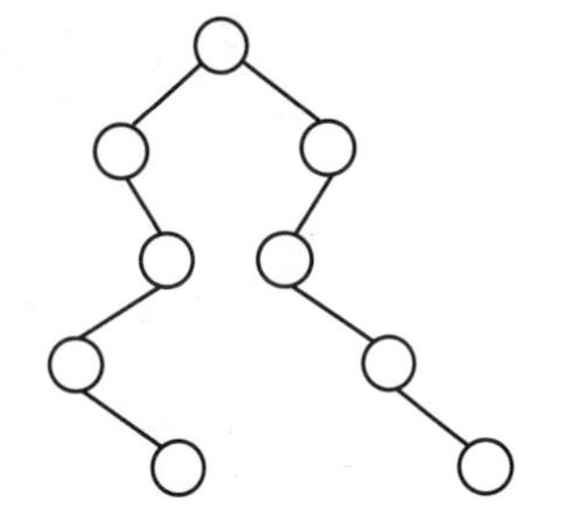

图10.25　第(3)题图

(4) 依次输入表(30,15,28,20,24,10,12,68,35,50,46,55)中的元素,生成一棵二叉排序树。

① 试画出生成之后的二叉排序树。

② 对该二叉排序树作中序遍历,试写出遍历序列。

(5) 已知长度为12的表{Jan,Feb,Mar,Apr,May,June,July,Aug,Sep,Oct,Nov,Dec}。

① 试按表中元素的次序依次插入一棵初始为空的二叉排序树,画出插入之后的二叉排序树,并求在等概率情况下查找成功的平均查找长度。

② 若对表中元素先进行排序构成有序表,求在等概率的情况下对此表进行折半查找成功的平均查找长度。

③ 按表中元素顺序构造一棵平衡二叉排序树,并求其在等概率情况下查找成功的平均查找长度。

(6) 试画出从空树开始,由字符序列(t,d,e,s,u,g,b,j,a,k,r,i)构成的二叉平衡树,并为每一次的平衡处理指明旋转类型。

(7) 在一棵空的二叉查找树中依次插入关键字序列为20,30,8,12,34,5,60,5,1,29,请画出所得到的二叉查找树。

(8) 已知序列{503,87,512,61,908,170,897,275,653,462},请给出采用堆排序对该序列作升序排序时的每一趟结果。

5. 程序设计题

(1) 写出在二叉排序树中插入一指定结点一个结点的算法。

(2) 写出在二叉排序树中查找值为 x 的算法。

(3) 试编写一个判定二叉树是否二叉排序树的算法,设此二叉树以二叉链表作存储结构,且树中结点的关键字均不同。

(4) 二叉树结点的平衡因子(bf)定义为该结点的左子树高度与右子树高度之差。设二叉树结点结构为(lchild,data,bf,rchild),lchild 和 rchild 是左、右孩子指针;data 是数据元素;bf 是平衡因子,编写递归算法计算二叉树中各个结点的平衡因子。

第4部分　图形结构

第11章　图的基本知识

11.1　引　　言

11.1.1　本章能力要素

本章介绍图这种较线性表和树更为复杂的数据结构，以及它的两种存储结构、两种遍历算法和一些应用实例分析。具体要求包括：

(1) 熟练掌握图的基本概念；

(2) 掌握图的邻接矩阵存储模型；

(3) 掌握图的邻接表存储模型；

(3) 能基于图的不同存储结构模型，设计图的建立算法；

(4) 能基于图的不同存储结构模型，实现图的深度优先搜索遍历算法、广度优先搜索遍历算法设计及性能分析。

专业能力要素包括：

(1) 基于图的不同存储结构模型，进行无向图的连通性分析能力；

(2) 基于图的不同存储结构模型，进行有向图的连通性分析能力。

11.1.2　本章知识结构图

本章知识结构如图11.1所示。

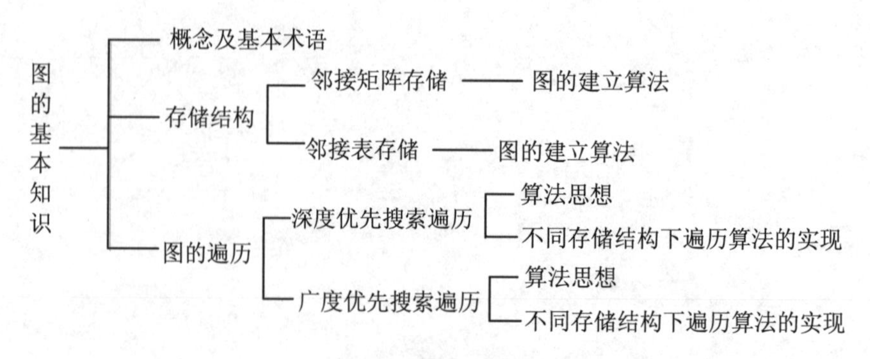

图11.1　本章知识结构图

11.1.3 本章课堂教学与实践教学的衔接

本章涉及的实践环节主要是图的存储、遍历算法。要求掌握有向图、无向图、有向网、无向网的建立算法，以及在这些图上实现两种遍历算法。

11.2 图的相关概念

设想一下这个场景：淘宝快递员小王早上接到 10 个商品的派送任务，买家分别位于城市的不同地点。为了节省时间，小王需要规划出一条最佳路径，在尽量不绕路的情况下到达所有地点，将商品送交给买家。这是一个典型的图的应用，**地点**和地点之间的**道路**组成了**"图"**这种数据结构。

图(graph)是一种较线性表和树更为复杂的数据结构。在线性表中，数据元素之间仅存在线性关系，即每个元素只有一个直接前驱和一个直接后继。在树形结构中，元素之间具有明显的层次关系，并且每一元素只能和上一层(如果有的话)的一个元素相关，但可以和下一层的多个元素相关。而在图形结构中，元素之间的关系可以是任意的，一个图中任意两个元素都可以是相关的，即每个元素可以有多个前驱和多个后继。例如在一个城市中，一个地点可以通过不同道路与其他多个地点相连，从而构成复杂的城市交通图。

11.2.1 图的定义

图：是一种网状数据结构。是顶点集 V 和连接这些顶点的弧集(边集) VR 所组成的结构记为 $G=(V,VR)$。

有向图：若图中的边是顶点的有序对，则称此图为有向图。有向边又称为弧，通常用尖括弧表示一条有向边，$<v_i, v_j>$表示从顶点 v_i 到 v_j 的一段弧，v_i 称为边的始点(或弧尾)，v_j 称为边的终点(或弧头)，$<v_i, v_j>$和$<v_j, v_i>$代表两条不同的弧。

无向图：若图中的边是顶点的无序对，则称此图为无向图。通常用圆括号表示无向边，(v_i, v_j)表示顶点 v_i 和 v_j 间相连的边。在无向图中(v_i, v_j)和(v_j, v_i)表示同一条边。

例如，图 11.2 为一个有向图 G_1，按照定义可以表示为

$$G_1 = (V, VR)$$

$$V = \{v_1, v_2, v_3, v_4, v_5, v_6\}$$

$$VR = \{<v_1, v_2>, <v_1, v_5>, <v_5, v_1>, <v_5, v_4>, <v_3, v_5>, <v_3, v_6>, <v_5, v_6>\}$$

图 11.3 是一个无向图 G_2，按照定义可以表示为

$$G_2 = (V, VR)$$

$$V = \{v_1, v_2, v_3, v_4, v_5, v_6\}$$

$$VR = \{(v_1, v_2), (v_1, v_4), (v_1, v_5), (v_2, v_3), (v_2, v_6), (v_3, v_6), (v_5, v_6)\}$$

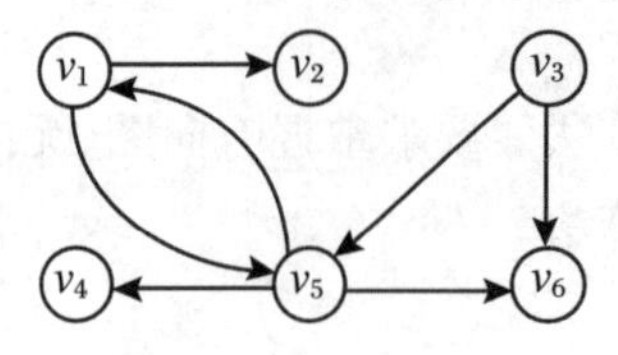

图 11.2　有向图 G_1

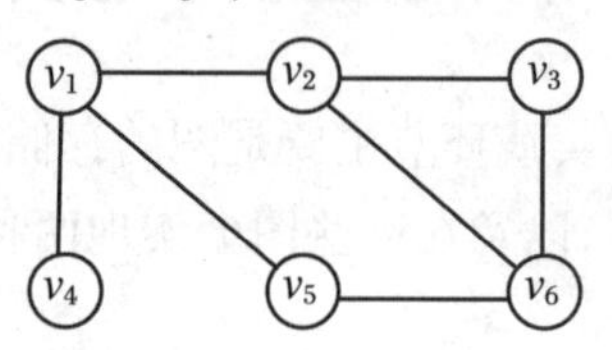

图 11.3　无向图 G_2

11.2.2　图的基本术语

我们用 n 表示图中顶点的数目，用 e 表示图中边或弧的数目。在下面的讨论中，我们不考虑顶点的自返圈，即顶点到其自身的边或弧。若图中存在 $\langle v_1, v_2\rangle$ 或 (v_1, v_2)，则必有 $v_1 \neq v_2$。同时也不允许一条边或弧在途中重复出现。

(1) 完全图、稠密图、稀疏图

具有 n 个顶点、$n(n-1)/2$ 条边的无向图，称为完全无向图；具有 n 个顶点、$n(n-1)$ 条弧的有向图，称为完全有向图。完全无向图和完全有向图都称为完全图。

对于一般无向图，顶点数为 n，边数为 e，则 $0 \leqslant e \leqslant n(n-1)/2$；

对于一般有向图，顶点数为 n，弧数为 e，则 $0 \leqslant e \leqslant n(n-1)$。

当一个图接近完全图时，则称它为稠密图；相反地，当一个图中含有较少的边或弧时，则称它为稀疏图。

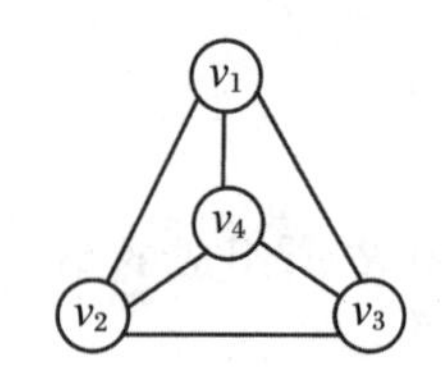

图 11.4　完全图

图 11.4 表示了一个完全图。

(2) 邻接点

对于无向图 $G=(V, VR)$，如果边 $(v, v') \in VR$，则称顶点 v 和 v' 互为邻接点，即顶点 v 和 v' 相邻接。也称边 (v, v') 依附于顶点 v 和 v'，或者说边 (v, v') 与顶点 v 和 v' 相关联。

对于有向图 $G=(V, VR)$ 而言，若弧 $\langle v, v'\rangle \in VR$，则称顶点 v 邻接到顶点 v'、顶点 v' 邻接自顶点 v，或者说弧 $\langle v, v'\rangle$ 与顶点 v 和 v' 相关联。

例如，在图 11.3 中，顶点 v_1，v_3，v_6 都是顶点 v_2 的邻接点，而 (v_1, v_2)，(v_2, v_3)，(v_2, v_6) 都是和顶点 v_2 相关联的边。

(3) 顶点的度、入度和出度

顶点的**度**是指与某顶点 v_i 相关联的边数，通常记为 $D(v)$。

例如，在图 11.3 中，顶点 v_1 的度为 3，顶点 v_3 的度为 2。

有向图中，要区别顶点的入度和出度的概念：

顶点 v 的**入度**，是指以 v 为终点的弧的数目记为 $ID(v)$；

顶点 v 的**出度**，是指以 v 为始点的弧的数目记为 $OD(v)$；

显然

$$D(v) = ID(v) + OD(v)$$

例如，在图 11.2 中，顶点 v_1 的入度 $ID(v_1)$ 为 1，出度 $OD(v_1)$ 为 2，则顶点 v_1 的度

$D(v_1)$为3。

(4) 路径与回路

所谓顶点 v_p到顶点 v_q之间的**路径**,是指顶点序列 v_p, v_{i1}, v_{i2}, …, v_{im}, v_q,其中(v_p, v_{i1}), (v_{i1}, v_{i2}), …, (v_{im}, v_q)分别为图中的边。

路径长度是指路径上边的数目。

序列中顶点不重复出现的路径称为**简单路径**。

如果路径的起点和终点相同(即 $v_p = v_q$),则称此路径为**回路或环**。

除第一个顶点和最后一个顶点外,其他顶点不重复的回路称为**简单回路**。

例如,在图11.3中,v_1, v_2, v_3, v_6, v_5 构成一个简单路径,v_1, v_5, v_6, v_2, v_3, v_6, v_2, v_1 构成回路,而 v_1, v_2, v_3, v_6, v_5, v_1 构成一个简单回路。

(5) 子图

对于图 $G=(V, VR)$, $G'=(V', VR')$,若有 $V' \subseteq V$, $VR' \subseteq VR$,则称图 G'是 G 的一个**子图**。

例如,图11.5列出了图11.3的几个子图。

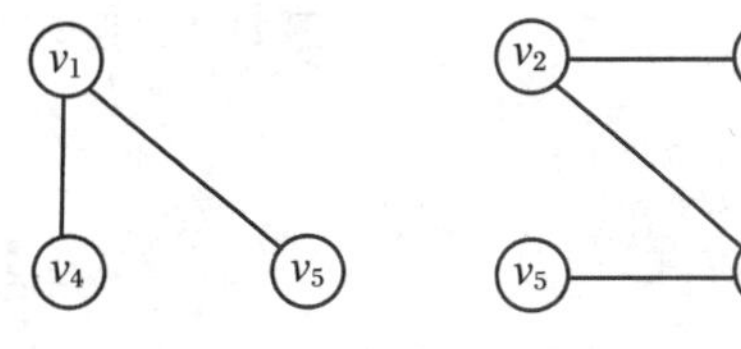

图 11.5 子图

(6) 连通图和连通分量

在无向图中,若从顶点 i 到顶点 j 有路径,则称顶点 i 和顶点 j 是连通的。若任意两个顶点都是连通的,则称此无向图为**连通图**,否则称为**非连通图**。

连通图和非连通图示例见图11.6所示

对于有向图来说,若图中任意一对顶点 v_i 和 $v_j(i \neq j)$均有从 v_i 到 v_j 及从 v_j 到 v_i 的有向路径,则称该有向图是**强连通**的。

强连通图和非强连通图示例见图11.7所示。

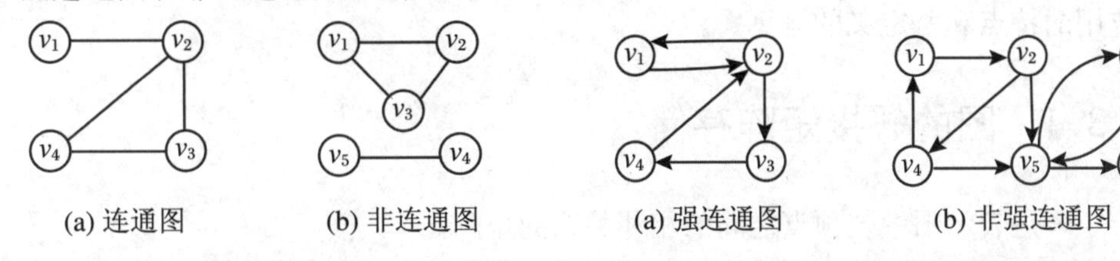

图 11.6 连通图和非连通图　　图 11.7 强连图和非强连图

无向图中,极大的连通子图为该图的**连通分量**。显然,任何连通图的连通分量只有一个,即它本身,而非连通图有多个连通分量。图11.8(a)所示的连通图有图11.8(b)所示的两个连通分量。

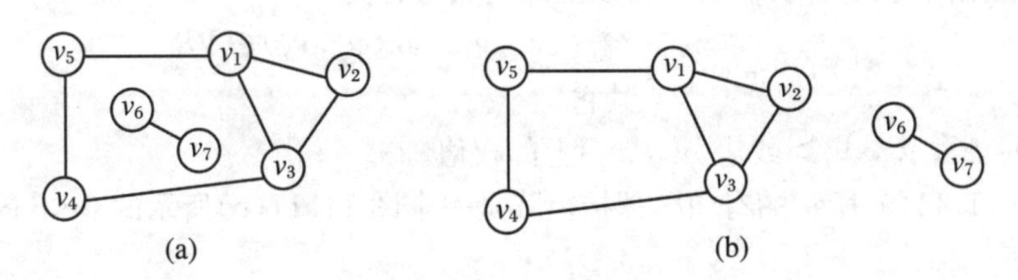

图 11.8 连通分量

有向图中的极大强连通子图称为该有向图的**强连通分量**。显然,任何强连通图的强连通分量只有一个,即它本身,而非强连通图有多个强连通分量。

图 11.9(a)所示的有向图不是强连通的,但它有图 11.9(b)所示两个强连通分量。

(7) 权、网

在实际应用中,图的边或弧往往与具有一定意义的数有关,即每一条边都有与它相关的数,称为**权**,我们将这种带权的图叫做**赋权图**或**网**。

例如图 11.10 为一个带权的图,其中顶点 1 到顶点 2 边上的权值是 10。

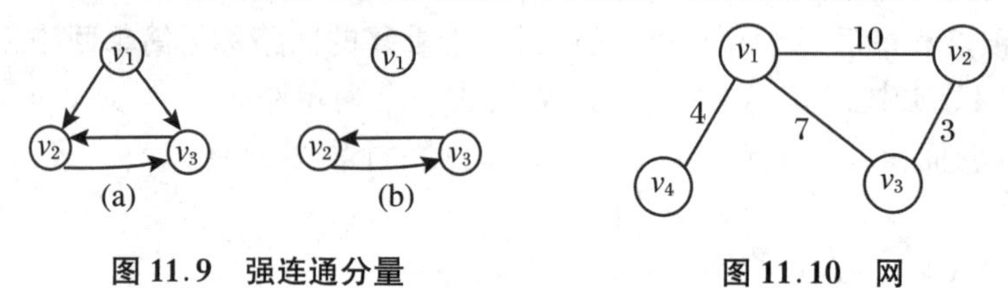

图 11.9 强连通分量　　**图 11.10 网**

11.3 图的存储

在图的结构中,任意两个顶点之间都可能存在关系,比线性表和树要复杂得多。由于不存在严格的前后顺序,因而不能采用简单的数组来存储图;另一方面,如果采用链表,由于图中与各顶点相关联的边数不尽相同,如果按最大关联边数来设计链表的指针域,则会浪费很多存储单元。反之,如果按照各个顶点设计不同的链表结点,则会给操作带来很大的困难。因此需要设计新的存储结构来存储图。

这里介绍图的邻接矩阵和邻接表这两种存储方法。在具体应用中采用何种结构,往往取决于应用的特点和所定义的运算。

11.3.1 图的邻接矩阵存储

邻接矩阵是表示图中各顶点之间的相邻关系的矩阵。

假设 $G = \{V, VR\}$是一个有 n 个顶点的图,若各顶点的编号依次为 1,2,3,…,n,则 G 的邻接矩阵是一个具有如下定义的 n 阶方阵:

$$\boldsymbol{A}[i,j]=\begin{cases}1, & \text{若} <v_i, v_j> \text{或} (v_i, v_j) \in VR \\ 0, & \text{其他}\end{cases}$$

对于在边上附有权值的网,可以将以上的定义修正为

$$\boldsymbol{A}[i,j]=\begin{cases}w_i, & \text{若} <v_i, v_j> \text{或} (v_i, v_j) \in VR \\ \infty, & \text{其它}\end{cases}$$

其中,W_i 表示弧$<v_i, v_j>$或边(v_i, v_j)上的权值。

例如,图 11.11(a)所示的有向图邻接矩阵是一个图 11.11(b)所示的 6×6 的方阵。

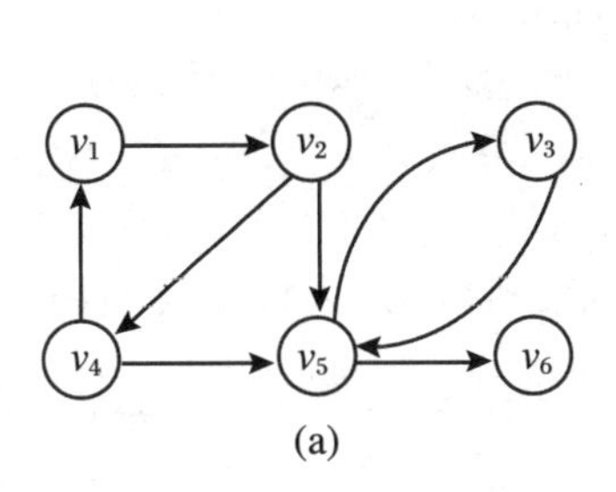

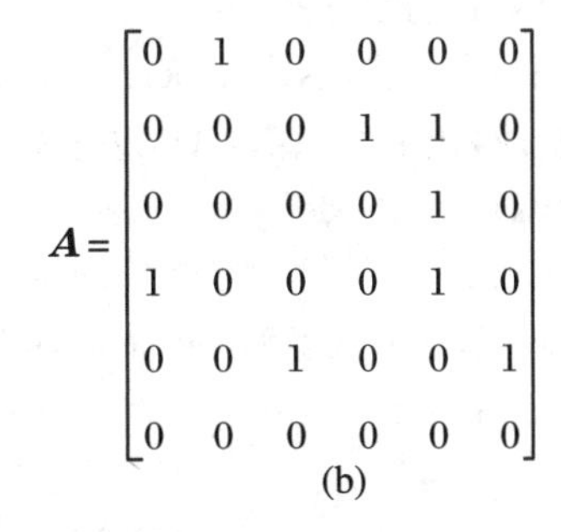

$$
A=\begin{bmatrix}0&1&0&0&0&0\\0&0&0&1&1&0\\0&0&0&0&1&0\\1&0&0&0&1&0\\0&0&1&0&0&1\\0&0&0&0&0&0\end{bmatrix}
$$

(b)

图 11.11　有向图的邻接矩阵

例如,图 11.12 所表示的图的邻接矩阵是一个图 11.12(b)所示的 4×4 的方阵。

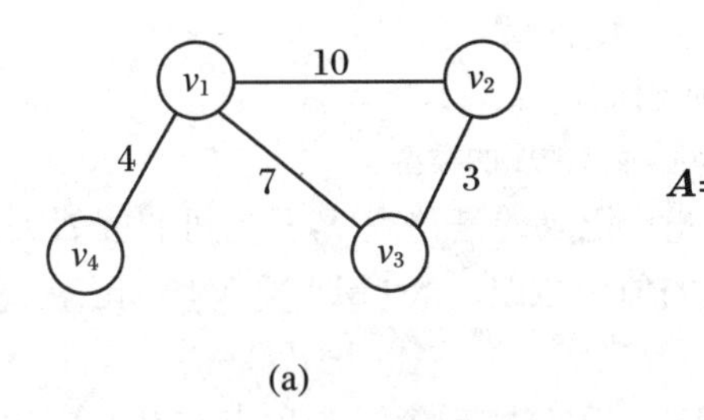

$$
A=\begin{bmatrix}\infty&10&7&4\\10&\infty&3&\infty\\7&3&\infty&\infty\\4&\infty&\infty&\infty\end{bmatrix}
$$

(b)

图 11.12　无向图的邻接矩阵

可以看出,无向图的邻接矩阵是对称矩阵。因为当$(v_i, v_j) \in VR$时,则必有$(v_j, v_i) \in VR$。用邻接矩阵来存储无向图时,由于它的对称性,仅需要存储上三角(或下三角)的元素,因此需要 $n(n+1)/2$ 个存储空间。在有向图中,邻接矩阵则不一定是对称的。用邻接矩阵来存储 n 个顶点构成的有向图需要 n^2 个存储空间。

因此,从无向图(网)的邻接矩阵可以得出如下结论:

(1) 矩阵是对称的,可压缩存储;

(2) 第 i 行或第 i 列中非零、非无穷大元素的个数为顶点 i 的度;

(3) 矩阵中非零、非无穷大元素的个数的一半为图中边的数目;

(4) 很容易判断顶点 i 和顶点 j 之间是否有边相连(看矩阵中 i 行 j 列值是否为非零、非无穷大)。

同样,从有向图(网)的邻接矩阵可以得出如下结论:

(1) 矩阵不一定是对称的;

(2) 第 i 行中非零、非无穷大元素的个数为顶点 i 的出度;

(3) 第 i 列中非零、非无穷大元素的个数为顶点 i 的入度;

(4) 矩阵中非零、非无穷大元素的个数为图中弧的数目;

(5) 很容易判断顶点 i 和顶点 j 是否有弧相连。

邻接矩阵法优点:容易实现图的操作,如:求某顶点的度、判断顶点之间是否有边(弧)、找顶点的邻接点等等。

邻接矩阵法缺点:n 个顶点需要 $n \times n$ 个单元存储边(弧);时间复杂度为$O(n^2)$。对稀疏图而言尤其浪费空间。

图的邻接矩阵存储表示描述如下:

```
#define    MAX_V_N   10                //最多顶点个数
```

```
#define   INFINITY   32768          //表示极大值，即∞
typedef  enum{DG, DN, UDG, UDN} GraphKind;
//图的种类:DG表示有向图， DN表示有向网， UDG表示无向图， UDN表示无向网
typedef  struct  ArcNode
{ AdjType  adj;
  // AdjType是顶点关系类型,对无权图,用1或0表示是否相邻;对带权图,则为权值类型
  InfoType  * info;              //该弧相关信息的指针
} ArcNode;
typedef  struct
{  VertexData  vexs[MAX_V_N];                    //顶点向量
   ArcNode arcs[MAX_V_N][MAX_V_N];   //邻接矩阵
   int  vexnum,  arcnum;      //图的顶点数和弧数
   GraphKind    kind;         //图的种类标志
} AdjMatrix;                  //邻接矩阵存储的图的类型
```

在图的邻接矩阵存储描述中,arc[i][j]记录的是顶点 i,j 之间的相邻关系,i 和 j 是顶点的编号,不是图中顶点的值,所有顶点的值由数组 vexs[MAX_V_N]记录;那么,每一个顶点对应的编号是什么呢?

这里,我们用函数 LocateVertex(G, v)用来实现每一个顶点与其对应的编号的关系:

```
int LocateVertex(AdjMatrix * G,  VertexData v) //求顶点位置函数
{  int  j = -1,  k;
   for(k=0; k<G->vexnum; k++)
       if(G->vexs[k] == v)
           { j = k;  break;  }
     return(j);
}
```

创建一个有向网的算法描述如下:

```
void  CreateDN(AdjMatrix * G)              //创建有向网
{   int i, j, k, weight;  VertexData v1, v2;
   scanf("%d, %d", &G->arcnum, &G->vexnum); //输入图的顶点数和弧数
   for(i=0; i<G->vexnum; i++)          //初始化邻接矩阵
     for(j=0; j<G->vexnum; j++)
          G->arcs[i][j].adj = INFINITY;
   for(i=0; i<G->vexnum; i++)
       scanf("%c", &G->vexs[i]); //输入图的顶点值
   for(k=0; k<G->arcnum; k++)
   { scanf("%c, %c, %d", &v1, &v2, &weight); //输入一条弧的两个顶点及权值
     i=LocateVex(G, v1);           //求顶点位置函数
     j=LocateVex(G, v2);
     G->arcs[i][j].adj = weight;     //建立弧
   }
}
```

可以看出,建立一个有向图的邻接矩阵的时间复杂度为 $O(n^2)$。

11.3.2 图的邻接表存储

邻接表(adjacency list)表示法是图的一种链式存储结构。它包括两个部分:① 链表(边表);② 向量(表头结点表)。

① 在链表部分中共有 n 个单链表(n 为顶点数),用来存放边的信息,称为边表。

单链表中每个结点由 3 个域组成:邻接点域(adjvex)指示与顶点 v_i 邻接的点在图中的位置;链域(nextarc) 指向顶点 v_i 的下一个邻接点;数据域(info) 存储和边(或弧)相关的信息,如权值等。如图 11.13 所示。

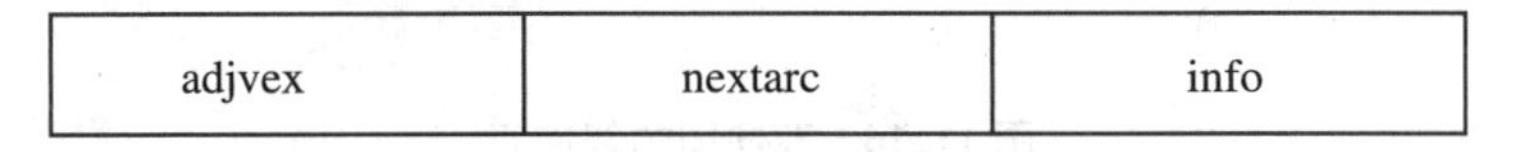

adjvex	nextarc	info

图 11.13 边链表中结点结构

② 将每个单链表的表头结点顺序存储在一个向量中,形成表头结点表。

表头结点的结构如图图 11.14 所示,由两部分构成:数据域(vexdata)用于存储顶点的名(值);链域(firstarc)用于指向链表中第一个顶点(即与顶点 v_i 邻接的第一个邻接点)。

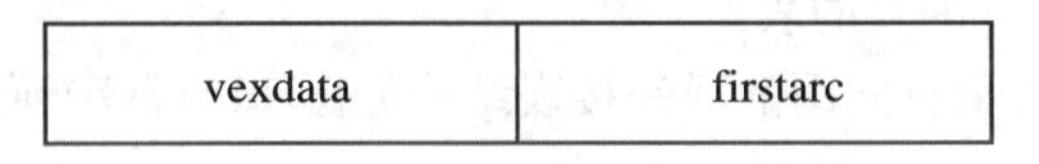

vexdata	firstarc

图 11.14 邻接表的表头结点

例如,图 11.15(a)所示的无向图的邻接表存储结构如图 11.15(b)所示。

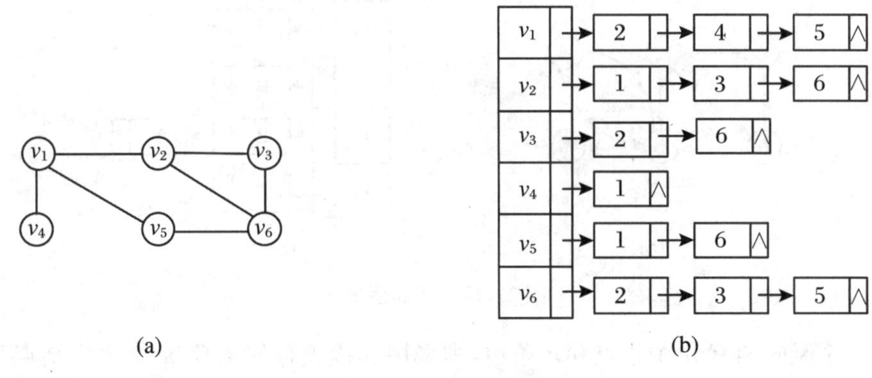

图 11.15 无向图的邻接表

从无向图的邻接表可以得到如下结论:

(1) 第 i 个链表中结点数目为顶点 i 的度;

(2) 所有链表中结点数目的一半为图中边数;

(3) 占用的存储单元数目为 $n+2e$(e 为边数)。

例如,图 11.16(a)所示有向图的邻接表存储结构如图 11.16(b)所示。

从有向图的邻接表可以得到如下结论:

(1) 第 i 个链表中结点数目为顶点 i 的出度;

(2) 所有链表中结点数目为图中弧数;

(3) 占用的存储单元数目为 $n+e$。

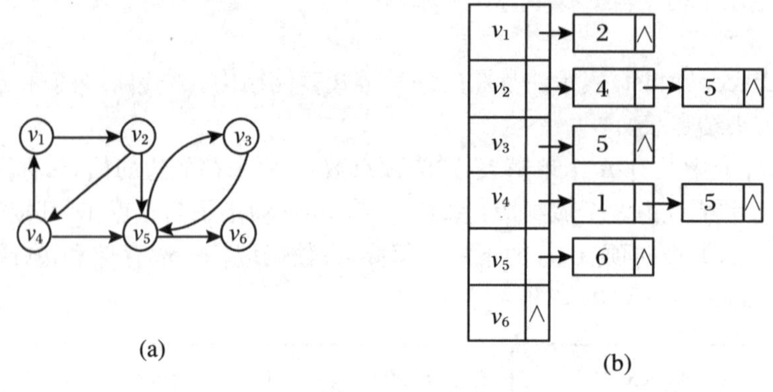

图 11.16　有向图的邻接表

从有向图的邻接表可知,不能求出顶点的入度。若要求第 i 个顶点的入度,必须遍历整个邻接表,在所有边链表中查找邻接点域的值为 i 的结点并计数求和。由此可见,对于用邻接表方式存储的有向图,求顶点的入度并不方便,它需要通过扫描整个邻接表才能得到结果。

解决的方法:逆邻接表法。对每一顶点 v_i 再建立一个逆邻接表,即对每个顶点 v_i 建立一个所有以顶点 v_i 为弧头的弧的表。

例如,图 11.17(a)所示有向图的逆邻接表结构如图 11.17(b)所示。

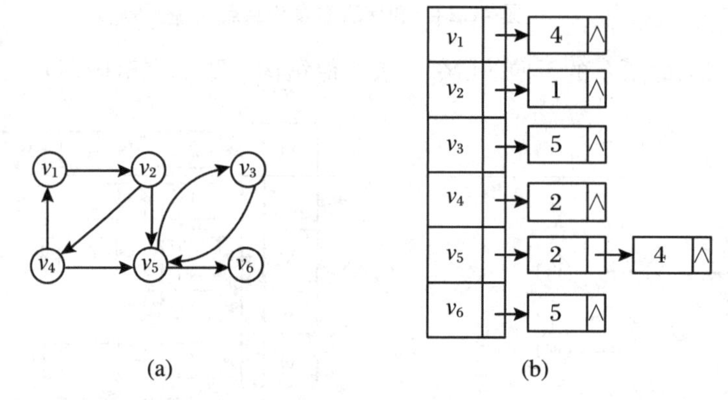

图 11.17　逆邻接表

如果一个无向图有 n 个顶点和 e 条边,则采用邻接表存储需要 n 个表头结点和 $2e$ 个链表结点;如果是有向图,则只需 n 个表头结点和 e 个链表结点。这对于稀疏图($e \ll n(n-1)/2$)的存储,要比采用邻接矩阵存储大大节省空间。当边的相关信息较多时,更是如此。

可以看出,邻接表的优点:空间效率高,容易寻找顶点的邻接点。邻接表的缺点:判断两顶点间是否有边或弧,需搜索两结点对应的单链表,没有邻接矩阵方便。

图的邻接表存储结构描述如下:

```
#define  MAX_V_N  10              //最多顶点个数
typedef  enum
{ DG,  DN,  UDG,  UDN
}GraphKind;                       //图的种类
typedef  struct  ArcNode
```

```
{  int     adjvex;                              //该弧指向顶点的位置
   struct  ArcNode   * nextarc;  //指向下一条弧的指针
   InfoType   * info;                           //该弧相关信息的指针
} ArcNode;   //边表中结点的类型
typedef   struct   VertexNode
{ VertexData      verdata;              //顶点数据
  ArcNode     * firstarc;                     //指向下一个邻接点
} VertexNode;                     //表头结点表中结点的类型
typedef   struct
{ VertexNode    vertex[MAX_V_N];
   int   vexnum, arcnum;          //图的顶点数和弧数
   GraphKind      kind;           //图的种类标志
}AdjList;                 //基于邻接表的图的类型
```

建立一个邻接表存储结构的有向图的算法描述如下：

```
AdjList * create_AdjListGraph(  )
{ int n, e, i, j, k;
  ArcNode  * p;
  AdjList al;
  scanf("%d", &n);
  for (i = 0; i < n; i++)  //初始化表头结点数组
  { al.vertex[i].verdata = (VertexData)i;        //数据域存储顶点序号
    al.vertex[i].firstarc = NULL;
  }
  scanf("%d", &e);
  for (i = 0; i < e; i++)
{ scanf("%d%d", &j, &k);         //依次读入弧的信息
    p = (ArcNode)malloc(sizeof(ArcNode));        //分配结点
    p->adjvex = k;
    p->info = '';
    p->nextarc = al[j].firstarc;        //把 p 插入到链表中
    al[j].firstarc = p;
  }
  al.kind = GraphKind.DG;
  al.vexnum = n;        //将顶点的数目存入图中
  al.arcnum = e;        //将弧的数目存入图中
  return &al;
}
```

可以看出，建立一个邻接表的时间复杂度为 $O(n+e)$，比邻接矩阵的代价小。

在无向图的邻接表中，求一个顶点 v_i 的度就是计算第 i 个链表中顶点的个数。在有向图中，第 i 个链表中顶点的个数是 v_i 的出度，而要求它的入度，则必须遍历所有的链表，计算包含第 i 个结点的链表的数目。

【例 11.1】 求一个有向图中某个顶点出度的算法设计如下：

```
int OD(AdjList al, int i)    //al:邻接表   i:所求顶点的序号
```

```
{ int od = 0;
  ArcNode *p = al.vertex[i].firstarc;
  while (p ! = NULL)     //遍历第 i 个单链表
{ od++;
    p = p->nextarc;
  }
  return od;
}
```

【例 11.2】 求一个有向图中某个顶点入度的算法设计如下：

```
int ID(AdjList al, int i)     //al:邻接表  i:所求顶点的序号
{ int id = 0, j;
  ArcNode *p;
  for (j = 0; j < al.vertex; j++)    //依次遍历所有顶点指向的单链表
  {   p = al.vertex[j].firstarc;
    while (p ! = NULL)      //遍历第 j 个单链表
    {  if (p->adjvex == i)   //包含第 i 个顶点
       { id++;
         break;
       }
    }
  }
  return id;
}
```


11.4 图的遍历

从图的任一顶点出发访问图中其余顶点，使每个顶点被访问且仅被访问一次。这一过程称为图的**遍历**。

图的遍历是图的一种基本操作，是求解图的连通性、拓扑排序、最短路径和关键路径等算法的基础。

图的遍历算法通常有两个：深度优先搜索和广度优先搜索。它们对于无向图和有向图都适用。

11.4.1 图的深度优先搜索遍历

1. 算法思想

深度优先搜索(depth-first search，dfs)是指按照深度方向搜索，它类似于树的先根遍历，是先根遍历在图的一种推广。

特点是，尽可能先对纵深方向进行搜索。

从某个顶点 v_0 出发，进行深度优先搜索遍历的算法描述如下：

(1) 访问 v_0；

(2) 依次从 v_0 的未被访问的邻接点出发作深度遍历。

具体描述如下：

(1) 首先访问某一个指定的顶点 v_0。

(2) 然后从 v_0 出发，访问一个与 v_0 邻接且没有被访问过的顶点 v_1。

(3) 再从 v_1 出发，选取一个与 v_1 邻接且没有被访问过的顶点 v_2 进行访问。

(4) 重复(3)直到某个顶点 v_i 的所有邻接点都已经被访问过，此时回溯一步查找前一个顶点 v_{i-1}的邻接点。

(5) 如果存在尚未被访问过的顶点，则访问此邻接点，并再从该顶点出发按深度优先的规则进行访问。

(6) 如果 v_{i-1}的邻接点也都已经被访问过，则再回溯一步，直至找到有尚未被访问过的邻接点的顶点。

(7) 重复上述过程，直到图中的所有顶点都已被访问。

所谓"访问"究竟是进行什么样的操作，需要视具体的应用而定。为简单起见，如无特殊说明我们把"访问"操作设计为打印顶点的序号。

【例 11.3】 对图 11.18 所示无向图进行深度优先搜索遍历。

首先我们访问 v_1，v_1 有 v_2，v_3，v_4 三个邻接点且均未被访问过，我们选取 v_3 作为下一个访问点。v_3 有 v_1 和 v_6 两个邻接点，由于 v_1 已经被访问过，因此下一步访问 v_6。然后依次访问 v_7，v_8，v_4。v_4 访问后，因为它的 3 个邻接点 v_1，v_6，v_8 均已被访问过，因此回溯一步到 v_8。因为 v_8 有一个尚未被访问过的邻接点 v_5，所以接着访问 v_5，最后访问 v_2，到此全部顶点访问完毕。

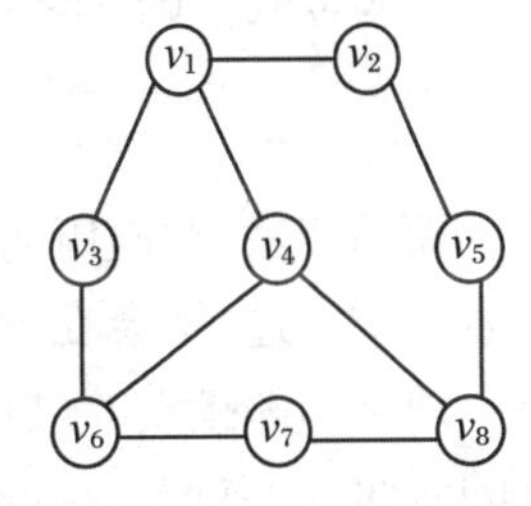

图 11.18　例 11.3 的无向图

若图是连通的或强连通的，则从图中某一个顶点出发可以访问到图中所有顶点，否则只能访问到一部分顶点。

另外，从刚才写出的遍历结果可以看出，从某一个顶点出发的遍历结果是不唯一的；但是，若我们给定图的存储结构，则从某一顶点出发的遍历结果应是唯一的。

2. 连通图的深度优先搜索遍历算法分析与实现

首先，为防止重复访问顶点，需为每个顶点设置一个访问标志 visited[i]，其值为 0 时，表示顶点 i 未被访问过；值为 1 时，表示顶点 i 已被访问过。

由于算法中需依次找 v_0 的各邻接点，可根据不同的存储结构具体实现。这里为简化描述，给出两个自定义函数：

FirstAdjVertex(g, v_0)：返回图 g 中顶点 v_0 的第一个邻接点的编号，若不存在，返回 0。

NextAdjVertex(g, v_0, w)：返回图 g 中顶点 v_0 的邻接点中，处于 w 之后的那个邻接点的编号；若不存在，则返回 0。

连通图的深度优先搜索遍历过程可以用图 11.19 所示的流程图描述。

算法描述如下：

```
void  DFS(Graph g,    int v0)    //深度遍历 v0 所在的连通子图
{   visit(v0); visited[v0] = True; //访问顶点 v0，并置访问标志数组相应分量值
```

第11章　图的基本知识

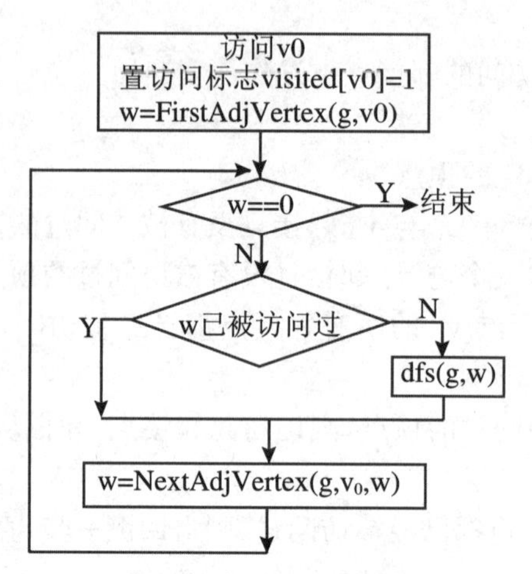

图 11.19　深度优先搜索遍历流程图

```
      w = FirstAdjVertex(g, v0);
      while ( w! = -1)                              //邻接点存在
      {   if(! visited [w] )   DFS(g, w);   //递归调用 dfs
          w = NextAdjVertex(g, v0, w);    //找下一个邻接点
      }
}
```

分析上面的算法,在遍历的过程中,对图中的每个顶点至多只调用一次 dfs 函数,因为当顶点已经被访问过,则会在 visited 数组中标志,因而不再调用。所以遍历的过程实质上是查找每个顶点的邻接点的过程,其时间复杂度取决于图的具体存储结构。在单链表中,查找邻接点的时间为 $O(e)$,e 为图中边或弧的数目,加上访问顶点的时间,则深度优先搜索遍历图的时间复杂度为 $O(n+e)$。如果采用邻接矩阵,由于查找每个顶点的邻接点需要顺序查找二维数组中的每个元素,因此其深度优先搜索遍历的时间复杂度为 $O(n^2)$。

3. 非连通图的深度优先搜索

若图是非连通的或非强连通图,则从图中某一个顶点出发不能用深度优先搜索访问到图中所有顶点,而只能访问到一个连通子图(连通分量)或只能访问到一个强连通子图(强连通分量)。

这时,可以在每个连通分量或每个强连通分量中都选一个顶点,进行深度优先搜索遍历,最后将每个连通分量或每个强连通分量的遍历结果合起来,则得到整个非连通图的遍历结果。

非连通图的遍历算法实现与连通图的只有一点不同,即对所有顶点进行循环,反复调用连通图的深度优先搜索遍历算法即可。具体实现描述如下:

```
for(int i=1;i<=n;i++)
   if(! visited[i])
      dfs(i);
```

这样,深度优先搜索图 g 的算法描述如下:

```
int  visited[MAX_V_N];                          //访问标志数组
void   TraverseGraph (Graph  g)      //对图 g 进行深度优先搜索
{ for (vi=0; vi<g.vexnum; vi++)
```

```
        visited[vi] = 0 ;                              //访问标志数组初始化
    for( vi=0; vi<g. vexnum; vi++ )
//调用深度遍历连通子图的操作,若图 g 是连通图,则此循环调用函数只执行一次
        if (! Visited[vi] )  DFS(g, vi);
}
```

【例 11.4】 用邻接矩阵方式实现深度优先搜索

```
void DFS(AdjMatrix g, int v0)              // 图 g 为邻接矩阵类型 AdjMatrix
{   visit(v0);   visited[v0] = True;
    for ( vj=0; vj<n; vj++ )
        if(! visited[vj] && g. arcs[v0][vj]. adj= =1)
            DFS(g, vj);
}
```

【例 11.5】 用邻接表方式实现深度优先搜索

```
void   DFS(AdjList g,    int v0)               //边表中结点的类型
{   ArcNode   *p ;
    visit(v0) ; visited[v0] = True;
    p = g. vertex[v0]. firstarc;
    while( p! =NULL )
    {   if (! visited[p->adjvex])
            DFS(g,p->adjvex);
        p = p->nextarc ;
    }
}
```

11.4.2 广度优先搜索遍历

1. 算法思想

广度优先搜索(breadth-first search,bfs)是指照广度方向搜索,它类似于树的层次遍历,是树的按层次遍历的推广

广度优先搜索的基本思想是:

(1) 从图中某个顶点 v_0 出发,首先访问 v_0。

(2) 依次访问 v_0 的各个未被访问的邻接点。

(3) 分别从这些邻接点(端结点)出发,依次访问它们的各个未被访问的邻接点(新的端结点)。

【例 11.6】 对图 11.20 所示的无向图进行广度优先搜索遍历。

首先我们访问 v_1;然后依次访问 v_1的两个未被访问过的邻接点:v_3和 v_5;再分别访问依次 v_3和 v_5的邻接点中尚未被访问过的邻接点 v_6,v_4,v_8;接下来,再分别依次访问 v_4,v_6,v_8的尚未被访问过的邻接点 v_7和 v_2。至此,此全部顶点都已被访问,遍历结束。按照这样的遍历过程打印出的顶点序号为:v_1,v_3,v_5,v_6,v_4,v_8,v_7,v_2。

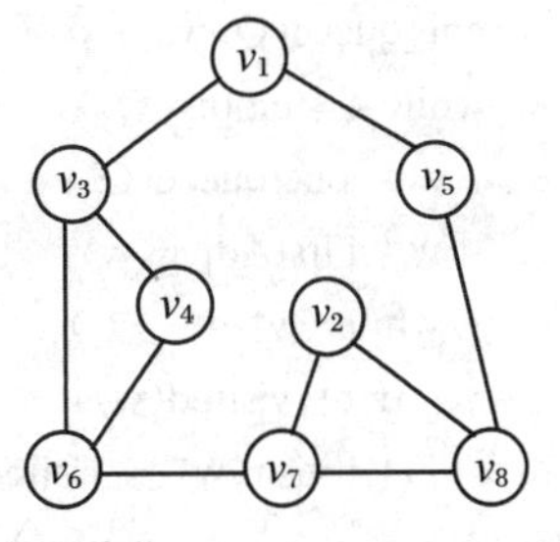

图 11.20　例 11.6 的无向图

和深度优先搜索一样，这样的遍历顺序也不是唯一的。

2. 连通图的广度优先搜索遍历算法分析与实现

首先，需设置访问标志数组，记录已被访问过的顶点。

广度优先遍历中，访问过一个顶点后，下一个需要访问的顶点可能是任何一个已访问过的顶点的邻接点；因此，为寻找下一个访问顶点，需设置一个结构来保存已访问过的顶点。

在上述过程中，我们发现先访问的顶点，其邻接点也必然被先访问。例如 v_3 先于 v_5 被访问，则 v_3 的邻接点 v_4 和 v_6 也先于 v_5 的邻接点 v_8 被访问。这样，我们可以选择队列来来保存已访问过的顶点。这样，与该队列相关的操作如下：

(1) 开始时，将其置空；

(2) 在每访问一个顶点时，将其入队；

(3) 在访问完一个顶点的所有未被访问过的邻接点后，将其出队；

(4) 若队列为空，说明每一个访问过的顶点的所有邻接点均已访问完毕，遍历结束。

连通图的广度优先搜索遍历过程可以用图 11.21 所示的流程图描述。

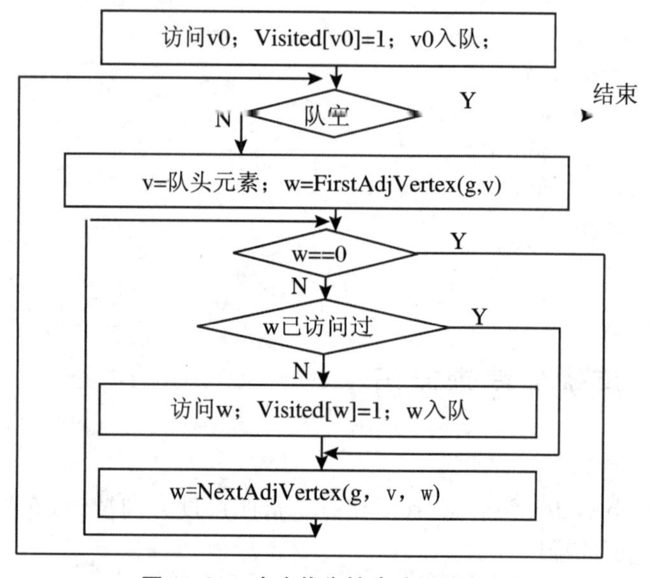

图 11.21　广度优先搜索遍历流程图

广度优先搜索连通子图的算法描述如下：

```
void  BFS(Graph g,    int v0)      //广度优先搜索图 g 中 v0 所在的连通子图
{ visit(v0);  visited[v0] = True;
   setnull(Q);                    //初始化空队
   ent_queue(Q, v0);  // v0 进队
   while ( ! empty(Q))
   { v = out_queue(Q);  //队头元素出队
     w = FirstAdj(g, v);   //求 v 的第一个邻接点
     while (w! =  -1 )
     { if (! visited(w))
       {  visit(w);  visited[w] = True;
            ent_queue(Q,  w);
       }
```

```
            w = NextAdj(g,  v,  w);        //求 v 相对于w 的下一个邻接点
        }
      }
    }
```

分析上述算法,图中每个顶点至多入队一次,因此外循环次数为 n。

如果图 g 采用邻接表方式存储,则当结点 v 出队后,内循环次数等于结点 v 的度。由于访问所有顶点的邻接点的总的时间复杂度为 $O(d0+d1+d2+\cdots+dn-1)=O(e)$,因此图采用邻接表方式存储,广度优先搜索算法的时间复杂度为 $O(n\times e)$。

如果图 g 采用邻接矩阵方式存储,由于找每个顶点的邻接点时,内循环次数等于 n,因此广度优先搜索算法的时间复杂度为 $O(n^2)$。

3. 非连通图的广度优先搜索

与非连通图的深度优先搜索一样,非连通的或非强连通图的广度优先搜索从图中某一个顶点出发,也不能访问到图中所有顶点,而只能访问到一个连通子图(即连通分量)或只能访问到一个强连通子图(即强连通分量)。

遍历算法实现时,对所有顶点进行循环,反复调用连通图的广度优先搜索遍历算法即可。具体可以表示如下:

```
for(int i = 1;i< = n;i+ + )
    if(! visited[i])
        bfs(i) ;
```

分析上述过程,每个顶点至多进一次队列。遍历图的过程实质上是通过边或弧找邻接点的过程。因此广度优先搜索遍历图的时间复杂度和深度优先搜索遍历相同,两者不同之处仅仅在于对顶点访问的顺序不同。

11.4.3 无向图的连通性与生成树

在上一节我们已经介绍了在对无向图进行遍历时,如果图是连通的,则仅需调用一次dfs(或 bfs)搜索过程。也就是说,深度优先探索和广度优先探索都可以从图中的任一顶点出发,便可遍历到图中所有连通的顶点,所经过的边的集合和顶点集合,一起构成连通图的极小连通子图。

我们称这个包含图中全部顶点、只有 $n-1$ 条边的极小连通子图为连通图的一颗**生成树**。

由深度优先搜索遍历得到的生成树,称为深度优先生成树,由广度优先搜索遍历得到的生成树,称为广度优先生成树。

图的生成树不是唯一的。当按深度和广度优先搜索法进行遍历就可以得到两种不同的生成树。

当图是非连通时,它由多个连通分量组成。其中每个连通分量都可以通过遍历形成一棵生成树,所有连通分量的生成树构成了非连通图的生成森林。

自主学习

本章介绍了图的基本概念、相关术语、图的两种存储方式、两种遍历算法。要求重点掌握图的邻接矩阵存储及邻接表存储两种存储方式，以及如何建立这两种存储结构的图；掌握图的两种遍历算法，以及在不同存储结构下这两种遍历算法的实现，及算法性能分析。

学习本章内容的同时，可以参考相关资料，查询、了解其他相关知识，并编写程序实现相关算法，包括：

(1) 图的十字链表和邻接多重表存储结构；

(2) 在十字链表和邻接多重表存储结构下的两种遍历算法的实现方法；

(3) 有向图的遍历算法及连通性分析。

参考资料：

[1] 胡学钢. 数据结构:C语言版[M]. 北京:高等教育出版社,2008.

[2] 严蔚敏,李冬梅,吴伟民. 数据结构:C语言版[M]. 北京:人民邮电出版社,2011.

[3] 王昆仑,李红. 数据结构与算法[M].2版.北京:中国铁道出版社,2012.

习　题

1. 填空题

(1) 在图形结构中，结点之间的关系可以是任意的，一个图中任意两个结点都可以是相关的，即每个结点可以有多个__________。

(2) 如果在图中顶点 x 到顶点 y 有一条弧，则称 x 为____，称 y 为________。

(3) 我们把有较少条边或弧($e<n\log n$)的图称为________；反之，称有较多条边或弧的图为________。

(4) 路径中顶点不重复的路径称为________；除第一个顶点和最后一个顶点外，其他顶点不重复的回路称为______。

(5) 图中的边或弧可以具有和其相关的数据，我们称这些相关的数据为______，而这种图称为________。

(6) 采用邻接矩阵存储一个有 n 个顶点的有向图，则矩阵大小为________。

(7) 一个有向图有7个顶点和12条弧，采用邻接表存储，则有________个表头结点，________个边链表结点。

(8) 图的遍历算法通常有________和________两种。

(9) 通过深度优先搜索得到图的生成树称为________，通过广度优先搜索得到图的生成树称为________。当图是非连通时，所有连通分量的生成树合在一起就构成了非连通图的________。

(10) 一个无向图采用邻接矩阵存储方法，其邻接矩阵一定是一个____________。

(11) 若采用邻接表的存储结构，则图的广度优先搜索类似于二叉树的____________遍历。

(12) 若图的邻接矩阵是对称矩阵，则该图一定是____________。

2. 选择题

(1) n 个顶点的有向完全图,弧的数目是(　　)。

A. $(n-1)^2$　　B. n^2　　C. $n(n-1)$　　D. $n(n+1)$

(2) 一个有向图 G 有 5 个顶点,各顶点的入度依次为 1,1,2,0,1,出度依次为 0,2,0,1,2,则图 G 的弧数为(　　)。

A. 4　　B. 5　　C. 6　　D. 7

(3) 一个无向图 G 有 7 个顶点,则该图最多有(　　)条边。

A. 18　　B. 19　　C. 20　　D. 21

(4) 一个有向图 G 有 5 个顶点,则该图最多有(　　)条弧。

A. 20　　B. 18　　C. 16　　D. 14

(5) 一个无向图 G 有 7 个顶点,若使该图连通,则最少需要(　　)条边。

A. 6　　B. 7　　C. 8　　D. 9

(6) 有如图 11.22 邻接矩阵,则第 3 个顶点的入度是(　　)。

A. 1　　B. 2　　C. 3　　D. 4

(7) 如图 11.23 所示,从顶点 v_3 开始进行深度优先搜索,遍历顺序为(　　)。

A. $v_3,v_2,v_6,v_7,v_4,v_5,v_1$　　B. $v_3,v_2,v_7,v_4,v_6,v_1,v_5$

C. $v_3,v_1,v_5,v_4,v_2,v_6,v_7$　　D. $v_3,v_4,v_5,v_1,v_6,v_7,v_2$

(8) 如图 11.23 所示,从顶点 v_3 开始进行广度优先搜索,遍历顺序为(　　)。

A. $v_3,v_4,v_1,v_7,v_2,v_6,v_5$　　B. $v_3,v_2,v_1,v_4,v_5,v_6,v_7$

C. $v_3,v_1,v_2,v_6,v_5,v_7,v_4$　　D. $v_3,v_2,v_7,v_1,v_4,v_6,v_5$

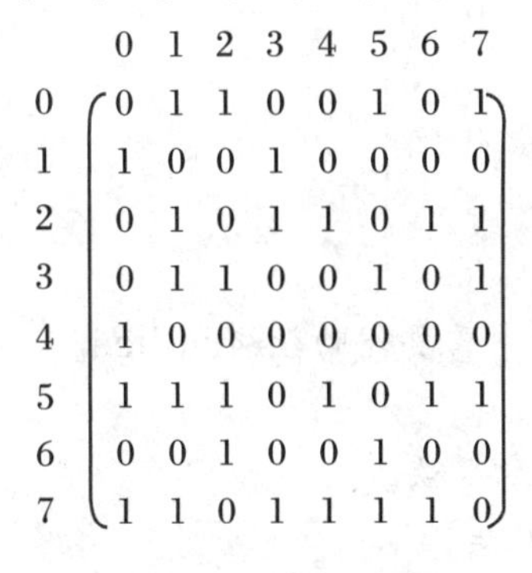

	0	1	2	3	4	5	6	7
0	0	1	1	0	0	1	0	1
1	1	0	0	1	0	0	0	0
2	0	1	0	1	1	0	1	1
3	0	1	1	0	0	1	0	1
4	1	0	0	0	0	0	0	0
5	1	1	1	0	1	0	1	1
6	0	0	1	0	0	1	0	0
7	1	1	0	1	1	1	1	0

图 11.22　第(6)题图

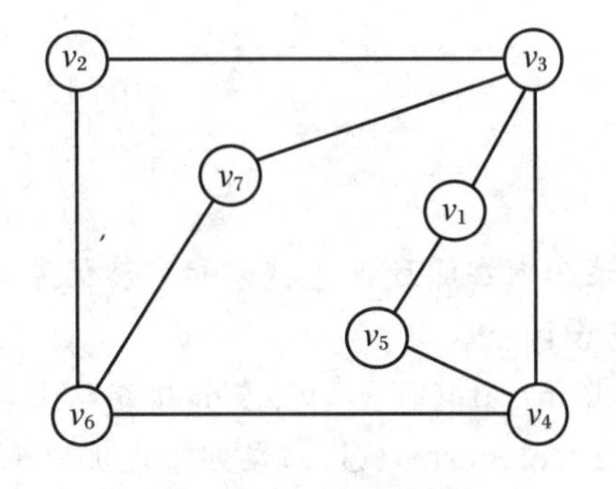

图 11.23　第(7)题图

3. 简答题

(1) 如图 11.24 所示,画出该图的邻接矩阵和邻接表。

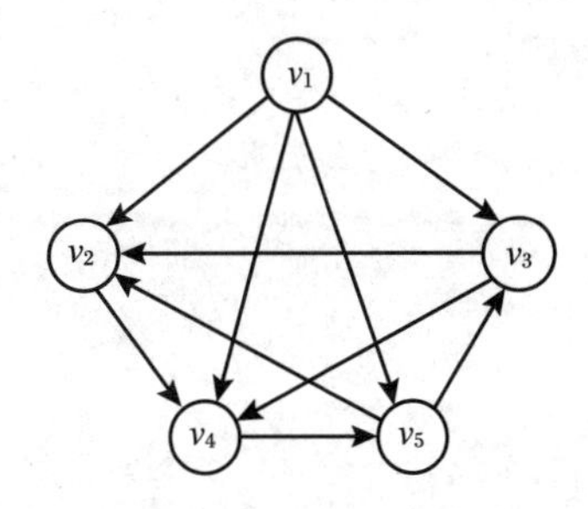

图 11.24　第(1)题图

(2) 一个无向图 G 有 8 个顶点、6 条边,则 G 最多有多少个连通分量,最少有多少个连通分量?

(3) 假设图的邻接矩阵分别是 $\boldsymbol{A}$,$\boldsymbol{B}$,请根据下述的邻接矩阵画出相应的无向图或有向图。

$$\boldsymbol{A}=\begin{pmatrix}0&1&1&1\\1&0&1&1\\1&1&0&1\\1&1&1&0\end{pmatrix},\quad \boldsymbol{B}=\begin{pmatrix}0&1&1&0&0\\0&0&0&1&0\\0&0&0&1&0\\1&0&0&0&1\\0&1&0&1&0\end{pmatrix}$$

(4) 画出如图 11.25 所示邻接表的逆邻接表。

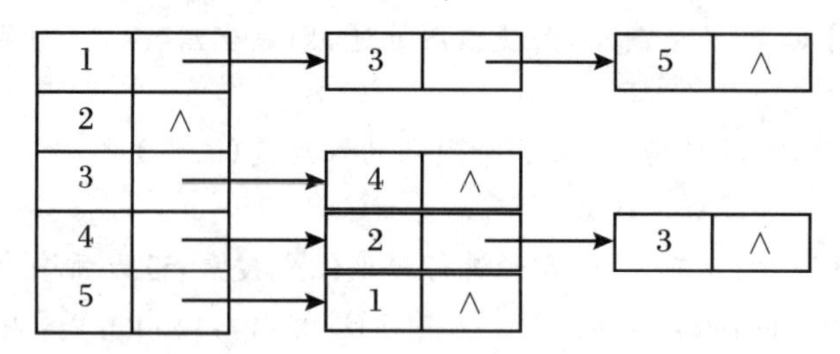

图 11.25　第(4)题图

(5)画出邻接矩阵 $\boldsymbol{A}$ 对应的图的邻接表。

$$\boldsymbol{A}=\begin{pmatrix}0&1&1&0&0&1\\1&0&0&1&0&0\\1&0&0&1&1&0\\0&1&1&0&0&1\\0&0&1&0&0&0\\1&0&0&1&0&0\end{pmatrix}$$

(6) 简述为何在深度优先搜索和广度优先搜索中需要辅助数组 visited。

4. 算法设计

(1) 写出 ins_arc(G,v_1,v_2)在邻接矩阵上实现的算法。

(2) 写出 del_vertex(G,v)在邻接表上实现的算法。

(3) 基于深度优先搜索 dfs(),写出求无向图的连通分量的算法。

(4) 写出在邻接矩阵上实现广度优先搜索的算法。

(5) 设计一个算法,判断有向图中是否存在回路。

第12章 图的应用

12.1 引 言

12.1.1 本章能力要素

本章介绍图的几种典型应用,包括最小生成树、最短路径、拓扑排序和关键路径。要求具备的专业能力要素包括:

(1) 构建图的不同存储结构模型,实现普里姆算法和克鲁斯卡尔算法设计的能力;

(2) 构建图的存储结构模型,实现迪杰斯特拉算法设计,并应用于单源最短路径求解的能力;

(3) 构建图的存储结构模型,实现弗洛伊德算法,并应用于任意两点间最短路径求解的能力;

(4) 构建有向无环图的结构模型,并应用于拓扑排序求解的能力;

(5) 构建 AOE 网的结构模型,并应用于关键路径求解的能力。

12.1.2 本章知识结构图

本章知识结构如图 12.1 所示。

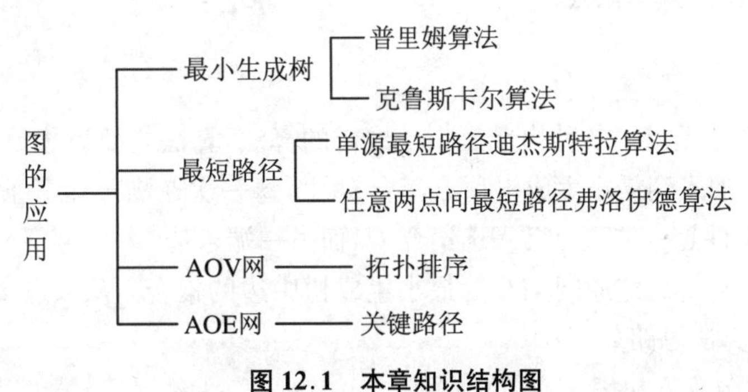

图 12.1 本章知识结构图

12.1.3 本章课堂教学与实践教学的衔接

本章涉及的实践环节主要是图的最小生成树、最短路径、拓扑排序实现算法;要求针对不同的应用选择合适的图的存储结构实现相关算法，并讨论应用这种存储结构所带来的算法时间性能、空间性能分析。

12.2 最小生成树

讨论在 n 个城市之间建立一个通信网络的问题：我们知道在任意两个城市之间都可以建立一条线路使它们相通，相应地我们需要付出一定的经济代价，在 n 个城市之间最多可以建立 $n(n-1)/2$ 条线路，但我们实际只需要 $n-1$ 条线路就可以把 n 个城市连接在一起，因此我们需要在所有可能的线路中选择 $n-1$ 条，使得通信网络的整体建设代价最小。

我们可以用一个连通网来表示 n 个城市以及它们之间的通信线路。其中网的顶点表示城市，网的边表示通信线路，边上的权值表示这条线路的建设代价。对于有 n 个顶点的连通网可以构造多个生成树，每一个生成树都可以表示通信网络的一种可能，我们需要在其中选择一个生成树，使所花费的代价最小。这就是求一个网络（带权图）的最小生成树问题。

连通网的**最小生成树**(Minimum cost Spanning Tree，MST)，是在连通网的所有生成树中，边上权值之和最小的生成树（注意：最小生成树也可能有多个，它们之间的权之值和相等）。

构造最小生成树的算法有很多，其中多数算法都是基于最小生成树的下列性质。

MST 性质：在一个连通网 $N = \{V, \{VR\}\}$ 中，U 是顶点集合 V 的一个非空子集。如果存在一条具有最小权值的边 (u, v)，其中 $u \in U, v \in (V-U)$，则必存在一棵包含边 (u, v) 的最小生成树。

下面我们介绍两种最常用的求解最小生成树的算法，它们是普利姆(Prime)算法和克鲁斯卡尔(Kruskal)算法。

12.2.1 普利姆算法

1. 算法思想

普利姆于1957年提出了一种构造最小生成树的算法，算法主要思想是：为了把图的顶点集 V 中顶点逐个加入到最小生成树顶点集合 U 中，每一次在满足如下条件的边中，选一条最小权值的边，条件是一端顶点已入选集合 U，而另一端未选。

假设 $N=(V, VR)$ 是连通网，TE 为最小生成树中边的集合。从顶点 u_0 开始，生成最小生成树的普利姆算法思路如下：

(1) 初始 $U=\{u_0\}$ ($u_0 \in V$)，$TE=\varnothing$；

(2) 在所有 $u \in U, v \in V-U$ 的边中选一条代价最小的边 (u_0, v_0) 并入集合 TE，同时将 v_0 并入 U；

(3) 重复(2)，直到 $U=V$ 为止。

此时，TE 中必含有 $n-1$ 条边，则 $T=(V, TE)$ 为图 N 的最小生成树。

图 12.2 描述了算法的步骤：

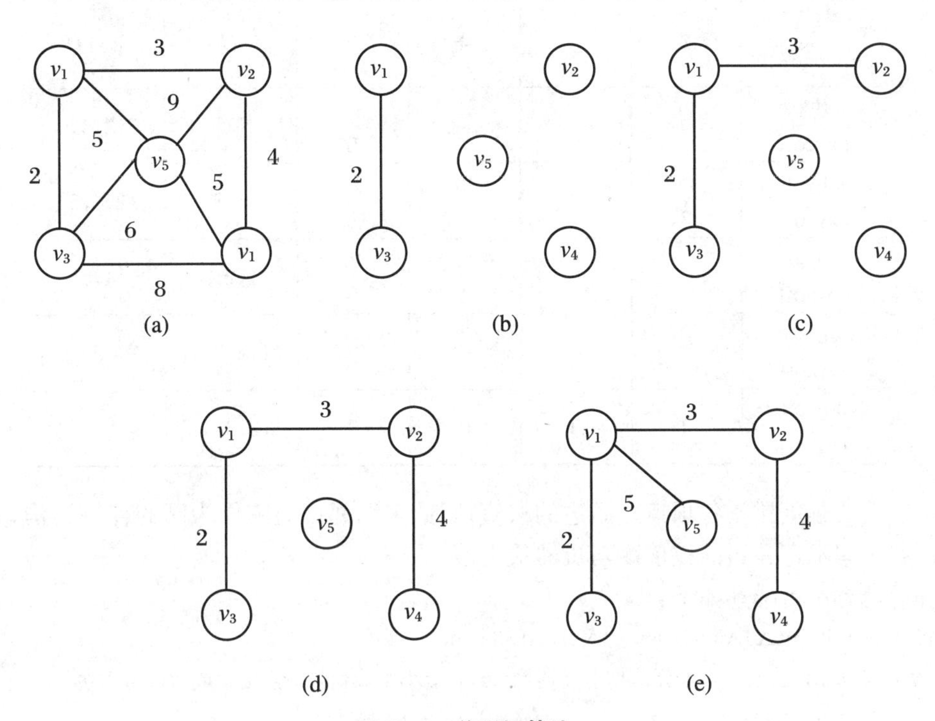

图 12.2　普利姆算法

图 G 是由 5 个顶点组成的连通图，各边的权值如图 12.2(a)所示。首先顶点 v_1 加入 U，然后从与顶点 v_1 相关联的边中选取权值最小的边(v_1, v_3)，并将顶点 v_3 加入 U，此时 $U=\{v_1, v_3\}$。然后从与顶点 v_1, v_3 相关联的边中选取权值最小的边(v_1, v_2)，并将顶点 v_2 加入 U，此时 $U=\{v_1, v_3, v_2\}$。以此类推直到全部顶点均加入到 U 中，所得最小生成树各边的权值之和为 10。

2. 算法分析与实现

可以看出，普利姆算法逐步增加 U 中的顶点，可称为"加点法"。

为了实现这个算法需要设置一个辅助数组 closedge[ ]，以记录从 U 到 $V-U$ 具有最小代价的边。对每个顶点 $v \in V-U$，在辅助数组中存在一个分量 closedge[v]，它包括两个域 adjvex 和 lowcost，其中 lowcost 存储该边上的权，显然有

$$\text{closedge}[v].\text{lowcost} = \text{Min}(\{\text{cost}(u, v) \mid u \in U\})$$

这样，求最小生成树时的辅助数组 closedge[ ]类型可以定义为

```
struct { VertexData   adjvex;      //顶点的值
         int   lowcost;            //与该顶点相关联的边的权值
       } closedge[MAX_V_N];
```

在算法实现过程中，每加入一个顶点到 U 中，closedge[ ]数组都会发生相应的变化。表 12.1 给出了图 12.2 中普利姆算法执行过程中 closedge[ ]数组的变化情况。

表 12.1　普利姆算法中 closedge[ ]数组的变化

closedge \ v		2	3	4	5	U	V - U
adjvex lowcost		v_1 3	v_1 2		v_1 5	{1}	{2,3,4,5}
adjvex lowcost		v_1 3	0	v_3 8	v_1 5	{1,3}	{2,4,5}
adjvex lowcost		0	0	v_2 4	v_1 5	{1,2,3}	{4,5}
adjvex lowcost		0	0	0	v_1 5	{1,2,3,4}	{5}
adjvex lowcost		0	0	0	0	{1,2,3,4,5}	{}

由于需要频繁比较各顶点之间边的权值，因此采用邻接矩阵作为网的存储结构，并且对两个顶点之间不存在边的权值赋与机器最大值。

普里姆算法可描述如下：

```
MSpTree-Prim(AdjMatrix gn,   VertexData  u)
//从顶点 u 出发，按普里姆算法构造连通网 gn 的最小生成树，并输出生成树的每条边
{   k=LocateVertex(gn,   u);               // k 为顶点u 的位置
    closedge[k].lowcost=0;        //初始化，U={u}
    for (i=0; i<gn.vexnum; i++)
        if ( i! =k)               //对 V-U 中的顶点i，初始化 closedge[i]
        {   closedge[i].adjvex=u;
            closedge[i].lowcost=gn.arcs[k][i].adj;
        }
    for (e=1; e<=gn.vexnum-1; e++)        //找 n-1 条边(n= gn.vexnum)
    { k0=Minium(closedge);        // closedge[k0]中存有当前最小边(u0, v0)的信息
          u0= closedge[k0].adjvex;        // u0∈U
          v0= gn.vexs[k0]                 // v0∈V-U
          printf(u0,   v0);             //输出生成树的当前最小边(u0, v0)
        closedge[k0].lowcost=0;   //将顶点 v0 纳入 U 集合
        for ( i=0 ; i<vexnum; i++)  //在顶点 v0 并入 U 之后，更新 closedge[i]
          if ( gn.arcs[k0][i].adj <closedge[i].lowcost)
          {   closedge[i].lowcost= gn.arcs[k0][i].adj;
              closedge[i].adjvex=v0;
          }
    }
}
```

利用上述算法，图 12.2 输出的 4 条边为：(1, 3)，(1, 2)，(2, 4)，(1, 5)。显然普利姆算法的时间复杂度为 $O(n^2)$。算法和图中边的数目无关，因此普利姆算法适合于求稠密网的最小生成数。

12.2.2 克鲁斯卡尔算法

该算法由克鲁斯卡尔于 1956 年提出,它从另外一个途径求解连通网的最小生成树。算法主要思想是:假设连通网 $N = \{V, \{VR\}\}$,则令最小生成树的初始状态为只有 n 个顶点而无边的非连通图 $T = \{V, \Phi\}$,此时图中每个顶点各成一个连通分量。在 E 中选择代价(权值)最小的边,如果该边所依附的两个顶点分别在 T 中的两个连通分量中,则将此边加入到 T 中,否则舍去这条边而选择下一条代价最小的边。依此类推,直到 T 中所有顶点都在一个连通分量中,此时 T 就是连通网 N 的最小生成树。

下面以图 12.3 说明克鲁斯卡尔算法。

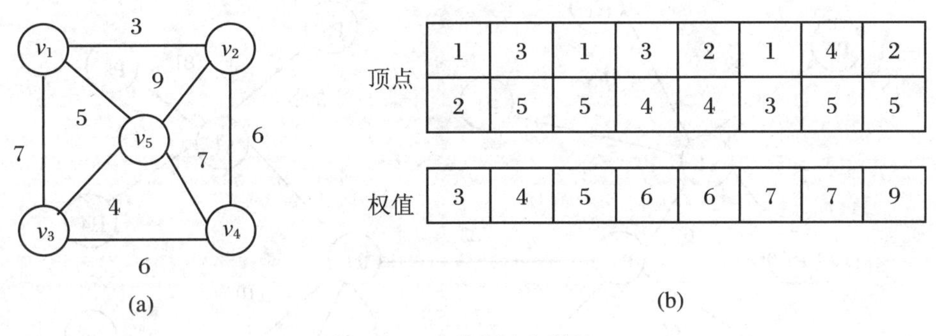

顶点	1	3	1	3	2	1	4	2
	2	5	5	4	4	3	5	5

权值	3	4	5	6	6	7	7	9

图 12.3　克鲁斯卡尔算法

连通网 N 如图 12.3 (a)所示,把网中的各条边构成数组并按边上的权值由小到大排列,如图 12.3 (b)所示。按照克鲁斯卡尔算法,首先选择(v_1, v_2),然后是(v_3, v_5),目前的连通分量包括了 v_1,v_2,v_3,v_5 共 4 个顶点。接下来由于 v_1 和 v_5 已经在同一个连通分量中,因此选择(v_3, v_4)。至此所有顶点都在一个连通分量中,即构成了连通网的最小生成树。

根据上述描述,克鲁斯卡尔算法如下:

(1) 初始化最小生成树 $T = \{V, \Phi\}$

(2) 当 T 中连通分量个数大于 1 时:① 从$\{VR\}$中选择权值最小的边,② 如果该边和 T 中已有的边不构成回路,则加入到 T 中,否则舍弃。

为了实现该算法,关键问题是要能有效地判定一条边的两个顶点是否和最小生成树中的已有边构成回路。这可以通过将各顶点划分为集合的办法来解决。在判断是否选择某条边时,只需判断该边的两个顶点是否在同一集合,当加入一条边到最小生成树中,可以将两个顶点所在集合进行合并。算法请读者自行设计。

克鲁斯卡尔算法最多对 e 条边各扫描一次,如果采用“堆”来存储边,则根据堆的性质每次选择最小权值的边的时间复杂度为 $O(\log e)$,集合运算的时间复杂度为 $O(1)$,因此算法的时间复杂度为 $O(e\log e)$。和普利姆算法相比,克鲁斯卡尔算法更适合于求稀疏图(边较少的图)的最小生成树。

12.3 最短路径

图的常见应用之一就是在交通运输和通信网络中求两个结点之间的最短路径。

例如我们可以用图来表示一个通信网络,图的顶点代表网络中的计算机设备,图的边代表各个设备之间的通信线路,我们还可以为每条边赋予一定的权值用来表示这条线路上的信号传输时间或线路租用费。图 12.4 就描述了这样一个通信网络,其中 H 开头的结点表示主机,R 表示路由器,S 表示交换机,P 表示个人电脑。

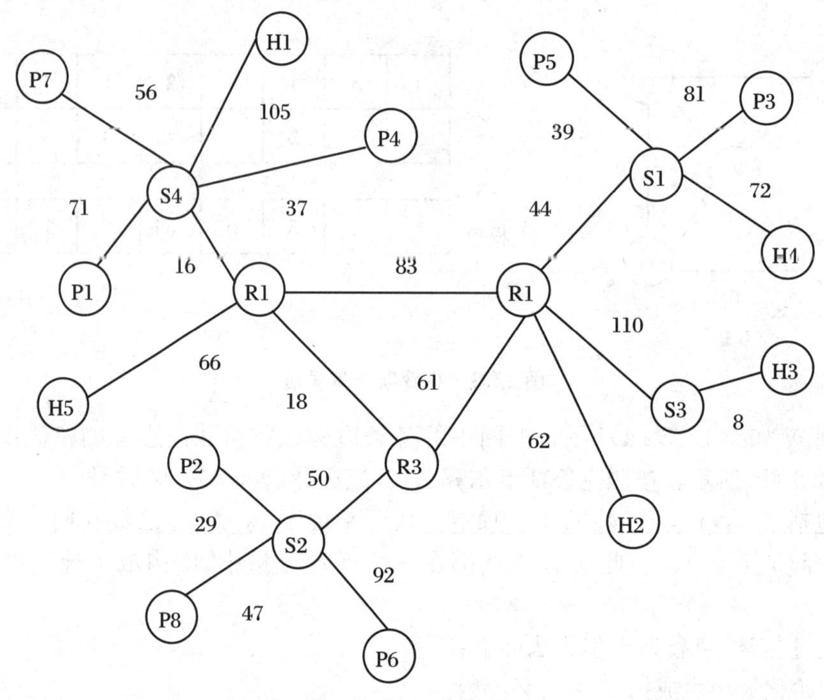

图 12.4 通信网络

对于这个网络,管理员和用户可能会提出多种问题。例如有的用户从 P7 访问 H3,他可能希望选择一条经过最少设备的线路,既要在图中找一条从顶点 P7 到 H3 所包含边的数目最少的路径。对于这个问题,我们只需要从顶点 P7 出发,按广度优先算法进行图的遍历,一旦搜索到顶点 H3 就停止,这样在得到的广度优先生成树上,从顶点 P7 到 H3 的路径就是经过最少设备的线路。但有时用户可能会提出比这要复杂得多的问题。例如它们可能会选择一条信号传输最快的线路,或者是租用费最低的线路。这时我们就需要为每条边赋予一定的权值,问题的求解不再是简单的路径上边的数目,而是路径上边的权值之和。

考虑到实际应用中通信的有向性(如网络访问的上行速度和下行速度的不同),本书将讨论带权的有向图(有向网),并称路径上第一个顶点为**源点**(sourse),最后一个顶点为**终点**(destination)。下面我们将讨论两种最常见的最短路径:

(1) 从某源点到其余各顶点之间的最短路径;

(2) 每一对顶点之间的最短路径。

12.3.1 单源最短路径

给定一个带权有向图 $D=\{V,\{VR\}\}$，指定某个顶点 v_0 为源点，求从 V_0 到图中其他顶点的最短路径。例如图 12.5 所示，指定顶点 v_0 为源点，通过观察可得到 v_0 到其他各个顶点的最短路径为：

$v_0 \to v_1$：8

$v_0 \to v_2$：24（经 v_1）

$v_0 \to v_3$：23（经 v_1）

$v_0 \to v_4$：30（经 v_1，v_3）

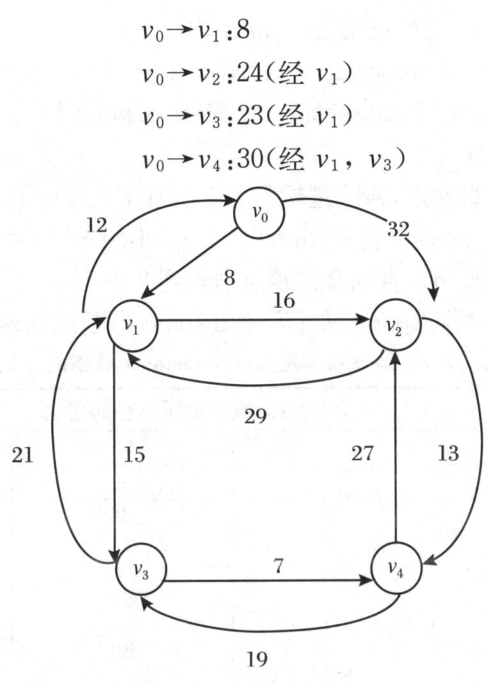

图 12.5　带权有向图

可以看出最短路径并不一定是经过边数最少的路径。例如 v_0 可以直接到达 v_2，但这样路径的权值为 32，而经过 v_1 再到达 v_2，权值之和只有 24，这才是最短路径。

迪杰斯特拉(Dijkstra)于 1959 年提出了如何求得源点 v_0 到图中其余各顶点的最短路径的一般算法，此算法按路径长度递增的次序，逐步产生源点到其他顶点间的最短路径。算法建立一个顶点集合 S，初始时该集合只有源点 v_0，然后逐步将已求得最短路径的顶点加入到集合中，直到全部顶点都在集合 S 中，算法结束。

为了计算源点到其他顶点间的最短路径我们需要设置一个辅助数组 distance[ ]，图中每个顶点对应该数组中的一个元素，这个元素存放当前源点到该顶点的最短路径。注意：此时的路径指示当前结果，并不一定是最终的最短路径。随着集合 S 的变化，其他顶点不断地加入到集合中，可能以这些新加入的顶点为“桥梁”产生比当前路径更短的路径，distance 数组元素的值也将动态变化。

以图 12.5 为例，在 v_1 加入集合前，distance[2] = 32，但是当 v_1 加入后，通过 v_1 可以使 distance[2]减小为 24。

因为集合 S 是已经求得的最短路径所依附的顶点的集合，因此下一条最短路径（假定其终点是 v_j）或者是弧 $<v_0, v_j>$，或者是 $<v_0, v_i, v_j>$（$v_i \in S$）。证明如下：假如此路径上有一个顶点不再集合 S 中，则说明存在一条路径，其终点不在 S 中且比这条路径更短，那

么 v_j 就不是下一条最短路径的终点，因此假定不成立。

综上所述，迪杰斯特拉算法的思想如下：

带权有向图的存储结构采用邻接矩阵

$$\text{cost}[i,j]=\begin{cases}WG, & <i,j>\text{属于 } VR\\ \max, & <i,j>\text{不属于 } VR\end{cases}$$

而 cost[i, i] = 0。设 S 为已经求得最短路径的顶点集合，distance[i]数组的每个元素表示当前状态下源点 v_0 到 v_i 的最短路径。算法如下：

(1) 初始化：S = {v0}，distance[i] = cost[0, i]；

(2) 选择一个终点 vj，满足 distance[j] = MIN{distance[i] | vi ∈ V－S}；

(3) 把 vj 加入到 S 中；

(4) 修改 distance 数组元素，修改逻辑为对于所有不在 S 中的顶点 vi：

if (distance[j] + cost[i, j] < distance[i]) {distance[i] = distance[j] + cost[i, j]}

(5) 重复操作(2)、(3)、(4)，直到全部顶点加入到 S 中。

以图 12.5 为例，在迪杰斯特拉算法过程中 distance[]数组的变化情况如表 12.2 所示。

表 12.2　迪杰斯特拉算法中 distance 数组的变化

终点	distance 数和最短路径的变化			
v_1	8 $<v_0, v_1>$			
v_2	32 $<v_0, v_2>$	24 $<v_0, v_1, v_2>$	24 $<v_0, v_1, v_2>$	
v_3	max	23 $<v_0, v_1, v_3>$		
v_4	max	max	30 $<v_0, v_1, v_3, v_4>$	30 $<v_0, v_1, v_3, v_4>$
v_j	$v_j = v_1$	$v_j = v_3$	$v_j = v_2$	$v_j = v_4$

引入一个辅助数组 inS 来标志顶点是否已经加入到集合 S 中。每个顶点的最短路径用字符串来表示。迪杰斯特拉算法描述如下：

```
#define max 65536          //没有连接弧的顶点的距离
void shortpath_DIJ(MGraph mg, int I) {
  //图用邻接矩阵存储，I 是源点
  int inS[mg.n];
  string path[mg.n];
  int distance[mg.n];
  int m, n, j, wm;
  for (m = 0; m < mg.n; m++ {          //初始化
    inS[m] = 0;
    distance[m] = mg.edge[I][j];
    if (distance[m] < max)
      path[m] = "I, m";
  }
  inS[I] = 1;          //I 顶点加入到 S 中
  for (m = 0; m < mg.n - 1; m++) {          //将最短路径顶点加入到 S 中
```

```
            j = I; wm = max;
            for (n = 0; n < mg.n; n++) {         //查找当前的最短路径
              if (isS[n] == 0 && distance[n] < wm) {
                j = n; wm = distance[n]
              }
            }
            inS[j] = 1;//j顶点加入到S中
            for (n = 0; n < mg.n; n++) {         //根据j顶点调整当前的最短路径
              if (isS[n] == 0 && distance[j] + cost[j][n] < distance[n]) {
                distance[n] = distance[j] + cost[j][n];
                path[n] = strcat(path[j], ",n");
              }
            }
          }
        }
```

对上面的算法进行分析：第一个 for 循环时间为 $O(n)$，第二个 for 循环共执行 $n-1$ 次，里面还有两个 for 循环，均执行 n 次。因此整个算法的时间复杂度为 $O(n^2)$。

12.3.2 任意两点间最短路径

除了求某个源点到其余各顶点的最短路径，用户经常需要了解两个顶点之间的最短路径(如 v_i 到 v_j 之间的最短路径)。在有向图中，往往 v_i 到 v_j 的最短路径和 v_j 到 v_i 的最短路径并不相同，因此在一个有 n 个顶点的有向图中，可能有 $n(n-1)$ 条最短路径。根据 12.3.1 中的算法，我们只需要针对每个顶点都执行一次迪杰特斯拉算法，即可得到每一对顶点之间共 $n(n-1)$ 条最短路径。显然这种算法的时间复杂度是 $O(n^3)$。

除此以外，我们还可以采用一些专门为此类问题所设计的算法，如**弗洛伊德**(Floyd)算法。它是弗洛伊德于 1962 年提出的一种比较简单，易于理解和实现的算法，其时间复杂度和迪杰特斯拉算法一样为 $O(n^3)$。

弗洛伊德算法也是从图的带权矩阵 cost 出发，逐步求得顶点之间的最短路径，其基本思想如下：

(1) 如果 $\langle v_i, v_j \rangle \in VR$，则意味着顶点 v_i 和 v_j 之间存在一条 cost$[i, j]$ 的路径，但它不一定是最短路径，还需要进行 n 次测试。

(2) 首先考虑路径 $\langle v_i, v_1, v_j \rangle$ 是否存在(可以通过判断 $\langle v_i, v_1 \rangle$ 和 $\langle v_1, v_j \rangle$ 是否存在来得到)，如果存在则和 $\langle v_i, v_j \rangle$ 比较，取其短者作为从 v_i 到 v_j 的中间顶点序号不大于 1 的最短路径。

(3) 然后按同样方法将顶点 v_2 加入到其路径上，令 $\langle v_i, \cdots, v_2, \cdots v_j \rangle = \langle v_i, \cdots, v_2 \rangle + \langle v_2, \cdots, v_j \rangle$，并和 $\langle v_i, v_1, v_j \rangle$ 比较，取其短者作为从 v_i 到 v_j 的中间顶点序号不大于 2 的最短路径。

(4) 依此类推，经过 n 次测试和比较可求得 v_i 到 v_j 之间的中间顶点序号不大于 n 的最短路径，也就是两个顶点之间的最短路径。

为了进行路径之间的比较，我们可以引入一个 n 阶方阵序列：$\boldsymbol{A}^{(0)}, \boldsymbol{A}^{(1)}, \cdots, \boldsymbol{A}^{(k-1)},$

$A^{(k)}$, …, $A^{(n-1)}$, $A^{(n)}$,而每一次的比较运算过程就是一个递归过程:

$$A^{(0)}[i, j] = \text{cost}[i, j]$$

$$A^{(k)}[i, j] = \min\{A^{(k-1)}[i, j], A^{(k-1)}[i, k] + A^{(k-1)}[k, j]\} \quad (1 \leqslant k \leqslant n)$$

其中 $A^{(k)}[i, j]$是顶点 v_i 和 v_j 之间中间顶点序号不大于 k 的最短路径。

采用字符串来表示每一对顶点之间的最短路径,弗洛伊德算法描述如下:

```
#define max 65536          //没有连接弧的顶点的距离
void shortpath_FLOYED(MGraph mg, string path[][]) {
  //mg 是带权邻接矩阵,path 是最后求得的最短路径方阵
  int a[mg.n][mg.n];          //存放当前最短路径的方阵
  int I, j, k;
  for (I = 1; I <= mg.n; I++ {
    for (j = 1; j <= mg.n; j++) {
      a[I][j] = mg.edge[I][j];
      if (mg.edge[I][j] < max && I != j) {
        path[I][j] = "I, j";
      }
    }
  }
  for (k = 1; k <= mg.n; k++) {
    for (I = 1; I <= mg.n; I++) {
      for (j = 1; j <= mg.n; j++) {
        if (a[I][k] + a[k][j] < a[I][j]) {
          a[I][j] = a[I][k] + a[k][j];
          path[I][j] = strcat(path[I][k], path[k][j]);
        }
      }
    }
  }
}
```

下面以图 12.6 为例,说明在执行上述的弗洛伊德算法过程中,辅助数组 A 和路径的变化如表 12.3 所示。

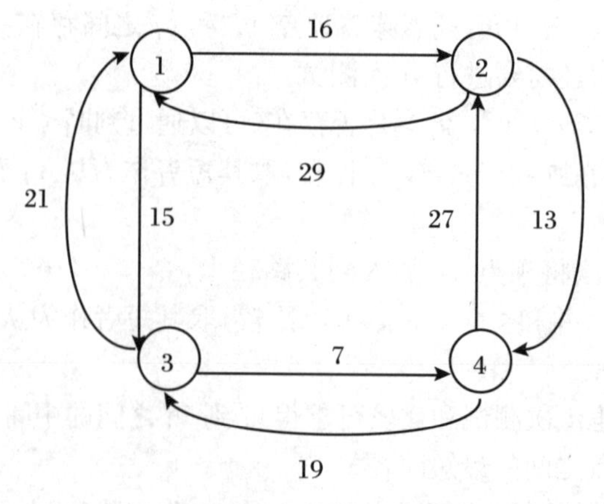

图 12.6　执行弗洛伊德算法的带权有向图

表 12.3 弗洛伊德算法中 A 和 path 的变化

$A^{(0)}$	1	2	3	4	$path^{(0)}$	1	2	3	4
1	0	16	15	max	1		1,2	1,3	
2	29	0	max	13	2	2,1			2,4
3	21	max	0	7	3	3,1			3,4
4	max	27	19	0	4		4,2	4,3	
$A^{(1)}$	1	2	3	4	$path^{(1)}$	1	2	3	4
1	0	16	15	max	1		1,2	1,3	
2	29	0	44	13	2	2,1		2,1,3	2,4
3	21	37	0	7	3	3,1	3,1,2		3,4
4	max	27	19	0	4		4,2	4,3	
$A^{(2)}$	1	2	3	4	$path^{(2)}$	1	2	3	4
1	0	16	15	29	1		1,2	1,3	1,2,4
2	29	0	44	13	2	2,1		2,1,3	2,4
3	21	37	0	7	3	3,1	3,1,2		3,4
4	56	27	19	0	4	4,2,1	4,2	4,3	
$A^{(3)}$	1	2	3	4	$path^{(3)}$	1	2	3	4
1	0	16	15	22	1		1,2	1,3	1,3,4
2	29	0	44	13	2	2,1		2,1,3	2,4
3	21	37	0	7	3	3,1	3,1,2		3,4
4	40	27	19	0	4	4,3,1	4,2	4,3	
$A^{(4)}$	1	2	3	4	$path^{(4)}$	1	2	3	4
1	0	16	15	22	1		1,2	1,3	1,3,4
2	29	0	32	13	2	2,1		2,4,3	2,4
3	21	34	0	13	3	3,1	3,4,2		3,4
4	40	27	19	0	4	4,3,1	4,2	4,3	

12.4 拓扑排序

拓扑排序是有向无环图上的一个典型应用，在系统设计、工程管理等领域有着广泛的应用。

12.4.1 有向无环图和 AOV 网

一个不存在回路的有向图称为**有向无环图**(Directed Acycline Graph)，简称 **DAG 图**。DAG 图具备了有向树和图的特点，是一类特殊的有向图。有向无环图是描述含有公共子式的表达式的有力工具，例如下述的表达式：

$$((a+b)\times(b\times(c+d)))+(c+d)\times e)\times((c+d)\times e)$$

我们可以用有向二叉树来表示，也可以用有向无环图来表示。它们之间的区别如图12.7所示。

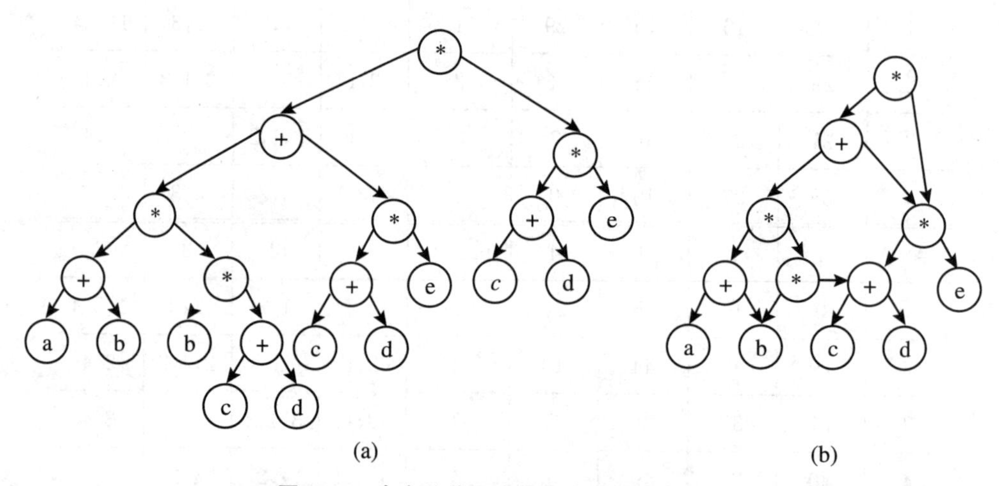

图 12.7 含有公共子式的表达式的两种表示

从图中可以看出，由于存在 $c+d$ 和$(c+d)\times e$ 的公共子表达式，因此利用有向无环图来表示可以共享这些公共子式，从而大大降低存储所需的空间。

判断一个有向图是否存在回路比判断无向图要复杂。对于无向图，判断的过程只需在深度优先搜索的过程中检查是否遇到已经访问过的顶点(即 visited[i] = = 1)，如果遇到则说明图中存在回路。但对于有向图，这个顶点可能是生成森林中另外一颗深度优先生成树中的结点。判断有向图时，需要在每一次的 dfs(v)过程中，检查每一个访问到的顶点 u 是否存在到 v(搜索的起始顶点)的弧。如果出现，由于 u 在以 v 为根的生成树中是 v 的子孙，因此有向图中必存在一条包含顶点 u 和 v 的回路。

有向无环图同时也是描述一项工程或系统的计划的有效工具。一般来说，一个工程计划往往包含着多个子计划。只有当所有的子计划完成后，整个工程才算完成。这些子计划称为活动(activity)。例如一个产品的生成过程包含许多道工序，一个大的建筑工程包含着多个子工程，一个教学计划包含许多门课程的教学。在一个工程所包含的各个活动之间，有些活动必须按规定的先后次序进行，不能打乱；而有些则没有次序要求。这些活动之间的先后次序关系可以用一个有向图来表示，图中的每个顶点代表一个活动，弧代表活动之间的先后次序。例如在顶点 v_i 和 v_j 之间存在一条弧 $<v_i, v_j>$，则说明顶点 v_i 表示的活动必须在顶点 v_j 表示的活动之前进行。这种有向图称为顶点表示活动的网络（Activity On Vertex network），简称 AOV 网。例如表 12.4 列出了计算机专业教学计划中各个课程之间的先后关系，它的 AOV 网如图 12.8 所示。

表 12.4　计算机专业教学计划中各个课程之间的先后关系

课程编号	1	2	3	4	5	6	7	8	9	10	11	12	13	14	15
课程名称	计算机导论	数值分析	数据结构	汇编语言	自动机理论	人工智能	图形学	计算机接口	算法分析	C语言	编译原理	操作系统	高等数学上	高等数学下	线性代数
先修课		1 14	1 14	1 13	15	3	3 4 10	4	3	3 4	10	11		13	14

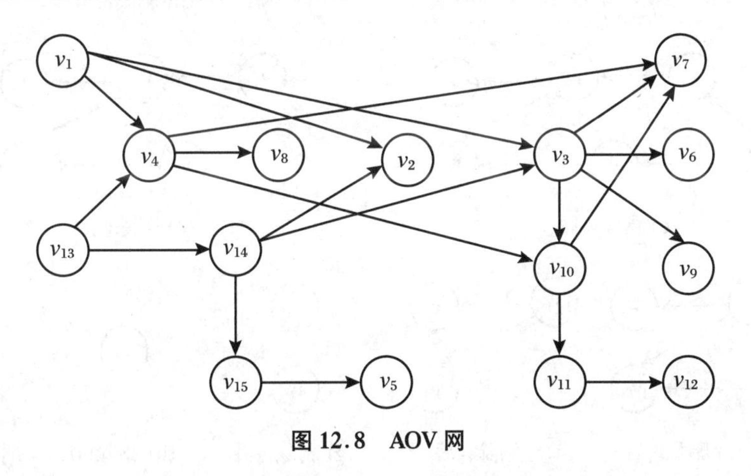

图 12.8　AOV 网

在 AOV 网中，如果顶点 v_i 表示的活动必须在顶点 v_j 表示的活动之前进行，则称 v_i 是 v_j 的前驱顶点，v_j 是 v_i 的后继顶点。这种前驱后继关系具有传递行，例如在图 12.8 中，v_1 是 v_3 的前驱，而 v_3 又是 v_{10} 的前驱，那么顶点 v_1 所表示的活动也必须在顶点 v_{10} 表示的活动之前进行，即 v_1 也是 v_{10} 的前驱。同时这种关系还具有反自返性，即 AOV 网中的任何活动不能以自身作为前驱或后继。这很好理解，否则活动的进行将陷入死循环而不能完成。

从 AOV 网的这些特性可以得出这样的结论：AOV 网必然是一个有向无环图。因为如果在 AOV 网中出现回路，那么根据前驱后继关系的传递性，回路中的顶点必然成为自身的前驱和后继，而这和前驱后继关系的反自返性相矛盾，因此 AOV 网中一定没有回路。

12.4.2　拓扑排序

所谓**拓扑排序**（topological sort）就是将有向无环图中的各个顶点排成一个序列，使得所有的前驱后继关系都得到满足。对于相互之间没有次序关系的顶点，在拓扑排序的序列中可以处在任意的位置。因此，拓扑排序的结果往往不是唯一的。例如对图 12.8 的 AOV

网进行拓扑排序，可以得到 $v_1 \to v_{13} \to v_4 \to v_8 \to v_{14} \to v_2 \to v_3 \to v_7 \to v_6 \to v_9 \to v_{10} \to v_{11} \to v_{12} \to v_{15} \to v_5$ 或 $v_{13} \to v_1 \to v_{14} \to v_{15} \to v_5 \to v_4 \to v_2 \to v_8 \to v_3 \to v_9 \to v_6 \to v_7 \to v_{10} \to v_{11} \to v_{12}$。这两个序列都满足拓扑排序的要求。

拓扑排序的方法很简单，可以分为以下 3 步：

(1) 从有向无环图中选择一个没有前驱的顶点并加入到结果序列中；

(2) 从有向无环图中删除该顶点以及以该顶点为尾的所有弧；

(3) 重复(1)、(2)两步，直到所有顶点都加入到结果序列中。

图 12.9 说明了一个有 8 个活动的工程的拓扑排序过程。

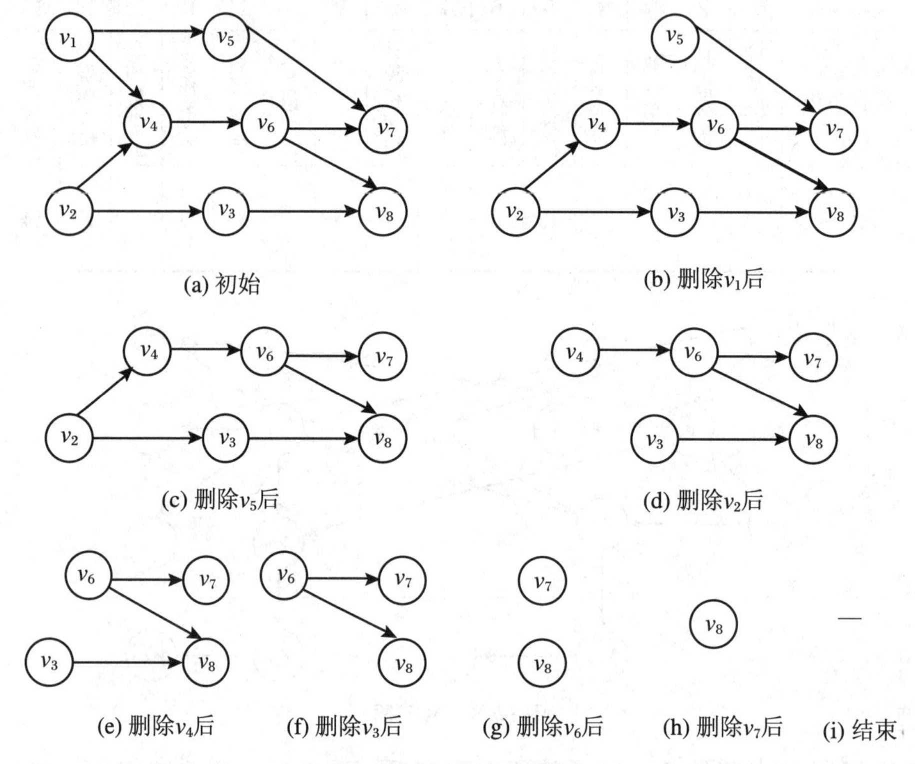

图 12.9　拓扑排序的过程

从上面描述的拓扑排序的步骤可以看出，在整个排序过程中需要频繁地检查顶点的前驱以及作删除顶点和弧的操作，因此我们可以采用邻接表作为有向无环图的存储结构。为了快速地判断顶点是否有前驱，可以在表头结点中增加一个"入度域"(indegree)用来指示顶点当前的入度。当 indegree 域的值为 0 时，表明该顶点没有前驱，可以加入到结果序列中。而删除顶点及以它为尾的弧的操作，可以通过将该顶点的所有邻接点的入度域减 1 来完成。

在整个拓扑排序的过程中，随着顶点的删除还会出现新的没有前驱的顶点。如果每删除一个顶点都要检查所有其他顶点的入度域，则时间复杂度将很大(等于遍历所有顶点一遍)。为此可以设计一个堆栈，把监测到的入度为 0 的顶点入栈。每次删除顶点时，只需要从栈中取出一个顶点即可。同时把监测顶点的入度和将待删除顶点的邻接点入度减一的操作合并在一起。

为了节省堆栈所占的存储空间，我们还可以利用顶点的入度域。因为进入堆栈的顶点其入度域必然已经为 0，因此可以把所有待删除的顶点(入栈的顶点)通过入度域链接在一起，组成一个链表结构的堆栈。算法如下：

首先需要修正之前邻接表的定义，增加入度域。

```
typeof struct VEXNODE {          //修正表头结点的定义，增加入度域
  char vexdata;
  int indegree;
  ARCNODE * firstarc;
}
void topo_sort(ALGraph al) {
  int top = 0;          //栈顶
  int i, j, m;
  ARCNODE * k;
  for (i = 1; i <= al.vexnum; i++) {          //初始化堆栈
    if (al.vextices[i].indegree == 0) {          //没有前驱的顶点，入栈
      al.vextices[i].indegree = top;
      top = i;
    }
  }
  m = 0;          //记录输出的顶点数
  while (top != 0) {          //栈内有顶点
    j = top;
    top = al.vextices[j].indegree;          //出栈
    printf(j + " ");          //打印出结果序列
    m++;
    k = al.vextices[j].firstarc;
    while (k != NULL) {          //所有邻接点的入度减一
      al.vextices[k->adjvex].indegree--;
      if (al.vextices[k->adjvex].indegree == 0) {          //产生新的无前驱顶点
        al.vextices[k->adjvex].indegree = top;          //新顶点入栈
        top = k->adjvex;
      }
      k = k->nextarc;
    }
  }
  if (m != al.vexnum) {          //出错
    printf("错误:图中存在回路!");
  }
}
```

分析上述算法，如果有向图包含 n 个顶点和 e 条弧，则第一个 for 循环的时间复杂度为 $O(n)$。对于有向无环图，堆栈中将入栈 n 次，出栈 n 次，所以第二个 while 循环的时间复杂度也为 $O(n)$。里面嵌套的 while 循环总计执行 e 次，所以算法总的时间复杂度为$O(n+e)$。

对于有向无环图的拓扑排序，也可以采用深度优先遍历的算法来实现。如果图中没有回路，则从某个顶点出发作深度优先搜索，最先退出 dfs( )函数的必然是没有后继的顶点

(出度为0),即拓扑有序序列中的最后一个顶点。所以按退出 dfs( )函数的先后次序记录顶点所产生的序列就是逆向拓扑有序序列。

自主学习

本章介绍了图的相关应用问题。学习本章内容的同时,可以参考相关资料,查询、了解其他相关知识,并编写程序实现相关算法,包括:

(1) 相关算法实现及应用;

(2) AOE 网及关键路径求解问题。

关键路径求解:关键路径是 AOE 网的一个典型应用。AOV 网用顶点表示活动,用弧表示各活动之间的先后依赖关系。与此相反,AOE 网是用边表示活动的网。

AOE 网是一个带权的有向无环图 $G=\{V,\{E\}\}$。其中 v_i 表示**事件**(event),通常指一个活动的开始或结束;E 表示**活动**(activity),E 上的权值表示活动的持续时间。图 12.10 表示一个由 10 个事件和 12 个活动组成的 AOE 网:

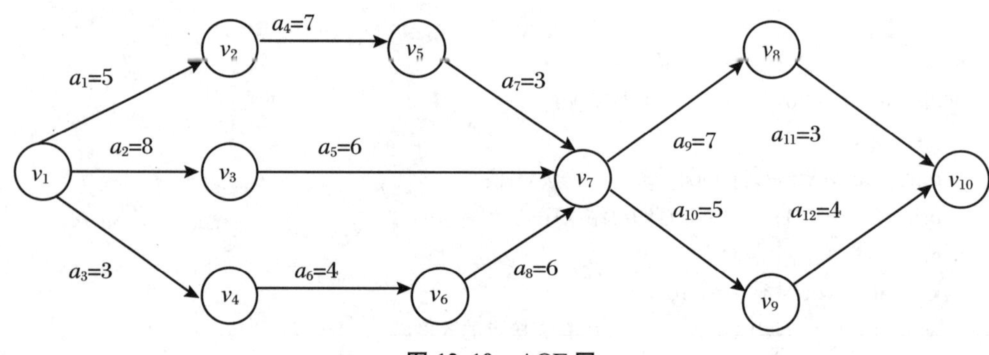

图 12.10 AOE 网

其中每个事件表示它之前的活动都已经结束,而它之后的活动可以开始。例如:

事件 v_1:表示整个工程的开始,称为**始点**;

v_{10}:表示整个工程的结束,成为**汇点**;

v_2:表示活动 a_1 已经结束,活动 a_4 可以开始;

v_7:表示活动 a_7,a_5,a_8 已经结束,活动 a_9,a_{10} 可以开始。

AOE 网的一个显著的特点是:只有一个始点(入度为0),只有一个汇点(出度为0)。当用 AOE 网描述一个工程时,人们一般关心的问题是完成整个工程至少需要多长时间;哪些活动是影响工程工期的关键活动。

所谓**关键路径**就是指从开始点到结束点的最长路径。

提示:通过应用正向拓扑排序和逆向拓扑排序来找出 AOE 网中的关键活动,从而确定关键路径。

参考资料:

[1] 胡学钢. 数据结构:C 语言版[M]. 北京:高等教育出版社,2008.

[2] 严蔚敏,李冬梅,吴伟民. 数据结构:C 语言版[M]. 北京:人民邮电出版社,2011.

[3] 王昆仑,李红. 数据结构与算法[M].2 版. 北京:中国铁道出版社,2012.

习　题

1. 填空

(1) 两种最常用的求解最小生成树的算法分别是________算法和________算法，时间复杂度分别为__________和__________。

(2) 一个不存在回路的有向图称为__________，简称__________。

(3) 顶点表示活动的网络称作__________，边表示活动的网络称作__________。

(4) 在 AOE 网中顶点表示，弧表示__________。

(5) AOE 网中关键路径是指从开始点到结束点的最路径__________。

2. 选择题

(1) 如图 12.11 所示，从顶点 v_1 开始采用普利姆算法生成最小生成树，算法过程中产生的顶点次序为(　　)。

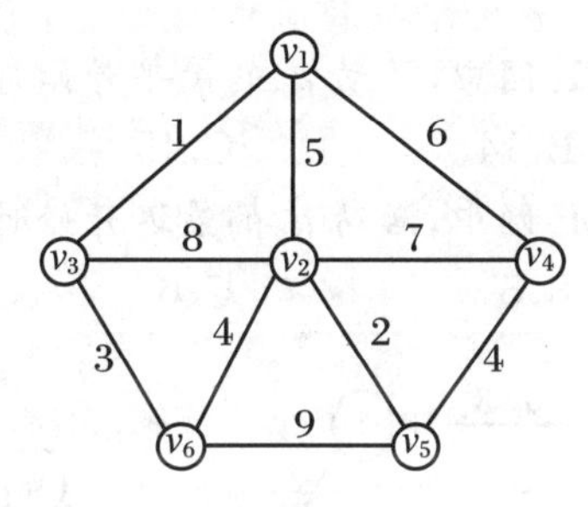

图 12.11　第(1)、(2)题图

A. $v_1, v_3, v_4, v_2, v_5, v_6$　　　B. $v_1, v_3, v_6, v_2, v_5, v_4$

C. $v_1, v_2, v_3, v_4, v_5, v_6$　　　D. $v_1, v_3, v_6, v_4, v_2, v_5$

(2) 如图 12.11 所示，采用克鲁斯卡尔算法生成最小生成树，过程中产生的边次序为(　　)。

A. $(v_1, v_2), (v_2, v_3), (v_5, v_6), (v_1, v_5)$

B. $(v_1, v_3), (v_2, v_6), (v_2, v_5), (v_1, v_4)$

C. $(v_1, v_3), (v_2, v_5), (v_3, v_6), (v_4, v_5)$

D. $(v_2, v_5), (v_1, v_3), (v_5, v_6), (v_4, v_5)$

(3) 如图 12.12 所示，从顶点 v_1 到其他顶点的最短路径分别为(　　)。

A. $v_6, v_1, v_6, v_{10}, v_4$　　　B. v_5, v_1, v_6, v_7, v_4

C. v_5, v_1, v_6, v_8, v_4　　　D. v_6, v_1, v_6, v_8, v_6

(4) 如图 12.13 所示，拓扑排序的结果是(　　)。

A. $v_1 \to v_2 \to v_3 \to v_6 \to v_4 \to v_5 \to v_7 \to v_8$

B. $v_1 \to v_2 \to v_3 \to v_4 \to v_5 \to v_6 \to v_7 \to v_8$

C. $v_1 \to v_6 \to v_4 \to v_5 \to v_2 \to v_3 \to v_7 \to v_8$

D. $v_1 \to v_6 \to v_2 \to v_3 \to v_7 \to v_8 \to v_4 \to v_5$

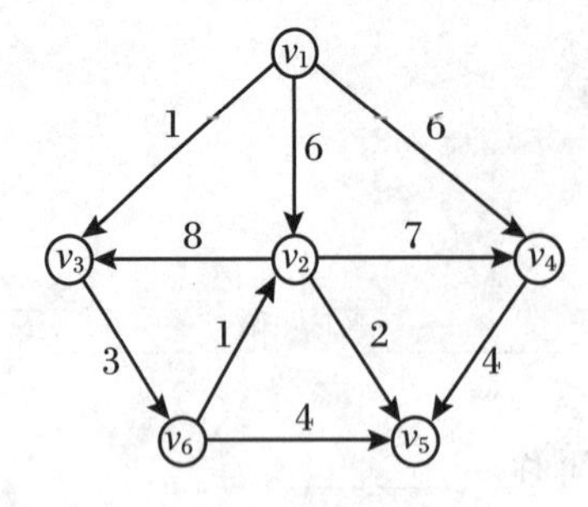

图 12.12　第(3)题图

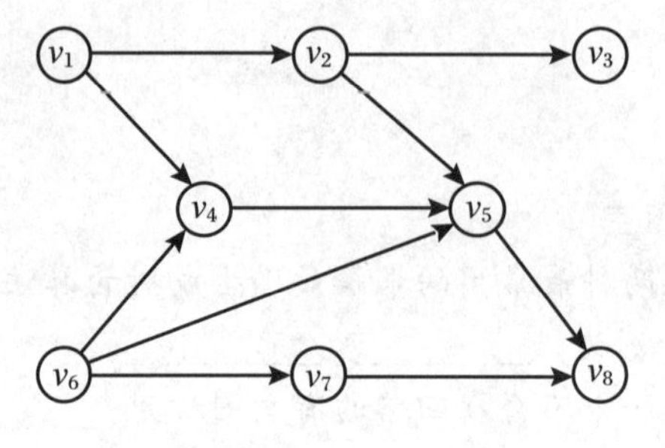

图 12.13　第(4)题图

(5) 在 AOE 网中,始点和汇点的个数为(　　)。

A. 1 个始点,若干个汇点

B. 若干个始点,若干个汇点

C. 若干个始点,1 个汇点

D. 1 个始点,1 个汇点

(6) 如图 12.14 所示的 AOE 网中,活动 a_9 的最早开始时间是(　　)。

A. 13　　B. 14　　C. 15　　D. 16

(7) 如图 12.14 所示的 AOE 网中,活动 a_4 的最迟开始时间是(　　)。

A. 4　　B. 5　　C. 6　　D. 7

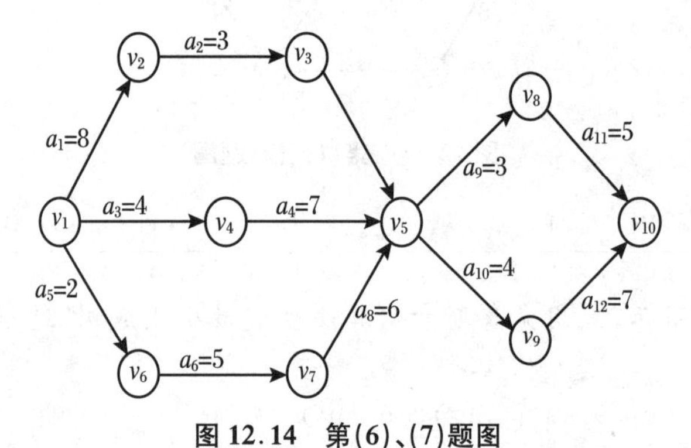

图 12.14　第(6)、(7)题图

(8) 对于一个具有 n 个顶点和 e 条边的有向图,在用邻接表表示图时,拓扑排序算法时间复杂度为(　　)。

A. $O(n)$　　B. $O(n+e)$

C. $O(n\times n)$　　D. $O(n\times n\times n)$

(9) 下列关于 AOE 网的叙述中,不正确的是(　　)。

A. 关键活动不按期完成就会影响整个工程的完成时间

B. 任何一个关键活动提前完成,那么整个工程将会提前完成

C. 所有的关键活动提前完成,那么整个工程将会提前完成

D. 某些关键活动提前完成,那么整个工程将会提前完成

3. 简答题

(1) 画出图 12.15 网络的最小生成树。

(2) 采用迪杰斯特拉算法求图 12.16 中顶点 v_1 到其他各顶点的最短路径,写出算法执行过程中 distance 数组的变化情况。

(3) 如图 12.16 所示，采用弗洛伊德算法求各顶点之间的最短路径，写出算法执行过程中辅助数组和路径的变化情况。

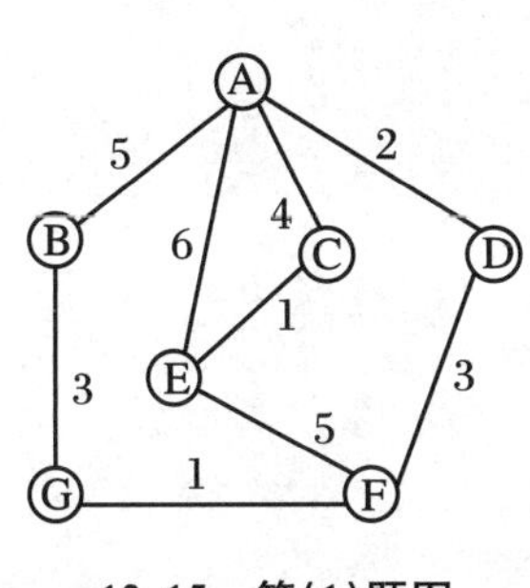

12.15　第(1)题图

图 12.16　第(2)题图

(4) 如图 12.17 所示，求解 AOE 网的关键路径，写出教材中算法的执行过程。

(5) 对于图 12.18，请画出其用普里姆和克鲁斯卡尔两种不同算法生成最小生成树的各条边的并入顺序。画出最小生成树。并写出广度优先和深度优先的结点遍历顺序。

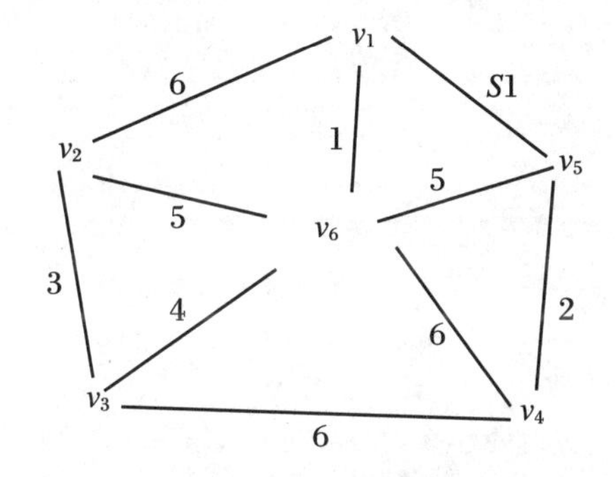

图 12.17　第(4)题图

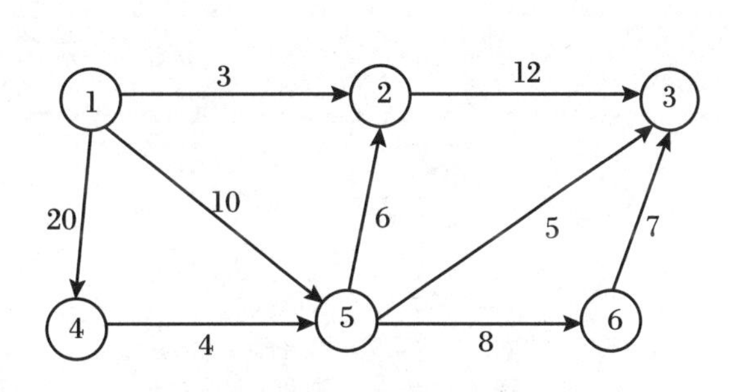

图 12.18　第(5)题图

(6) 根据图 12.19 所示的有权图 G，回答下列问题：

① 给出从结点 v_1 出发按深度优先搜索遍历图所得的结点序列；

② 给出图的拓扑序列；

③ 给出从结点 v_1 到结点 v_8 的最短路径和关键路径。

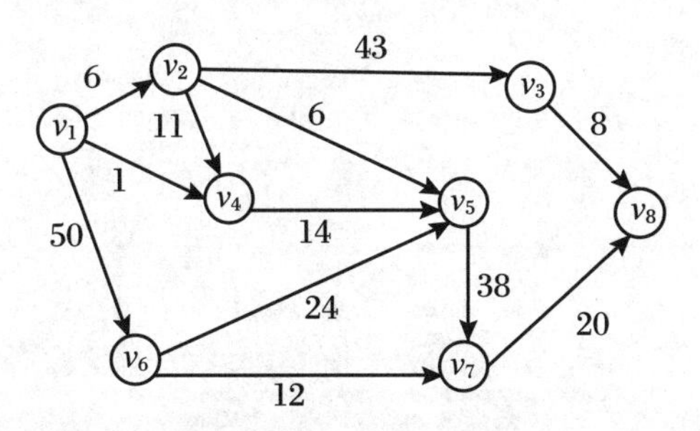

图 12.19　第(6)题图

4. 算法设计题

采用邻接矩阵作为图的存储结构，设计克鲁斯卡尔算法。

第5部分　散列结构、查找与排序

第13章 散 列 表

13.1 引 言

13.1.1 本章能力要素

本章介绍散列结构的概念、常用的散列函数、两种冲突处理方式、散列表的查找等。具体要求包括：

(1) 掌握散列结构模型；

(2) 针对散列存储时冲突的产生，掌握构建处理冲突模型。

13.1.2 本章知识结构图

本章知识结构如图13.1所示。

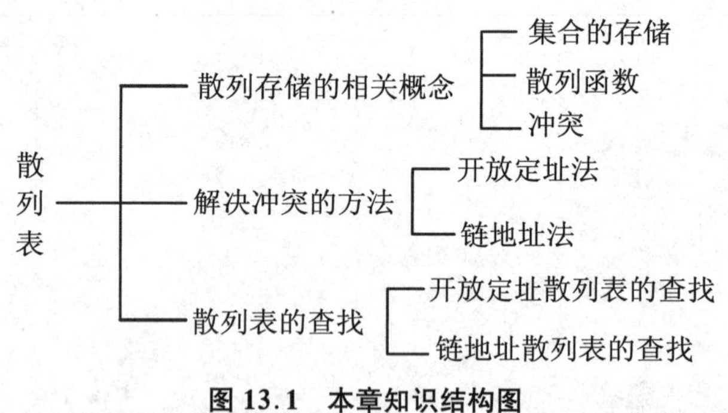

图13.1 本章知识结构图

13.1.3 本章课堂教学与实践教学的衔接

本章涉及的实践环节主要是散列表基于不同冲突解决方式的存储方法，以及基于这些存储方式下的查找算法实现。

13.2 集合的散列存储

13.2.1 集合的概念

集合是具有相同数据类型的数据元素按任何次序聚集而成，集合中的元素除了“同属一个集合”外，相互之间没有任何关系。任一非空集合可表示为{ a_1, a_2, …, a_i, a_{i+1}, …, a_n}，其中 i 为该元素的编号，是为了区别而任意标注的，不代表任何次序。

集合中元素的个数称为集合的长度。当长度 $n=0$ 时，为空集。

由于集合中元素之间没有任何关系，我们可以采用顺序存储一个集合，只要在连续的存储单元中一个接一个存放集合中的元素，无需关注元素之间的次序；或者链接存储一个集合，同样无需关注结点之间的次序，只需一个接一个链接所有结点。

在这样的顺序存储或链接存储方式下，若需要查找集合中的元素，则只能采用“顺序查找”方法，时间性能是 $O(n)$。

13.2.2 散列存储

散列(hash)是同顺序、链接和索引一样，是存储数据的又一种方法。

散列存储的基本思想是：以所需存储的结点(数据元素)中的关键字作为自变量，通过某种确定的函数 H(key)进行计算，把求出的函数值作为该结点的存储地址，并将该结点或结点的关键字存储在这个地址中。

散列存储中使用的函数 H(key)，称为**散列函数**或**哈希函数**。散列函数实现关键字到存储地址的映射(或称转换)，函数 H(key)的值称为**散列地址**或**哈希地址**。

通常，我们使用数组空间作为散列存储的空间，称为**散列表**或**哈希表**。

【例 13.1】 假定一个集合为{ 16, 35, 23, 31, 45, 70 }，若规定每个元素 key 的存储地址 H(key) = key，则根据散列函数 H(key) = key，可知元素 16 应当存入地址为 16 的单元，元素 23 应当存入地址为 23 的单元，……对应的散列表(哈希表)如图 13.2 所示。

地址	…	16	…	23	…	31	…	35	…	45	…	70	…
内容		16		23		31		35		45		70	

图 13.2 例 13.1 的散列表

在该散列存储方式下，若向集合中插入 key = 25 的元素，可根据散列函数 H(key) = key，计算出元素 25 的散列地址为 25，则将元素 25 存入下标为 25 的存储单元；若在该集合中删除 key = 31 的元素，同样可根据散列函数 H(key) = key，计算出元素 31 的散列地址为 31，即从下标为 31 的存储单元中取出该元素。

13.2.3 冲突

例 13.1 讨论的散列表是一种理想的情况。实际应用中，常常出现一个待插元素的散列地址已被占用的情况，使得该元素无法直接存入到此单元中，我们称此现象为“**冲突**”。

例如，若例 13.1 中的散列函数 H(key)为

$$H(key) = key\%10$$

则元素 35 和 45 的散列地址相同，当向散列表中插入元素 45 时，散列地址（下标为 5 的单元）已被占用，致使元素 45 无法存入到下标为 5 的单元中。

散列存储中，虽然冲突很难避免，但发生冲突的可能性却有大有小，这主要与 3 个因素有关：

(1) 与装填因子 α 有关

$$\alpha = \frac{\text{哈希表中元素个数}}{\text{哈希表的长度}}$$

α 越小，冲突的可能性就越小；α 越大(最大取 1)时，冲突的可能性就越大。

(2) 与所采用的散列函数有关

若散列函数选择得当，就能够使散列地址尽可能均匀分布在散列空间上，可以减少冲突的发生。

(3) 与解决冲突的方法有关

当冲突产生时，应采取某种方法以解决冲突，方法选择的好坏也将减少或增加发生冲突的可能性。

13.3 散列函数的构造

构造散列函数的目标是使散列地址尽可能均匀分布在散列空间上，同时使计算尽可能简单，以节省计算时间。

散列函数的构造方法有很多，好的散列函数可以使关键字得到一个尽可能“随机”的存储地址，以便使关键字(或记录)的存储地址均匀地分布在散列表中，从而降低冲突发生的可能性。下面介绍几种常用的散列函数构造方法。

1. 直接定址法

直接定址法：取关键字或关键字的某个线性函数值作为记录(或关键字)的存储地址。如：

$$H(key) = key \quad \text{或} \quad H(key) = a \times key + b$$

其中，a 和 b 是常数。

【例 13.2】 有一个某门课程的考试成绩统计表，统计每个分数下的学生人数，考试分数在 0 到 100 之间。取分数作为关键字，采用直接定址法作为散列函数，具体为

$$H(key) = key$$

则散列表如表 13.1 所示：

表 13.1　采用直接定址法产生考试成绩统计表的散列表

分数	0	1	2	3	…	63	64	…	100
人数	2	6	0	1	…	44	98	…	1
地址	0	1	2	3	…	63	64	…	100

采用直接定址法，关键字集合和存储地址集合的大小相同并一一对应，因此不会发生冲突。但在实际中，关键字集合往往很大，所以使用直接定址法来构造散列函数的情况很少。

2. 除留余数法

除留余数法：对关键字进行模(MOD)运算，将运算结果所得的余数作为关键字(或记录)的存储地址。即

$$H(\text{key}) = \text{key MOD } p$$

其中，$p \leqslant m$，m 是散列表的长度。

除留余数法可以保证所有关键字的地址都落在散列表的范围之内。

值得注意的是，在使用除留余数法构造散列函数时，需要慎重考虑对 p 的选择。如果 p 值选择不当，则会出现大量的同义词，造成严重的冲突。

【例 13.3】 有一组关键字集合为{12,27,34,56,18,67,99}。采用除留余数法构造散列函数，如果选择 $p=9$，即 H(key) = key MOD 9。则关键字 27,56,18,99 将发生冲突，冲突概率很高。因此可以说选择 9 作为 p 是不适当的。

3. 数字分析法

数字分析法：分析关键字集合中每一个关键字中的每一位数码的分布情况，找出数码分布均匀的若干位作为关键字(或记录)的存储地址。

数字分析法适合于关键字由若干数码组成，同时各数码的分布规律事先知道的情况。

【例 13.4】 有一组 90 个记录，其关键字为 7 位十进制数。选择散列表长度为 100，则可取关键字中的两位十进制数作为记录的存储地址。具体采用哪两位数码，需要用数字分析法对关键字中的数码分布情况进行分析。假设记录中有一部分如下所列：

K1 = 6 1 5 1 1 4 1

K2 = 6 1 0 3 2 7 4

K3 = 6 1 1 1 0 3 4

K4 = 6 1 3 8 2 9 9

K5 = 6 1 2 0 8 7 4

K6 = 6 1 9 5 3 9 4

K7 = 6 1 7 0 9 2 4

K8 = 6 1 4 0 6 3 7

对上述的关键字的数码分布情况进行分析，我们可以发现关键字的第 1 位均为 6，第 2 位均为 1，分布集中，不适合作为存储地址。而第 3 位和第 5 位则分布均匀，因此该散列函数可以构造为取第 3,5 位数码作为记录的存储地址，则上述 8 条记录的散列地址如下：

H(K1) = 51　　H(K2) = 02　　H(K3) = 10　　H(K4) = 32

H(K5) = 28　　H(K6) = 93　　H(K7) = 79　　H(K8) = 46

4. 平方取中法

平方取中法：将关键字求平方后，取其中间的几位数字作为散列地址。

平方取中法是一种较常用的构造散列函数的方法，由于关键字平方后的中间几位数字和组成关键字的每一位数字都有关，因此产生冲突的可能性较小。最后究竟取几位数字作为散列地址需要由散列表的长度决定。

【例 13.5】 为某种编程语言的源程序中使用的标识符建立一张散列表。假设一个标识符由字母和数字组成，长度不超过两位，必须以字母开头，每个字符由两位八进制数表示。如果设置的散列表长度为 512，用八进制数表示可以存储三位，因此我们可以取标识符平方后中间的三位作为散列地址。

表 13.2 给出了 6 个标识符所表示的关键字、关键字的平方以及相应的散列地址。

表 13.2　采用平方取中法产生标识符的散列表

关键字	关键字平方	散列地址
A(0100)	0010000	010
J(1200)	1440000	440
P1(2061)	4310541	310
P2(2062)	4314704	314
Q1(2161)	4734741	734
Q3(2163)	4745651	745

和数字分析法不同，平方取中法无需事先知道关键字的分布情况。

5. 折叠法

折叠法：将关键字分隔成位数相等的几部分（最有一部分位数可以不相等），取这几部分的相加之和作为关键字（或记录）的散列地址。

在折叠法中根据叠加的方式又可分为移位叠加和间界叠加两种。将分割后的各部分的最低位对齐，然后相加取其和作为散列地址成为移位叠加；将分割的各部分从一端向另一端沿分割界来回折叠，然后对齐相加取其和作为散列地址成为间界叠加。

对于关键字位数很多，且关键字上每一位的数字分布比较均匀的情况，适合于采用折叠法。

【例 13.6】 在一个单位中每位职工都有一个职工号作为职工信息的关键字，它是一个 10 位的十进制数字。假设职工总数小于 10000，则可以采用折叠法把职工号构造成为一个四位数的散列地址。对于职工号为 1001582139，其散列地址的求解如下所示：

(1) 移位叠加：

```
      2139
      0158
  +     10
  --------
      2307        H(key) = 2307
```

(2) 间界叠加：

```
        2 1 3 9
        8 5 1 0
+           1 0
---------------
      1 0 6 5 9        舍去最好位得 H(key) = 0659
```

说明：以上列出的各散列函数各有优缺点，在实际使用中应根据关键字的特点适当地选择某种散列函数，不能一概而论。

13.4 处理冲突的方法

如前所述，无论采用何种散列函数都不可能完全避免冲突的发生，可以说如何处理冲突是散列存储中不可缺少的一个方面。

冲突处理就是为发生冲突的关键字的记录找到一个“空”的散列地址；在查找空的散列地址时，可能还会继续发生冲突，这样就需要继续寻找“下一个”空的地址，直到不发生冲突为止。

这里介绍两种主要的处理方法：开放定址法和链地址法。

13.4.1 开放定址法

开放定址法也称**再散列法**；其基本思想是：当关键字 key 的哈希地址 p = H(key)出现冲突时，以 p 为基础，产生另一个哈希地址 p1，如果 p1 仍然冲突，再以 p 为基础，产生另一个哈希地址 p2……直到找出一个不冲突的哈希地址 pi，将相应元素存入其中。这种方法有一个通用的再散列函数形式：

$$H_i = (H(key) + d_i)\% m \quad (i = 1,2,\cdots,n)$$

其中，H(key)为哈希函数，m 为表长，d_i 称为增量序列。根据增量序列的取值方式不同，相应的再散列方式也不同，主要有以下 3 种再散列方式。

1. 线性探测再散列

在线性探测再散列方法中，取增量序列 d_i 为自然数序列。即

$$H_i = (H(Key) + d_i) \text{ MOD } m$$

其中，$i = 1, 2, \cdots, K(K \leqslant m-1)$，$d_i = 1, 2, \cdots, m-1$（$m$ = 散列表长度）。

这种方法的特点是：冲突发生时，顺序查看表中下一单元，直到找出一个空单元或查遍全表。

【例 13.7】 假设有 4 个记录，关键字分别为 39，23，58，73，散列表长度为 17。采用“除留余数法”构造散列函数：H(key) = key MOD 17。计算出的散列地址如下：

H(39) = 39 MOD 17 = 5

H(23) = 23 MOD 17 = 6

H(58) = 58 MOD 17 = 7

H(73) = 73 MOD 17 = 5

前 3 条记录的存储地址分别为 5，6，7，没有发生冲突。但当存储第 4 条记录时，由于 H(73) = 5已经被关键字位 39 的记录所占，发生冲突。如下所示：

0	1	2		5	6	7	8	9		14	15	16
			…	39	23	58			…			

用线性探测再散列进行处理：

H₁ = (H(73) + 1) MOD 17 = (5 + 1) MOD 17 = 6 （仍然冲突，继续）

H₂ = (H(73) + 2) MOD 17 = (5 + 2) MOD 17 = 7 （仍然冲突，继续）

H₃ = (H(73) + 3) MOD 17 = (5 + 3) MOD 17 = 8 （不再冲突，找到新地址，停止）

将关键字为 73 的记录放到 8 号地址。如下所示：

0	1	2		5	6	7	8	9		14	15	16
			…	39	23	58	73		…			

2. 二次探测再散列

在二次探测再散列方法中，增量序列 d_i 取值序列为

$$d_i = 1^2, -1^2, 2^2, -2^2, \cdots, k^2, -k^2 \quad (k \leqslant m/2)$$

这种方法的特点是：冲突发生时，在表的左右进行跳跃式探测，比较灵活。

【例 13.8】 已知哈希表长度 $m = 11$，哈希函数为：H(key) = key % 11，则 H(47) = 3，H(26) = 4，H(60) = 5，假设下一个关键字为 69，则 H(69) = 3，与 47 冲突。

用二次探测再散列处理冲突，因 H(69) = 3 与 47 冲突，下一个哈希地址为 $H_1 = (3 + 1^2)\% 11 = 4$，仍然冲突，再找下一个哈希地址为

$$H_2 = (3 - 1^2)\% 11 = 2$$

此时不再冲突，将 69 填入 2 号单元。如下所示：

0	1	2	3	4	5	6	7	8	9	10
		69	47	26	60					

3. 伪随机探测再散列

在伪随机探测再散列方法中，增量序列 d_i = 伪随机数序列；具体实现时，应建立一个伪随机数发生器，（如 $i = (i + p)\ \%\ m$），并给定一个随机数做起点。

例如，在例 13.8 的冲突发生时，若采用伪随机探测再散列处理冲突，且伪随机数序列为 2,5,9,…，则下一个哈希地址为 $H_1 = (3 + 2)\% 11 = 5$，仍然冲突，再找下一个哈希地址为 $H_2 = (3 + 5)\% 11 = 8$，此时不再冲突，将 69 填入 8 号单元。

0	1	2	3	4	5	6	7	8	9	10
			47	26	60			69		

13.4.2 链地址法

链地址法的基本思想是：将所有哈希地址为 i 的元素构成一个称为同义词链的单链表，在散列表的每一个存储单元中增加一个指针域，并将单链表的头指针存在哈希表的第 i 个单元的指针域中。

用这种解决冲突的思想建立散列表，查找、插入和删除元素的操作主要在同义词链中进行，所以链地址法适用于经常进行插入和删除集合中元素的情况。

【例 13.9】 已知一组关键字(32, 40, 36, 53, 16, 46, 71, 27, 42, 24, 49, 64)，哈希

表长度为 13，哈希函数为：H(key) = key % 13，则用链地址法处理冲突的结果如图 13.3 所示。

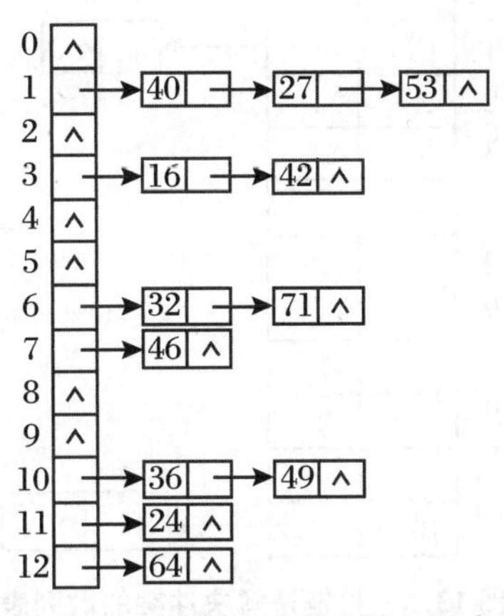

图 13.3　链地址法建立的散列表

采用链地址法，可以从根本上可以杜绝“二次冲突”的发生，但会“浪费”一部分散列表的空间。

13.5　散列表的查找

1. 开放定址散列表查找

在开放定址散列表中查找一条记录，其算法分为以下几步：

(1) 根据待查记录关键字，计算散列地址；

(2) 如果该地址存储的记录关键字等于待查记录关键字，则查找成功；否则进行某种探测再散列，直到待查关键字，或遇到空地址查找失败。

2. 链地址散列表查找

在链地址散列表中查找一条记录，其算法分为以下几步：

(1) 根据待查记录关键字，计算散列地址；

(2) 在散列地址所指向的单链表中顺次查找待查记录关键字；

(3) 如果在单链表中找到待查关键字，则返回指向该记录的指针；否则说明散列表中没有待查记录，返回 NULL。

【例 13.10】 给定关键字序列 11,78,10,1,3,2,4,21，试分别用线性探测再散列法和链地址法来实现查找，求出每一种查找的成功平均查找长度。散列函数 H(key) = k % 11。

线性探测再散列法解决冲突的散列表如图 13.4 所示。

0	1	2	3	4	5	6	7	8	9	10
11	78	1	3	2	4	21				10

图 13.4　线性探测再散列法解决冲突的散列表

可以得到线性探查法的成功平均查找长度为

$$ASL = (1 + 1 + 2 + 1 + 3 + 2 + 1 + 8)/8 = 2.375$$

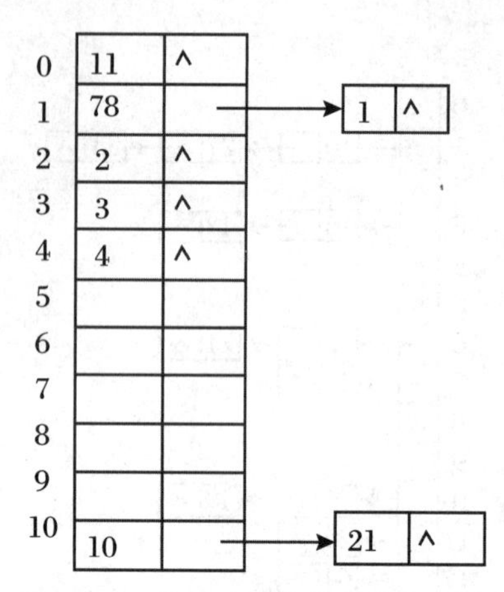

图 13.5　拉链法解决冲突的散列表

拉链法解决冲突的散列表如图 13.5 所示可以得到拉链法的成功平均查找长度为

$$ASL = (1 \times 6 + 2 \times 2)/8 = 1.25$$

自主学习

本章介绍了散列表的基本概念、解决冲突的方法，及散列表的查找。要求重点掌握散列存储时解决冲突的两种方式，以及散列表的查找方法及查找的时间性能分析。

学习本章内容的同时，可以参考相关资料，查询、了解其他相关知识，并编写程序实现相关算法，包括：

(1) 开放定址散列表的存储结构分析、散列表的建立，以及在这种解决冲突方式下，查找、插入运算的实现。

(2) 链地址散列表的存储结构分析、散列表的建立，以及在这种解决冲突方式下，查找、插入运算的实现。

参考资料：

[1]　胡学钢. 数据结构：C 语言版[M]. 北京：高等教育出版社，2008.

[2]　严蔚敏，李冬梅，吴伟民. 数据结构：C 语言版[M]. 北京：人民邮电出版社，2011.

[3]　王昆仑，李红. 数据结构与算法[M]. 2 版. 北京：中国铁道出版社，2012.

习　　题

1. 填空题

(1) 在散列结构中，结点的________和结点的________之间存在着某种对应关系。

(2) 散列函数总是以________为自变量，而函数值则代表该结点的________。

(3) 冲突是指对于某一个特定的散列函数，不同的________可能得到同一________，我们把具有相同散列函数值的关键字(或结点)称为________。

(4) 在直接定址法中，取关键字或关键字的某个________函数值作为结点(或关键字)的存储地址。

(5) 除留余数法对关键字进行________运算，将运算结果所得的________作为关键字(或结点)的存储地址。

(6) 数字分析法分析关键字集合中每一个关键字中的每一位________的________情况，找出数码分布________的若干位作为关键字(或结点)的存储地址。

(7) 平方取中法将关键字求________后，取其________的几位数字作为散列地址。

(8) 折叠法根据叠加的方式又可分为______和________两种。

(9) 开放定址可以分为________、________和________3种方式。

(10) 链地址法在散列表的每一个存储单元中增加一个________域，把产生冲突的关键字(或结点)以________结构存放在________指向的单元中。

(11) 填充因子 $\alpha=$ ________/________。

2. 选择题

(1) 有一组关键字集合为{8,24,16,3,12,32,51}。采用除留余数法构造散列函数：H(key) = key mod 12，那么将发生(　　)次冲突。

A. 1　　B. 2　　C. 3　　D. 4

(2) 有一个结点的关键字为3276012483。采用移位叠加法生成4位散列地址，地址为(　　)。

A. 3581　　B. 3582　　C. 0116　　D. 8822

(3) 有一个结点的关键字为10372587901。采用间界叠加法生成4位散列地址，地址为(　　)。

A. 5263　　B. 621　　C. 6532　　D. 6531

(4) 有4个结点，关键字分别为17,31,6,45。散列函数为 H(key) = key mod 13，散列表的长度为13，采用线性探测再散列，则第4个结点的散列地址是(　　)。

A. 7　　B. 6　　C. 5　　D. 4

(5) 设散列表长 $m=14$，散列函数 H(key) = key%11，已知表中已有4个结点：r(15) = 4；r(38) = 5；r(61) = 6；r(84) = 7，其他地址为空，如用二次探测再散列处理冲突，关键字为49的结点地址是(　　)。

A. 8　　B. 9　　C. 5　　D. 3

3. 简答题

(1) 为什么说冲突只能减少，但不能避免？

(2) 为什么说采用直接定址法不会发生冲突？

(3) 什么是散列表的装填因子？为什么说当装填因子非常接近1时，线性探查类似于顺序查找？为什么说当装填因子比较小(比如 $\alpha=0.7$ 左右)时，散列查找的平均查找时间为 $O(1)$？

(4) 有下列一组关键字：$K_1=5\,1\,5\,1\,3\,4\,1$，$K_2=4\,1\,2\,3\,3\,7\,4$，$K_3=6\,1\,5\,7\,3\,3\,4$，$K_4=8\,1\,9\,8\,3\,9\,9$，$K_5=9\,1\,2\,0\,3\,7\,4$，$K_6=2\,1\,9\,5\,3\,9\,4$。采用数字分析法确定散列函数，并给出各结点的散列地址。

(5) 有这样一组关键字{23,9,18,85,74,102}，按平方取中法构造散列函数，并取十位和百位，给出各结点的散列地址。

(6) 设散列表的长度 $m=13$；散列函数为 H(key) = key mod m，给定的关键码序列为19,14,23,01,68,20,84,27,55,11，试画出用线性探查法解决冲突时所构造的散列表。并求出在等概率的情况下，这种方法的搜索成功时的平均搜索长度和搜索不成功的平均搜索长度。

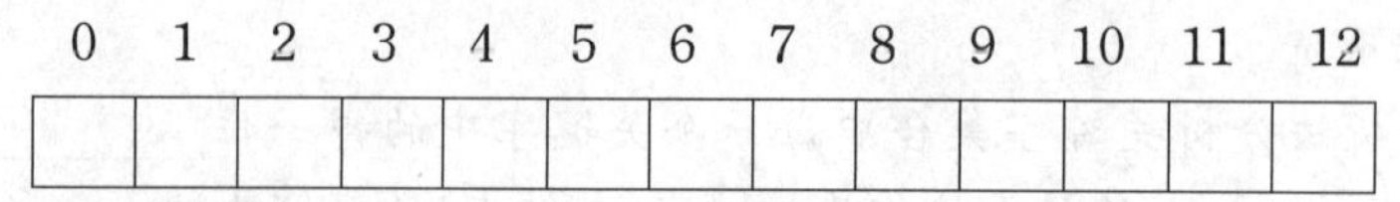

搜索成功时的平均搜索长度为：ASL_{succ} = ________

搜索不成功时的平均搜索长度为：ASL_{unsucc} = ________

(7) 在地址空间为 0～16 的散列区中，对以下关键字序列构造两个哈希表：

{Jan, Feb, Mar, Apr, May, June, July, Aug, Sep, Oct, Nov, Dec}

① 用线性探测开放地址法处理冲突；

② 用链地址法处理冲突。

分别求这两个哈希表在等概率情况下查找成功和不成功的平均查找长度。设哈希函数为H(key) $= i/2$，其中 i 为关键字中第一个字母在字母表中的序号。

(8) 设散列表 HT[0…12]，即表的大小为 $m = 13$。采用双散列法解决冲突。散列函数和再散列函数分别为：$H_0(key) = key\% 13$。（注：%是求余数运算(=mod)。）

$$H_i = (H_{i-1} + REV(key + 1)\%11 + 1)\%13, \quad i = 1,2,3,\cdots,m-1$$

其中，函数 REV(x)表示颠倒 10 进制数 x 的各位，如 REV(37) = 73，REV(7) = 7 等。若插入的关键码序列为{2,8,31,20,19,18,53,27}，试画出插入这 8 个关键码后的散列表。

0	1	2	3	4	5	6	7	8	9	10	11	12

(9) 哈希函数 H(key) = (3×key) % 11。用开放定址法处理冲突，$d_i = i$ ((7×key) % 10+1)，$i = 1,2,3,\cdots$。试在 0～10 的散列地址空间中对关键字序列(22,41,53,46,30, 13, 01,67)构造哈希表，并求等概率情况下查找成功时的平均查找长度。

4. 算法设计题

(1) 假设哈希表长为 m，哈希函数为 H(key)，用链地址法处理冲突。试编写输入一组关键字并建立哈希表的算法。(散列函数自行定义)

(2) 假设哈希表长为 m，哈希函数为 H(key)，用线性探测开放地址法处理冲突。试编写输入一组关键字并建立哈希表的算法。(散列函数自行定义)

第 14 章　查找与排序

14.1　引　　言

14.1.1　本章能力要素

本章回顾和总结本书介绍的所有查找算法和排序算法，并对不同数据结构下的查找、排序算法进行分析和比较。要求具备的专业能力要素包括：

(1)构建线性表、树表、散列表模型，实现查找算法，并进行算法性能比较与分析的能力；

(2)构建线性表、树表模型，实现排序算法，并进行算法性能比较与分析的能力。

14.1.2　本章知识结构图

本章知识结构如图 14.1 所示。

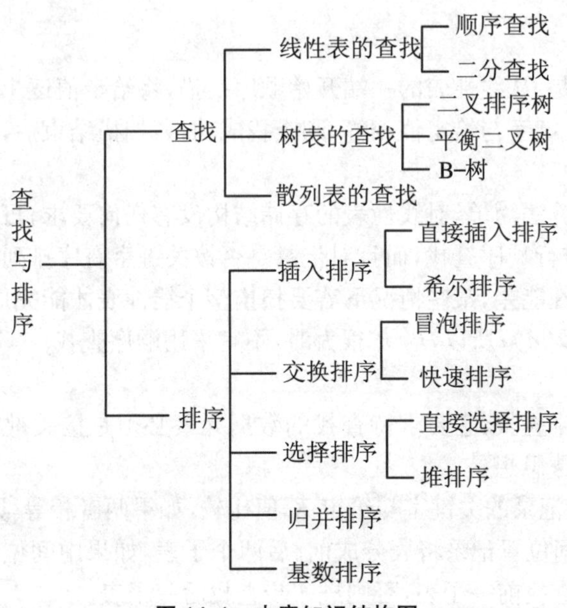

图 14.1　本章知识结构图

14.1.3 本章课堂教学与实践教学的衔接

本章涉及的实践环节主要是在不同存储结构下的查找算法实现与性能分析、各种排序算法的实现与性能分析。

14.2 查　　找

本书在第2部分线性结构、第3部分树形结构和第5部分中介绍了查找运算。

查找运算的时间性能是以**平均查找长度**来衡量的。查找过程中对关键字需要执行的平均比较次数称为**平均查找长度** ASL。它的计算公式为

$$ASL = \sum_{i=1}^{n} P_i C_i \tag{14.1}$$

其中,P_i为查找表中第i个元素的概率;C_i为找到关键字等于给定值K的数据元素(表中第i个元素)时,已经和给定值K比较过的数据元素(结点)个数。

下面分别讨论总结线性结构下的查找、树形结构下的查找及散列表的查找。

14.2.1 线性表的查找

将一组待查找的记录(数据元素)描述为线性结构,可以采用的查找方法主要是**顺序查找**和**二分查找**。

1. 顺序查找

顺序查找的思想是:从线性表的一端开始顺序扫描,将给定值逐个与记录的关键字进行比较,若某个记录的关键字与给定值相等,则查找成功;若扫描结束后,仍未找到与给定值相等关键字,则查找失败。

顺序查找优点是算法简单,对线性表的存储结构没有任何要求,可以对顺序表进行顺序查找,也可以对链表进行顺序查找,而且对记录是否按关键字有序排列没有要求。

它的缺点是时间性能差,某些情况下需要扫描整个线性表才能完成查找,平均查找长度较大,时间复杂度为$O(n)$;所以,当n很大时,不宜采用顺序查找。

2. 二分查找

二分查找也称折半查找,它要求待查找的数据元素必须是按关键字大小有序排列的线性表。二分查找的算法思想是:

① 将表中间位置记录的关键字与给定K值比较,如果两者相等,则查找成功。

② 否则,利用中间位置记录将表分成前、后两个子表,如果中间位置记录的关键字大于给定K值,则进一步查找前一子表,否则进一步查找后一子表。

③ 重复以上过程,直到找到满足条件的记录,则查找成功;或者直到分解出的子表不存在为止,此时查找不成功。

由于查找过程总是同表中中间元素进行比较,只能对该线性表采用顺序存储。

二分查找过程可以用二叉树来描述,我们称此二叉树为二分查找的判定树。

【例 14.1】 有 11 个记录的有序表二分查找的判定树如图 14.2 所示。图中二叉树的每一结点对应有序表中的一个记录,结点值是记录在有序表中的位置。

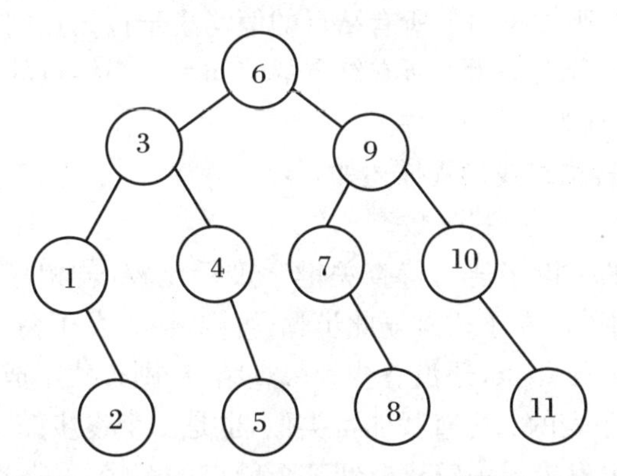

图 14.2　11 个记录有序表的二分查找判定树

从判定树上可以看到,成功的二分查找过程是一条从根结点到被查结点的一个路径。如,在具有 11 个记录的有序表中查找第 4 个元素,查找过程是:先与表的最中间(第 6 个)元素比较,然后与第 3 个元素比较,最后与第 4 个元素比较,查找成功。比较次数即为该结点在二叉树中的层次数。

也就是说,二分查找在查找成功时进行比较的关键字个数,不会超过二叉树的深度。判定树的形态只与有序表中记录的个数 n 有关,与具体的关键字值无关。

根据二叉树的性质,具有 n 个结点的判定树的深度为$\lfloor \log_2 n \rfloor+1$;所以,对于长度为 n 的有序表,二分查找在查找成功时和给定值比较的关键字个数最多为$\lfloor \log_2 n \rfloor+1$。

同样可以得出,二分查找在查找不成功时和给定值比较的关键字个数最多也不超过$\lfloor \log_2 n \rfloor+1$。

假设有序表中每个记录的查找概率相等,则查找成功时二分查找的平均查找长度为

$$\mathrm{ASL} = \sum_{i=1}^{n} P_i C_i = \frac{1}{n}\sum_{j=1}^{h} j \times 2^{j-1} = \frac{n+1}{n}\log_2(n+1) - 1 \tag{14.2}$$

当 n 较大时,近似表示为

$$\mathrm{ASL} = \log_2(n+1) - 1 \tag{14.3}$$

因此,二分查找的时间复杂度为 $O(\log_2 n)$,查找效率比顺序查找高;但二分查找仅限于对顺序存储的有序表的查找。

14.2.2　树表的查找

将一组待查找的记录(数据元素)描述为线性结构时,可以采用顺序查找和二分查找,且二分查找的时间性能较好。但二分查找算法只能适用于顺序存储的有序表,当需要对有序表进行插入或删除操作时,会产生额外的时间开销,抵消二分查找的优点。

所以,线性表的查找更适用于无需插入或删除元素的**静态查找**,若在查找中需要根据查找的结果来插入或删除元素,即**动态查找**,则需要将一组待查找的记录(数据元素)描述为树形结构,称之为**树表**。二叉排序树、平衡二叉树、B-树等就是这样的用作动态查找的树表,也

称动态查找表。

1. 二叉排序树

二叉排序树或者是一棵空二叉树，或者是具有如下性质的二叉树：

① 若其左子树非空，则左子树上所有结点的值均小于根结点的值。

② 若其右子树非空，则右子树上所有结点的值均大于根结点的值。

③ 其左右子树也分别为二叉排序树。

在二叉排序树中的静态查找过程描述如下：

① 若二叉排序树为空，则查找失败。

② 否则，将根结点的关键字值与待查关键字进行比较，若相等，则查找成功；若根结点关键字值大于待查值，则进入左子树重复此步骤，否则，进入右子树重复此步骤；若在查找过程中遇到二叉排序树的叶子结点，还没有找到待查结点，则查找不成功。

这个查找过程与有序表的二分查找非常类似，也是一个逐步缩小查找范围的过程，若查找成功，则是从根结点出发走了一条从根到某个结点的路径。因此，和关键字比较次数也不超过该二叉排序树的深度，最好情况下的查找时间性能也是 $O(\log_2 n)$。

与有序表的二分查找不同的是，在二叉排序树的查找过程中可以对查找到的元素进行删除操作，或者是插入没有查找到的元素。这就是二叉排序树的动态查找，本书第 3 部分的查找与排序中已经介绍过。

二叉排序树与有序表的二分查找相比，另一个不同点在于，二分查找长度为 n 的有序表的判定树是唯一的，而含有 n 个结点的二叉排序树却不唯一。建立二叉排序树时，输入的结点序列不同，生成的二叉排序树的形态也不同。如图 14.3 所示。

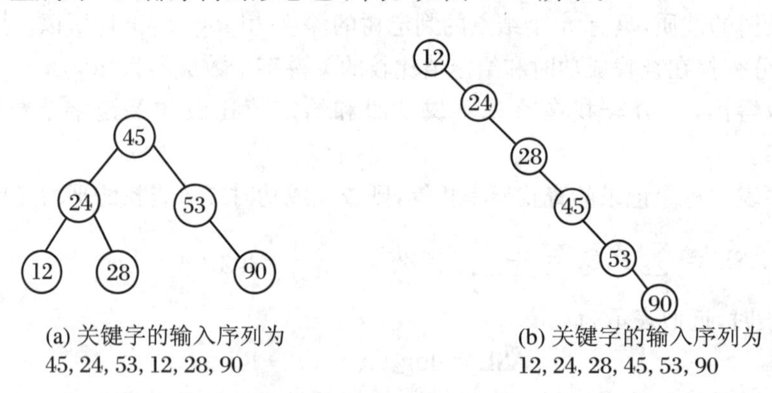

(a) 关键字的输入序列为 45, 24, 53, 12, 28, 90

(b) 关键字的输入序列为 12, 24, 28, 45, 53, 90

图 14.3　二叉排序树

二叉排序树(a)、(b)的平均查找长度分别为

$$\text{ASL(a)} = (1+2+2+3+3+3)/6 = 14/6$$

$$\text{ASL(b)} = (1+2+3+4+5+6)/6 = 21/6$$

也就是说，含有 n 个结点的二叉排序树的平均查找长度和二叉树的形态有关。当每层仅有一个结点，二叉排序树的高度等于结点个数时，ASL 的值达到最大，此时有

$$\text{ASL} = \frac{1}{n}\sum_{i=1}^{d} i = \frac{n+1}{2}$$

查找时间性能是 $O(n)$，即在最坏的情况下，二叉排序树蜕化为一棵深度为 n 的单支树，它的查找时间性能和线性表上的顺序查找相同，是 $O(n)$。最好的情况下，二叉排序树

的形状比较匀称，是一棵形态与二分查找的判定树相似的二叉排序树，此时它的查找时间性能为 $O(\log_2 n)$。

2．平衡二叉树

通过对二叉排序树的查找性能分析发现，若二叉排序树的形态均匀，则其查找效率较高。而二叉排序树的形态取决于建立二叉排序树时结点的插入次序；当输入一个关键字序列时，结点的插入次序往往是固定的。这样，就需要找到一种动态平衡的方法，使得对于任意给定的关键字序列都能构造出一棵形态均匀的二叉排序树。平衡的二叉树就是一棵形态均匀的二叉排序树。

平衡二叉树或者是一棵空二叉树，或者是具有如下性质的二叉排序树：

① 其左子树与右子树的高度之差的绝对值小于等于1。

② 其左子树和右子树也是平衡的二叉树。

在平衡二叉树中的查找过程与二叉排序树一样，只是当插入一个结点或删除一个结点时，需要关注相关结点的平衡因子，并做相应的失衡调整。引入平衡二叉树的目的是为了提高查找效率，使其查找时间性能总是为 $O(\log_2 n)$。

3．B-树

B-树是一种平衡的多路查找树。

一棵 m 阶的B-树，或为空树，或为满足下列条件的 m 叉树：

① 树中每个结点最多有 m 棵子树。

② 若根结点不是叶子结点，则最少有2棵子树。

③ 除根结点之外的所有非终端结点最少有 $\lceil m/2 \rceil$ 棵子树。

④ 所有叶子结点在同一层。

在B-树上进行查找的过程与二叉排序树的查找类似。

在B-树中查找指定关键字 K 的过程如下：

① 从B-树的根结点开始，在结点中查找 K。如果找到则查找结束；否则找到一个子树的指针 A_i，使得 $K_i < K < K_{i+1}$；

② 在 A_i 所指的结点中重复①；

③ 如果 A_i = NULL，则B-树中不存在 K，查找失败。

可以分析得到，在含有 N 个关键字的B-树上进行查找时，从根结点到关键字所在结点的路径上涉及的结点数不超过 $\log_{\lceil m/2 \rceil}\left(\frac{N+1}{2}\right)+1$。

14.2.3 散列表的查找

也可以散列存储一组待查找的记录(数据元素)，实现散列查找。

散列存储的关键是构造散列函数和解决冲突的方法。

散列表中的查找方法是：

① 根据散列函数计算散列地址，并在该地址空间中查找给定元素；

② 若该地址空间中元素关键字与给定值不符，则根据冲突解决方法寻找下一个地址，继续查找，直至查找成功或不成功。

散列表查找的平均查找长度与散列表的大小 m 无关，只与散列函数、装填因子 α 的值和处理冲突的方法有关。

假定所选取的散列函数能够使任意关键字等概率的映射到散列空间的任一地址上，则理论上已经证明，当采用线性探测再散列法处理冲突时，平均查找长度为$[1+1/(1-a)]/2$；当用链地址法处理冲突时，平均查找长度为$1+a/2$。

【例 14.2】 给定关键字序列 11,78,10,1,3,2,4,21，试分别用顺序查找、二分查找、二叉排序树查找、散列查找(用线性探测再散列法和链地址法)来实现查找，试画出它们的对应存储形式(顺序查找的顺序表、二分查找的判定树、二叉排序树查找的二叉排序树及两种散列查找的散列表)，并求出每一种查找的成功平均查找长度。散列函数 H(key) = key % 11。

解 ① 顺序查找的顺序表(一维数组)如图 14.4 所示，可以得到顺序查找的成功平均查找长度为：ASL = (1 + 2 + 3 + 4 + 5 + 6 + 7 + 8)/8 = 4.5。

0	1	2	3	4	5	6	7	8	9	10
11	78	10	1	3	2	4	21			

图 14.4 顺序表

② 二分查找的判定树(结点的值即为关键字的值)如图 14.5 所示，可以得到二分查找的成功平均查找长度为：ASL＝(1＋2×2＋3×4＋4)/8＝2.625。

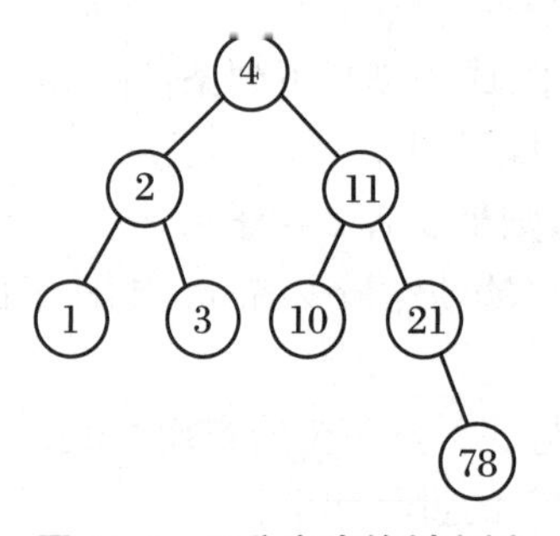

图 14.5 二分查找的判定树

③ 由于关键字顺序已确定，则有唯一的二叉排序树如图 14.6 所示，可以得到二叉排序树查找的成功平均查找长度为：ASL＝(1＋2×2＋3×2＋4＋5×2)＝3.125。

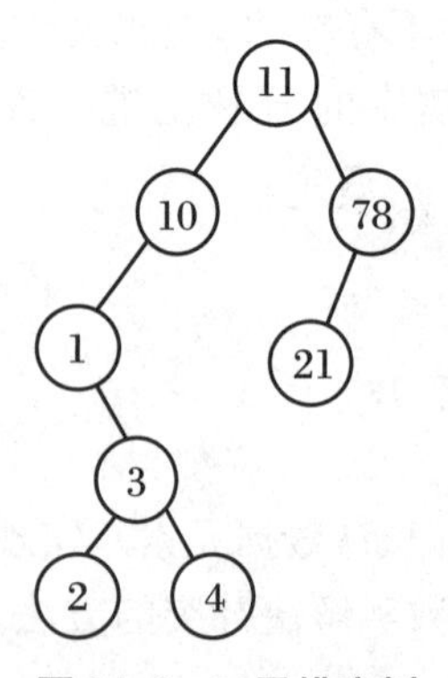

图 14.6 二叉排序树

④ 根据给定的散列函数，线性探测再散列解决冲突的散列表如图 14.7 所示，查找成功时的平均查找长度为：ASL＝(1＋1＋2＋1＋3＋2＋1＋8)/8＝2.375。

0	1	2	3	4	5	6	7	8	9	10
11	78	1	3	2	4	21				10

图 14.7　线性探测再散列解决冲突的散列表

⑤ 链地址法解决冲突的散列表如图 14.8 所示，查找成功时的平均查找长度为：ASL＝(1×6＋2×2)/8＝1.25。

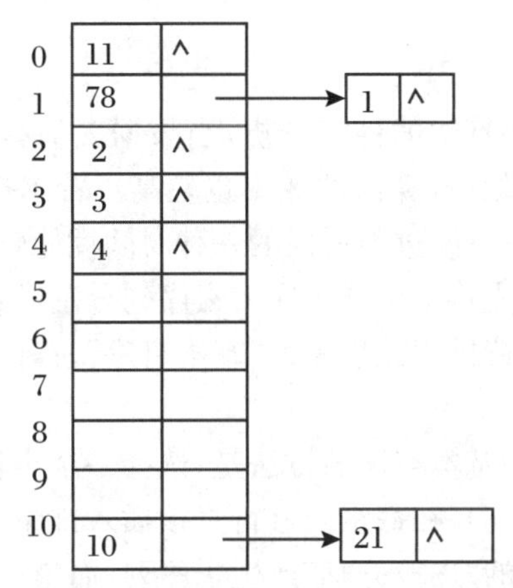

图 14.8　链地址法解决冲突的散列表

14.3　排　　序

排序是将一组具有相同数据类型的数据元素调整为按关键字从小到大(或从大到小)排列的过程。这组待排序的元素可以组织为线性结构，也可以组织为树形结构；本书在第 2 部分、第 3 部分分别介绍了以线性表和二叉树为元素组织形态的排序方法，本节对这些排序方法进行总结和比较。

本书介绍的排序方法有插入排序、选择排序、交换排序、归并排序和基数排序。

14.3.1　插入排序

插入排序是在一个已排好序的元素子表的基础上，每一次将一个待排序的元素有序地插入到该子表中，直至所有待排序元素全部插入为止。

1．直接插入排序

直接插入排序是基于插入排序思想的一种简单可行的排序方法。具体实现过程是：

① 首先将整个数据表分成左右两个子表：其中左子表为有序表，右子表为无序表；初始状态是，有序表中只包括原数据表的第一个数据元素，剩下的 $n-1$ 个数据元素构成无序表。

② 将右子表中的元素逐个插入到左子表中，直至右子表为空，而左子表成为新的有序表。

从时间性能上看，算法执行的主要时间耗费在关键字的比较和移动元素上。分析一趟插入排序的情况，算法中的关键字的比较次数主要取决于待插元素的关键字与有序表中 $i-1$ 个元素的关键字的关系上:若待排序元素本身已按关键字有序排列,则只进行元素关键字的比较,而不需要移动元素;若待排序元素按关键字逆序排列,则关键字比较次数和移动元素的次数将达到最大。也就是说,算法执行的时间耗费主要取决于数据元素的分布情况。

若待排序元素是随机的,即待排序元素可能出现的各种排列的概率相同,则算法执行时比较、移动元素的次数可以取上述最小值和最大值的平均值,约为 $n^2/4$。因此,直接插入排序的时间复杂度为 $O(n^2)$。

2. 希尔排序

根据上述对直接插入排序算法的性能分析,当数据表基本有序时,算法的性能较好;另一方面,若待排序的元素数量较少,算法的效率也较高。希尔排序就是从这两点分析出发,对算法简洁的直接插入排序进行改进而形成的一种时间性能较好的插入排序算法。

希尔排序的算法思想是:先将整个待排序元素序列分割成若干子序列,对每个子序列分别进行直接插入排序,当整个待排序元素序列"基本有序"时,再对全体元素进行一次直接插入排序。

将待排序元素序列调整为基本有序的方法是:选择一个步长值 d,将元素下标之差为 d 的倍数的元素放在一组(子序列),在每组内进行直接插入排序。

显然,希尔排序不是简单的"逐段分割"产生子序列,而是将相隔某个"增量"的元素组成一个子序列。这样,在每个子序列中,关键字较小的元素"跳跃式"前移,从而使得在进行最后一趟增量为 1 的插入排序时,序列已基本有序,只要进行关键字的少量比较和局部的元素移动即可完成排序过程。因此,希尔排序的时间复杂度较直接插入排序低,时间复杂度为$O(n^{3/2})$。

直接插入排序和希尔排序在算法实现时,通常针对顺序存储的线性表来进行操作。

14.3.2 选择排序

选择排序的基本思想是,在每一趟排序中,从待排序序列中选出关键字最小或最大的元素放在其最终位置上。直接选择排序和堆排序都是基于这种排序思想的排序方法。

1. 直接选择排序

直接选择排序的算法思想是:在第 i 趟直接选择排序中,通过 $n-i$ 次关键字的比较,从 $n-i+1$ 个元素中选出关键字最小的元素,与第 i 个元素进行交换。经过 $n-1$ 趟比较,直到数据表有序为止。

在直接选择排序过程中,无论待排序序列的初始状态如何,在第 i 趟排序中都需要进行 $n-i$ 次比较。当初始序列为正序时,元素的移动次数为 0;而当初始序列为逆序时,每一趟排序都需要移动元素,总的移动次数为 $3(n-1)$。所以,直接选择排序的平均时间复杂度为 $O(n^2)$。

直接选择排序在算法实现时,通常针对顺序存储的线性表来进行操作。

2. 堆排序

直接选择排序算法的第 i 趟每次都需要与$n-i$ 个关键字的比较,无论这些关键字有没有在上一趟中被比较过,算法的时间大量消耗在这样的关键字比较上。堆排序利用二叉树的结构,记录了曾经比较过的关键字及它们的大小关系,使得关键字间的比较次数大大减低,提高了算法的时间性能。

堆排序的过程包括以下步骤：

① 建堆：首先将待排序的一组数据元素组织为一棵完全二叉树，然后将其调整为大根堆或小根堆；

② 输出堆顶元素（二叉树的根），然后将没有根的二叉树重新调整为堆；

③ 重复②，直到二叉树中所有元素全部输出，或者输出指定个数的元素为止。

堆排序的时间主要耗费在建初始堆和调整建新堆时进行的反复"筛选"上。对应于深度为 k 的完全二叉树，筛选算法中进行的关键字的比较次数至多为 $2(k-1)$ 次；而具有 n 个结点的完全二叉树的深度为 $\lfloor \log_2 n \rfloor+1$，则调整建新堆时调用 Sift 算法 $n-1$ 次总共进行的比较次数不超过：

$$2(\lfloor \log_2(n-1) \rfloor + \lfloor \log_2(n-2) \rfloor + \cdots + \lfloor \log_2 2 \rfloor) < 2n\lfloor \log_2 n \rfloor$$

而建初始堆所进行的比较次数不超过 $4n$。因此，堆排序在最坏情况下，其时间复杂度也为 $O(n\log_2 n)$。这是堆排序的最大优点。

堆排序在算法实现时，通常针对顺序存储的二叉树来进行操作。

14.3.3 交换排序

交换排序是一类通过交换逆序元素进行排序的方法。其基本思想是：两两比较待排序元素的关键字，发现它们次序相反时即进行交换，直到没有逆序的元素为止。冒泡排序和快速排序是两种基于交换排序思想的排序方法。

1. 冒泡排序

冒泡排序是一种基于简单交换思想的排序方法，它通过比较相邻的两个元素关键字，调整相邻元素的排列次序，直至整个数据表有序。

在冒泡排序过程中，若数据表的初始状态是正序，则一趟比较就可以完成排序，关键字比较 $n-1$ 次，且不存在任何元素间的交换，即冒泡排序在最好的情况下的时间复杂度是 $O(n)$。若数据表的初始状态是逆序，则需要 $n-1$ 趟比较才可以完成排序，每一趟需要进行 $n-i(0\leqslant i\leqslant n-2)$ 次关键字的比较，且每次比较后都需要进行元素的 3 次移动，这样总的比较次数为 $\sum_{i=1}^{n-1} i = n(n-1)/2$，总的移动次数为 $3n(n-1)/2$ 次。因此，冒泡排序在最坏的情况下的时间复杂度是 $O(n^2)$，那么，它的平均时间复杂度也是 $O(n^2)$。

2. 快速排序

快速排序是在冒泡排序的基础上进行改进的一种排序方法。在冒泡排序中，若一个元素离其最终位置较远，则需进行多次的比较和元素的移动；而快速排序可以减少这样的比较和移动次数，从而提高算法的效率。

快速排序的算法思想是：在待排序元素中选定一个作为"中间数"，使该数据表中的其他元素的关键字与"中间数"的关键字比较，将整个数据表划分为左右两个子表，其中左边子表任一元素的关键字不大于右边子表中任一元素的关键字；然后再对左右两个子表分别进行快速排序，直至整个数据表有序。

快速排序的一次划分算法从两头交替搜索，直到 low 和 high 重合，因此其时间复杂度

是 $O(n)$；而整个快速排序算法的时间复杂度与划分的趟数有关。

理想的情况是，每次划分所选择的中间数恰好将当前序列几乎等分，经过 $\log_2 n$ 趟划分，便可得到长度为 1 的子表。这样，整个算法的时间复杂度为 $O(n\log_2 n)$。

最坏的情况是，每次所选的中间数是当前序列中的最大或最小元素，这使得每次划分所得的子表中一个为空表，另一子表的长度为原表的长度 − 1。这样，长度为 n 的数据表的快速排序需要经过 n 趟划分，使得整个排序算法的时间复杂度为 $O(n^2)$。

冒泡排序和快速排序在算法实现时，通常针对顺序存储的线性表来进行操作。

14.3.4 归并排序

归并，是指将两个或两个以上的有序表合并成一个新的有序表，合并过程中关键字值相同的元素均保留。二路归并排序的算法思想是：将长度为 n 的待排序数据表看成是 n 个长度为 1 的有序表，将这些有序表两两归并，便得到 $\lceil n/2 \rceil$ 个有序表；再将这 $\lceil n/2 \rceil$ 个有序表两两归并，如此反复，直到最后得到长度为 n 的有序表为止。

二路归并排序算法可以看出，第 i 趟归并后，有序子表的长度为 2^i。因此，对长度为 n 的数据表进行排序，必须要做 $\log_2 n$ 趟归并；每一趟归并均对数据表中 n 个元素做了一次操作，其时间复杂度为 $O(n)$。所以，二路归并排序算法的时间复杂度为 $O(n\log_2 n)$。

归并排序在算法实现时，待排序的线性表可以采用顺序存储或链接存储；也就是说，归并排序可以针对顺序表或链表进行。

14.3.5 基数排序

上述排序方法都是针对单关键字对给定的一组数据元素进行排序，而基数排序是一种多关键字的排序问题，或者说，可以将单关键字拆分为多个关键字实现基数排序。

基数排序的思想是：首先将待排序的记录分成若干个子关键字，排序时，先按最低位的关键字对记录进行初步排序；在此基础上，再按次低位关键字进一步排序。依此类推，由低位到高位，由次关键字到主关键字，每一趟排序都在前一趟排序的基础上，直到按最高位关键字（主关键字）对记录进行排序后，基数排序完成。

在基数排序中，基数是各子关键字的取值范围。若待排序的记录是十进制数，则基数是 10；若待排序的记录是由若干个字母组成的单词，则基数为 26，也就是说，从最右边的字母开始对记录进行排序，每次排序都将待排记录分成 26 组。

算法实现时，我们采用链表来描述待排序的数据元素，链队列来存储各组序列，链队列的数量（序列的个数）与基数一致。

对 n 个待排记录（每个记录含 M 个子关键字，每个子关键字的取值范围为 RAX 个值）进行链式基数排序，每一次分配运算需要循环 n 次，每一次收集运算需要循环 RAX 次，且排序时分别按 M 个子关键字对待排序列进行分配和收集；这样，算法的时间复杂度为 $O(M(n+\text{RAX}))$。

自主学习

本章总结了本书中介绍的所有查找、排序方法，分析、比较了各查找、排序算法的时间性能。

学习本章内容的同时，可以参考相关资料，查询、了解其他相关知识，特别是关于排序问题的其他算法思路、查找与排序算法思想的应用等，并编写程序实现相关算法。

参考资料：

[1] 胡学钢. 数据结构：C语言版[M]. 北京：高等教育出版社，2008.

[2] 严蔚敏，李冬梅，吴伟民. 数据结构：C语言版[M]. 北京：人民邮电出版社，2011.

[3] 王昆仑，李红. 数据结构与算法[M]. 2版. 北京：中国铁道出版社，2012.

习　题

1. 填空题

(1) 顺序查找 n 个元素的顺序表，若查找成功，则比较关键字的次数最多为________次；当使用监视哨时，若查找失败，则比较关键字的次数为________次。

(2) 在顺序表(8,11,15,19,25,26,30,33,42,48,50)中，用二分法查找关键码值20，需做的关键码比较次数为________次。

(3) 一个无序序列可以通过构造一棵________树而变成一个有序序列，构造树的过程即为对无序序列进行排序的过程。

(4) 在排序前，关键字值相等的不同记录间的前后相对位置保持________的排序方法称为稳定的排序方法。

(5) 分别采用堆排序、快速排序、冒泡排序和归并排序，对初态为有序的表，则最省时间的是________算法，最费时间的是________算法。

(6) 设用希尔排序对数组{98,36,−9,0,47,23,1,8,10,7}进行排序，给出的步长(也称增量序列)依次是4,2,1，则排序需________趟，写出第一趟结束后，数组中数据的排列次序________。

(7) 直接插入排序用监视哨的作用是________。

(8) 堆排序的算法时间复杂度为：________。

(9) 平衡二叉树又称________________，其定义是________________________。

2. 选择题

(1) 顺序查找法适合于存储结构为(　　)的线性表。

A. 散列存储　　B. 顺序存储或链式存储

C. 压缩存储　　D. 索引存储

(2) 若查找每个记录的概率均等，则在具有 n 个记录的连续顺序文件中采用顺序查找法查找一个记录，其平均查找长度ASL为(　　)。

A. $(n-1)/2$　　B. $n/2$　　C. $(n+1)/2$　　D. n

(3) 适用于二分查找的表的存储方式及元素排列要求为(　　)。

A. 链接方式存储,元素无序　　B. 链接方式存储,元素有序

C. 顺序方式存储,元素无序　　D. 顺序方式存储,元素有序

(4) 当在一个有序的顺序存储表上查找一个数据时,即可用折半查找,也可用顺序查找,但前者比后者的查找速度(　　)。

A. 必定快　　B. 不一定

C. 在大部分情况下要快　　D. 取决于表递增还是递减

(5) 从未排序序列中依次取出一个元素与已排序序列中的元素依次进行比较,然后将其放在已排序序列的合适位置,该排序方法称为(　　)排序法。

A. 直接插入　　B. 简单选择　　C. 希尔　　D. 二路归并

(6) 有些排序算法在每趟排序过程中,都会有一个元素被放置在其最终的位置上,下列算法不会出现此情况的是(　　)。

A. 希尔排序　　B. 堆排序　　C. 起泡排序　　D. 快速排序

(7) 冒泡排序的方法是(　　)的排序方法。

A. 不稳定　　B. 稳定　　C. 外部　　D. 选择

(8) 设有一组关键字值(46,79,56,38,40,84),则用堆排序的方法建立的初始堆为(　　)。

A. 79,46,56,38,40,80　　B. 84,79,56,38,40,46

C. 84,79,56,46,40,38　　D. 84,56,79,40,46,38

(9) 对一组数据(84,47,25,15,21)排序,数据的排列次序在排序的过程中的变化为

① 84 47 25 15 21　　② 15 47 25 84 21

③ 15 21 25 84 47　　④ 15 21 25 47 84

则采用的排序是(　　)排序。

A. 选择　　B. 冒泡　　C. 快速　　D. 插入

3. 判断题

(1) 顺序存储结构的主要缺点是不利于插入或删除操作。(　　)

(2) 就平均查找长度而言,分块查找最小,折半查找次之,顺序查找最大。(　　)

(3) 当待排序的元素很多时,为了交换元素的位置,移动元素要占用较多的时间,这是影响时间复杂度的主要因素。(　　)

(4) 排序算法中的比较次数与初始元素序列的排列无关。(　　)

(5) 排序的稳定性是指排序算法中的比较次数保持不变,且算法能够终止。(　　)

(6) 在执行某个排序算法过程中,出现了待排序元素朝着最终排序序列位置相反方向移动,则该算法是不稳定的。(　　)

(7) 在初始数据表已经有序时,快速排序算法的时间复杂度为 $O(n\log_2 n)$。(　　)

(8) 在待排数据基本有序的情况下,快速排序效果最好。(　　)

(9) 在任何情况下,归并排序都比简单插入排序快。(　　)

(10) 冒泡排序和快速排序都是基于交换两个逆序元素的排序方法,冒泡排序算法的最坏时间复杂度是 $O(n^2)$,而快速排序算法的最坏时间复杂度是 $O(n\log_2 n)$,所以快速排序

比冒泡排序算法效率更高。(　　)

4. 应用题

(1) 若对大小均为 n 的有序的顺序表和无序的顺序表分别进行顺序查找，试在下列3种情况下分别讨论两者在等概率时的平均查找长度是否相同？

① 查找不成功，即表中没有关键字等于给定值 k 的记录。

② 查找成功且表中只有一个关键字等于给定值 k 的记录。

③ 查找成功且表中有若干个关键字等于给定值 k 的记录，一次查找要求找出所有记录。

(2) 画出对长度为10的有序表进行折半查找的判定树，并求其等概率时查找成功的平均查找长度。

(3) 给出一组关键字：29,18,25,47,58,12,51,10，写出归并排序时的变化过程，每归并一次书写一个次序。

(4) 设有 n 个值不同的元素存于顺序结构中，试问：能否用比 $2n-3$ 少的比较次数遴选出这 n 个元素的最大值和最小值？若能，请说明如何实现的；在最坏情况下，至少要进行多少次比较？

(5) 选取哈希函数 H(key) = key mod 7，用链地址法解决冲突。试在0～6的散列地址空间内对关键字序列{31,23,17,27,19,11,13,91,61,41}构造哈希表，并计算在等概率下成功查找的平均查找长度。

(6) 直接在二叉排序树中查找关键字 K 与在中序遍历输出的有序序列中查找关键字 K，其效率是否相同？输入关键字有序序列来构造一棵二叉排序树，然后对此树进行查找，其效率如何？为什么？

(7) HASH 方法的平均查找长度决定于什么？是否与结点个数 N 有关？处理冲突的方法主要有哪些？

5. 算法设计题

(1) 编写一个算法，利用二分查找算法在一个有序表中插入一个元素 x，并保持表的有序性。

(2) 设哈希表的地址范围为0～17，哈希函数为 H(key) = key % 16，用线性探测再散列处理冲突，输入关键字序列{10,24,32,17,31,30,46,47,40,63,49}，构造哈希表，并回答下列问题：

① 画出哈希表示意图。

② 若查找关键字63，需要依次与哪些关键字比较？

③ 若查找关键字60，需要依次与哪些关键字比较？

④ 假设每个关键字的查找概率相等，求查找成功时的平均查找长度。

(3) 已知奇偶交换算法如下描述：第一趟对所有奇数的 i，将 R[i]和 R[$i+1$]进行比较，第二趟对所有偶数的 i，将 R[i]和 R[$i+1$]进行比较，每次比较时若 R[i]>R[$i+1$]，则将两者交换，以后重复上述二趟过程，直到整个数组有序。

① 试问排序结束的条件是什么？

② 编写一个实现上述排序过程的算法。

(4) 编写一个双向冒泡的算法，即相邻两遍向相反方向冒泡。

(5) 编写测试程序来确定顺序查找和折半查找在查找成功时所需要的平均时间。假定数组中每个元素被查找的概率相同。用表格和图的形式给出结果。

(6) 将整数序列 4,5,7,2,1,3,6 中的数依次插入到一颗空的二叉排序树中,试构造相应的二叉排序树,给出图形构造过程,并写出相应的算法。

(7) 编写算法,对 n 个关键字取整数值的记录进行整理,使得所有关键字为负值的记录排在关键字为非负值的记录之前,要求:

① 采用顺序存储结构,至多使用一个记录的辅助存储空间。

② 算法的时间复杂度为 $O(n)$。

③ 讨论算法中记录的最大移动次数。

(8) 已知两个单链表中的元素递增有序,试写一算法将这两个有序表归并成一个递增有序的单链表。算法应利用原有的链表结点空间。